广播电视工程专业“十二五”规划教材

数字电视网络制播技术

杨盈昀 王彩虹 编著

中国传媒大学出版社
·北京·

目　录

前　言

随着信息技术的飞速发展，电视台网络化已全面展开并得到了广泛应用。与传统基于磁带的电视节目制作和播出系统相比，网络制播技术除了能更方便地进行节目制作和播出控制之外，还更容易实现素材共享、网络传送，而且打破了磁带编辑设备所需要的高精密机电设备的制约，使集成和开发变得更简单。目前，电视台的后期制作、节目播出、素材和节目存储、信息管理都基本上与网络连接，甚至一些电视台还实现了全台网络化。在这种背景下，我们开设了“网络制播技术”课程。本书是为该课程编写的配套教材。

网络制播技术是基于计算机技术、网络技术、高性能存储技术以及数字图像处理技术发展起来的电视节目制作和播出技术，涉及的技术基础比较多。网络制播技术同时又是一门应用性很强的技术。因此，本书的内容分为两大部分：基础部分与应用部分。基础部分先简要介绍了计算机网络技术，接着阐述了硬盘存储技术、网络附属存储(NAS)以及相应的文件系统、光纤通道与存储区域网(SAN)、iSCSI 协议和 IP 存储区域网；应用部分在介绍了网络制播系统架构的基础上，将目前电视台内网络分为节目制作网、节目播出网和共享服务系统三类，其中节目制作网络一章(第 8 章)还包括新闻制播网，将节目收录网和媒体资产管理系统纳入共享服务系统。由于篇幅有限，本书没有更多地涉及与网络制播技术相关的计算机技术、数据库以及数字图像处理技术等内容，读者可参考其他相关书籍。

本书对目前的网络制播技术从基础到系统应用作了较为系统的梳理，理论与实践并重，可作为电视台的技术人员、从事网络制播技术的研发和技术支持人员以及大专院校相关专业师生的参考书。

全书共分为 10 章，其中第 5 章和第 6 章由杨盈昀和王彩虹共同编写，其余章节均由杨盈昀编写。由于作者水平和时间有限，疏漏和不足之处在所难免，恳请读者批评指正。

第 1 章　绪论

1.1　基本概念

网络制播技术泛指利用计算机网络对广播电视节目进行制作和播出的技术。具体来说，网络制播是指以数字电视和信息网络为基础，以高速网络和大容量存储为核心，以通用计算机和服务器为平台，全流程以文件为载体来实现电视节目制作播出的工作模式。

原广电总局制定的《电视台数字化网络化建设白皮书》和《广播电台数字化网络化建设白皮书》也分别给出了电视台网和广播台网的定义，其定义如下：

电视台网是指以现代信息技术和数字电视技术为基础，以计算机网络为核心，实现电视节目的采集、编辑、存储、播出、交换以及相关管理等辅助功能的网络化系统。

广播台网是指以现代信息技术和广播数字技术为基础，实现广播电台内容生产、运营和管理等综合业务的信息化网络平台。

从上述对电视台网和广播台网的解释可以清楚地看到，目前网络制播技术并不专指节目的制作和播出技术，而是涵盖了电视台内所有的网络化技术。因此，网络制播系统也就具有多种类型。

根据网络具有的主要功能，可以将网络制播系统划分为节目制作网、新闻制播网、节目播出网、收录网和媒体资产管理网等。

节目制作网，又称后期制作网或节目包装网。它的主要功能是对节目进行深度编辑和制作，利用非线性编辑软件将各种素材制作成各种宣传片、预告片以及节目的片头等。

新闻制播网的主要功能是新闻节目的制作和播出，将新闻素材快速编辑完成并尽快用于新闻节目的播出。因此，新闻制播网具有节目制作实效性强、流程较复杂等特点。

节目播出网的主要功能是利用播出服务器在播出控制机的控制下实现节目自动播出。它包括节目备播、节目编排、节目播出等。

收录网的主要功能是录制外来节目。在收录控制机的控制下，将外来节目上载到收录服务器，并上传至中央共享存储体中，供其他网络调用。

媒体资产管理网简称媒体资产管理系统网，主要功能是对各种类型的媒体资料数据进行全面管理，以达到影视节目长期保存和重复利用的目的，满足影视节目的制作、播出和交换的需要。

根据网络规模的大小，可将网络制播系统分为小型网络、中型网络和大型网络。

小型网络是指功能较单一、工作站点较少、存储容量较小的网络。比如，一个小型栏目组为实现素材共享而搭建的网络。

中型网络是指功能较单一、工作站点较多、存储容量较大的网络。比如，由一个部门构建的节目制作网。

大型网络是指功能多、工作站点多、存储容量大、流程复杂、可靠性要求高、子系统间关系复杂的网络。比如，大型制作网络包含了上下载与转码、数据迁移与备份、粗编与精编、配音与审片、文稿和串联单的传输与管理、资料检索与浏览等功能，因此，相应的网络规模大，架构也更加复杂。

根据网络的存储结构，网络制播系统可分为 NAS 网、IP-SAN 网、FC-SAN 网以及 xSCSI 网等。

NAS 网中文为附网存储，指将存储设备(NAS 设备)通过标准的网络拓扑结构(如以太网)直接连接到一系列计算机上的存储架构。这种网络架构简单，基于 TCP/IP 体系结构，对传统的局域网改动小，但传输带宽受限制，适用于小型网络以及要求不高的中型网络。

IP-SAN 网是基于 iSCSI 技术构建的 SAN(存储区域网)网络。由于它与 NAS 网一样都只采用了 IP 技术作为网络层，因此又都被称为单网结构。这种结构可以充分利用现有设备加以扩展，系统建设时对现在系统改动较小，管理、维护方便。同样，传输带宽也受到 IP 网络的限制，因此适用于中小型网络。

FC-SAN 网指利用光纤通道技术(Fiber Channel)构建的 SAN 网络。它通常被称为双网结构，是因为在这种结构中的存储区域网是由光纤通道网络和以太网络两个网络共同构成的，其中 FC 光纤通道网络负责实际数据的高带宽传输，以太网络负责工作站与元数据服务器之间、工作站与工作站之间的元数据信息传输和交换。这种结构网络构建成本高，但传输码率高且性能稳定，适用于大型、中型网络。

xSCSI 网是将 FC-SAN、IP-SAN 以及 NAS 网络相结合的网络，由于这些网络的 SC-SI 上层协议各不相同，因此称为 xSCSI 网。xSCSI 网的核心思想是利用 FC-SAN 网的高性能与单网结构的低成本，用高性能存储结构构建核心高速数据存储层，并配合具有分布处理能力的 iSCSI Target、NAS 网关、FTP 服务器和流媒体服务器等组成媒体数据访问层，为不同类型的客户端提供不同服务质量的数据存取服务。

1.2 发展概况

网络制播技术在我国出现于 20 世纪 90 年代中后期。当时，随着数字技术和计算机技术的发展，出现了基于计算机平台的非线性编辑系统和硬盘录像机，它们分别用于电视节目后期制作和节目播出。计算机平台的使用使得电视节目制作和播出技术与 IT 技术紧密地联系在了一起。因此，随着计算机网络技术的发展，电视台节目制作的网络化也水到渠成。1998年，北京中科大洋科技发展股份有限公司(简称大洋)开发出全球第一套基于FC-SAN技术的非线性制作网络系统并成功应用于河北电视台，促进了国内非线性网络技术的普及与发展，为全国电视行业随后普遍采用FC和以太网共存的双网结构方案奠定了基础。2002年，大洋与福建台合作建成的新闻网项目荣获“国家科学技术进步一等奖”。该项目是全球第一个运用双网结构、双压缩比概念的非线性电视新闻综合网络系统。从1998年到2002年，网络制播技术主要专注于节目制作网、新闻制播网与节目播出网的研发。

从2002年开始，全国各电视台纷纷上马媒体资产管理系统网，影响力较大的是2004年建成的中央电视台国家音像资料馆项目。在这期间，各电视台已经陆续建设了节目制作网、新闻制播网、媒体资产管理系统网与节目播出网等多个网络，但在使用中发现，单个网络“孤岛”尚不能将网络的优势充分发挥出来，因此开始了将这些网络互联互通以及全台网的研发。

2003年，索贝数码科技股份有限公司与深圳电视台签署了全台网络解决方案，开创了国内第一个涵盖卫星信号收录、新闻制播、节目制播、广告插播、媒体资产管理、节目发布、办公网络在内的全台业务解决方案。到2006年，前广电总局科技司因势利导，组织调研并编制了《电视台数字化网络化建设白皮书(2006)》(以下简称《白皮书(2006)》)。该文件提出了电视台进行台内资源整合、生产方式转型、业务流程再造的规范化思路。随着技术的发展，单个网络业务板块的内涵不断丰富，很快出现了“大新闻”“大播出”的概念，实现了更高层次的资源整合和流程再造；全台网建设成为下一步台内网络化发展的重点；各台对网络化建设有了更为理性的认识，不仅关注网络建设，而且关注网络运行的可管可控；不仅重视技术，而且重视对现有和未来业务的支撑。2007年，在《白皮书(2006)》确立的台网框架基础上立足电视台网的应用实践，前广电总局科技司又出台了《电视台数字化网络化建设白皮书(2007)》(以下简称《白皮书(2007)》)，并于同年出台了《广播电台数字化网络化建设白皮书(2007)》。这些文件的出台促进了电视台网络化的规范发展。2008年，国内第一家大型省级电视台——北京电视台新台址全台制播网络系统的建成标志着国内全台网发展迈入了新的阶段。

2009年，随着电视台高清电视发展的需要，网络制播技术开始转向高、标清同播平台的研发与建设，典型的案例是索贝公司为日本富士电视台建设的高清新闻网络生产系统项目于2010年10月成功通过用户接收测试。2010年，网络制播技术主要探索全媒体网络平台的建设，一方面考虑如何与新媒体技术融合，另一方面考虑如何更好地利用云技术。2010年12月，索贝公司签署了山东网络电视台新媒体平台全套系统的建设协议，并于2011年11月建成，其中包括四大业务板块：视频网站、IPTV、互联网电视、山东手机台。2011年12月，索贝公司在Cybervision新媒体整体解决方案和系列产品中推出了基于云平台的相关服务，包括云收录、云网台、云编辑、云分发等，为新媒体客户提供全方位的全流程服务。虽然这些技术的研发已经初有成效，不过有关新媒体、云技术等新技术在电视台网络技术的应用还没有完全发挥出来，仍在研究之中。

当前，国内网络制播技术主要的发展趋势是：如何开展全台文件化与 IP 化；如何利用云技术提高资源（包括存储资源、计算资源以及其他通用设备资源）的利用率和架构的灵活性；如何构建新的网络架构体系以便从内容、生产工艺、传输渠道等方面实现全媒体的有效融合，提高节目的吸引力和趣味性，真正实现多屏有机互动。

经过多年的发展，我国网络制播技术已经走在了世界的前列。当然，国外广播电视技术工作者对网络制播技术也开展了大量的研究与实践。在我国 2007 年推出了《白皮书(2007)》之后的第二年，欧广联也组织召开了以“互联互通基本架构——SOA（面向服务架构）”为主题的网络会议，并于 2012 年 9 月发布了 FIMS（用于互操作媒体业务的框架）媒体 SOA 框架的系列规范——“SPECIFICATION OF THE FIMS MEDIA SOA FRAMEWORK”；在 2013 年 6 月又发布了媒体存储框架模型（MEDIA STORAGE FRAMEWORK MODEL）和用于媒体传输业务的服务水平协议（SERVICE LEVEL AGREEMENT FOR MEDIA TRANSPORT SERVICES ）技术文件。这些文件的发布与推出促进了欧洲国家网络制播技术的发展。同样，美国的 SMPTE 也发布了“SPECIFICATION OF THE FIMS MEDIA SOA FRAMEWORK”等与网络化节目制作和播出相关的标准。

1.3 电视台网的特点

前文在电视台网的定义中已说明电视台网络包括电视台的管理系统网络化、电视节目制作和播出网络化、媒体资产管理网络化，其实质是局域网。与普通局域网相比，电视台网要求更大的传输带宽、更高的存储容量、更加复杂的工作流程。

表 1-1 《白皮书(2007)》高质量视音频文件编码格式应用建议参考

板块	制式	标清(SD)	高清(HD)
新闻制播板块	视频	MPEG-2 I 25～50Mbps； DVCPRO50；DCPROV25 等	MPEG-2 I ≥100Mbps； DVCPRO HD； HDCAM； DNxHD； JPEG 2000； H. 264……
	音频	PCM 48KHz，16bit，单/双声道	PCM 48KHz，16/20/24bit，单/双/多声道
综合制作板块	视频	MPEG-2 I 25～50Mbps	MPEG-2 I 100～145Mbps； DNxHD 120～180Mbps； JPEG 2000； H. 264……
	音频	PCM 44.1/48KHz，16/20/24bit，双/多声道	PCM 48KHz，16/20/24bit，双/多声道

续表

板块 \ 制式		标清(SD)	高清(HD)
播出分发板块	视频	MPEG-2 IBP 12～25Mbps	MPEG-2 IBP 50～120Mbps; JPEG 2000; H.264……
	音频	PCM 44.1/48KHz, 16/20/24bit, 单/双声道	PCM 48KHz,16/20/24bit,双/多声道
数字内容管理板块	视频	原格式	原格式
	音频	原格式	原格式

节目制作网、播出网、媒体资产管理系统网都需要传输广播级的音频与视频信号，尤其是节目制作网，为了保证做到实时的节目编辑与播放，就需要很高的、稳定的传输码率，相应的也需要更高的存储容量。表1-1为《白皮书(2007)》给出的高质量视音频文件编码格式应用建议参考。

从表1-1可见，要进行广播级标清节目的非线性编辑，如果单轨编辑码率要求为50Mbps，那么因为每台非线性编辑机通常需要编辑AB两轨，所以在AB两轨同时运行时就需要100Mbps的带宽。如果再考虑容错，这个带宽还会更高。如果进行高清电视节目的编辑制作，按照表1-1的建议，单轨编辑码率至少要求为100Mbps，在AB两轨同时运行的时候，就需要200Mbps的带宽。这还只是一台非线性编辑机所需要的码率，当数十台甚至上百台非线性编辑机同时工作时，总码率可想而知了。

对于工作流程而言，不同功能的网络工作流程不同。早期的节目制作网工作流程最简单，但也需要有上传、节目粗编、节目精编、节目配音、故事板合成、节目审查、节目下载等流程。全台网络化以后，还要考虑与其他网络的互联互通问题，比如要考虑如何从媒体资产管理系统网或收录网调入素材、制作完成的节目如何输入播出网或归档输入到媒体资产管理系统网等。其他几种网络的工作流程就更复杂了。这些网络的具体工作模型和流程将在后面几章进行介绍。

本章习题与思考题

1. 什么是电视台网？

2. 根据网络具有的主要功能，可以将网络制播系统分为哪几类？每种类型的网络具有哪些主要功能？

3. 根据网络的规模，可以将网络制播系统分为哪几类？

4. 目前在网络制播系统中所提到的单网是指哪两种网络？

5. 什么是xSCSI网？它有什么特点？

6. 我国网络制播技术的发展可分为哪几个阶段？每个阶段各有什么特点？

7. 简述电视台网的特点。

主要参考文献

1. 电视台数字化网络化工作组. 电视台数字化网络化建设白皮书(2007). 2007.

2. 广播电台数字化网络化工作组. 广播电台数字化网络化建设白皮书(2007). 2007.

3. 徐威. 数字电视网络制播技术. 北京:中国广播电视出版社. 2008.

4. Tech 3556 SPECIFICATION OF THE FIMS MEDIA SOA FRAMEWORK. EBU, 2012.

5. Tech 3558 MEDIA STORAGE FRAMEWORK MODEL. EBU,2013.

6. Tech 3362 SERVICE LEVEL AGREEMENT FOR MEDIA TRANSPORT SERVICES. EBU,2013.

第 2 章　计算机网络概述

虽然电视台内的制播网络主要架构为存域网，但通用的计算机网络技术仍是其基础，因此在介绍存域网之前，先简要回顾一下通用的计算机网络技术。

2.1　计算机网络的基本概念

2.1.1　计算机网络的定义

计算机网络是指通过数据通信系统把在地理上分散的自主计算机系统连接起来，以达到数据通信和资源共享目的的一种计算机体系。计算机网络是计算机技术与通信技术高度结合的产物，一方面，通信系统为计算机之间的数据传送提供重要的支持；另一方面，由于计算机技术渗透到通信领域中，它极大地提高了通信网络的性能。

从应用角度看，计算机联网主要有三个方面的原因，也可以说是计算机网络的主要功能，它们是：

1. 实现网络中的资源共享

使设置在一个计算机系统中的某些贵重的硬件资源和丰富的软件资源可以被联网的其他计算机系统所共享，如大容量的磁盘阵列。

2. 使用远程资源成为可能

网络可使本地用户与近程和远程计算机之间实现文件传送；对远程计算机上的文本进行编辑，编译远程计算机上的程序，设置远程计算机上的程序参数，运行程序并取回结果，从根本上改变用户使用计算机资源的环境和方式。

3. 均衡负载、相互协作

将计算任务较繁重的计算机系统中的任务转移到空闲的计算机上去处理，以调节各系统的负荷。

2.1.2　计算机网络的类型

计算机网络有多种分类方法，常用的一种分类方法是按地理范围来分类。按照这种标准可以把计算机网络划分为局域网、城域网、广域网和互联网。

1.局域网

局域网(Local Area Network,简称 LAN)是指在局部范围内使用的网络,它所覆盖的地区范围较小,其网络所涉及的地理距离一般来说可以是几米至 10 公里以内。局域网一般位于一个建筑物或一个单位内,不存在寻径问题,也不包括网络层的应用。目前,局域网是最常见、应用最广的一种网络,几乎每个单位都有自己的局域网,甚至有的家庭都有自己的小型局域网。局域网在计算机数量配置上没有太多的限制,少的可以只有两台,多的可达几百台。

局域网的特点是:连接范围窄、用户数量少、配置容易、连接速率高、可靠性及安全性较强。目前,局域网最快的速率可达到 10Gbps。IEEE(美国电气和电子工程师协会)的 802 委员会定义了多种主要的 LAN:以太网(Ethernet)、令牌环网(Token Ring)、光纤分布式接口网(FDDI)、异步传输模式网(ATM)以及无线局域网(WLAN)。

2.城域网

城域网(Metropolitan Area Network,简称 MAN)一般指在一个城市但不在同一地理范围内的计算机互联。城域网的连接距离可以在 10～100 公里。与 LAN 相比,MAN 覆盖范围更广,连接的计算机数量更多,从连接距离来看可以说是 LAN 的延伸。在城市中,一个 MAN 通常连接着多个 LAN,比如,一个 MAN 可能连接政府机构的 LAN、医院的 LAN、电信的 LAN、公司企业的 LAN 等。

城域网遵循 IEEE 802.6 标准,多采用 ATM 技术做骨干网。ATM 包括硬件、软件以及与 ATM 协议标准一致的介质,是一种用于数据、语音、视频以及多媒体应用程序的高速网络。ATM 提供一个可伸缩的主干基础设施,以便能够适应不同规模、速度以及寻址技术的网络。ATM 的最大缺点就是成本太高,所以一般用于政府机构或公共部门,如银行、医院、邮政等。

3.广域网

广域网(Wide Area Network,简称 WAN)也称远程网,所覆盖的范围比城域网更广,地理范围可从几百公里到几千公里,一般是在不同城市之间的 LAN 或者 MAN 互联。

因为覆盖范围较广,信息衰减比较严重,因此 WAN 一般采用专线,由大型电信公司提供,供给任何单位和个人租借。因 WAN 连接用户多,总出口带宽有限,所以用户的终端连接速率一般较低,通常为 9.6Kbps～45Mbps,如邮电部的 CHINANET、CHINAPAC 和 CHINADDN 网。

4.互联网

互联网(Internet)是指以一组通用的协议相连而形成逻辑上的单一巨大国际网络。从地理范围来看,互联网是全球计算机的互联。互联网的结构是按照包交换(也称分组交换)的方式连接的分布式网络,因此在技术层面上,互联网不存在中央控制的问题。

互联网的最大特点是网络用户的不确定性，整个网络上随时都有用户接入与断开。当某个用户与互联网连接时，其计算机就属于互联网，而当用户断开与互联网的连接时，其计算机就不属于互联网了。互联网的优点很多，包括信息量大、信息交换种类多（视频、图片、文章等）、传播远、使用成本低、时效性强、不受空间限制、交互性好等。目前，互联网得到了广泛的应用。

对于上述几种网络，在电视台内主要使用的还是局域网。在后文的介绍中，如果没有特殊说明一般都是指的局域网。

2.2　计算机网络体系结构

2.2.1　计算机网络体系结构的概念

计算机网络是由型号各异的计算机和终端设备等实体通过通信线路连接起来的复合系统。在这个系统中计算机类型、通信线路类型、连接方式、同步方法和通信方式等的不同，给网络各个结点间的通信带来诸多不便。不同厂家、不同型号的计算机通信方式各有差异，通信软件须根据不同情况进行开发，特别是异型网络的互联，它不仅涉及基本的数据传输，同时还涉及网络的应用和有关服务。因此，要做到无论设备内部结构如何都能互相发送可以理解的信息，这样的软件设计起来很复杂。为了简化对复杂计算机网络的研究工作，需要制定一个各个生产厂家共同遵守的标准。

制定标准采用的基本方法是针对计算机网络所执行的各种功能，设计出一种网络体系结构层次模型，这个层次模型包括两个方面：其一是将网络功能分解为许多层次，在每个功能层次中，通信双方共同遵守约定和规程以避免混乱，这叫同层协议（简称协议）；其二是层次之间逐层过渡，前一层次做好进入下一层次的准备工作，这叫接口协议（简称接口）。接口可以是硬件，但多为软件，完成如数据格式的变换、地址的映射工作等。

层次方式的示意图见图 2-1。实体 1 和实体 2 之间的通信在经过物理传输介质传送之前，信息的组织变换经过了一个比较复杂的过程，假定将这个过程细分为 4 个层次 A、B、C、D。下面对这 4 个层次的工作过程作一个简要介绍：首先假定用户在实体 1 的终端上操作，需要调用实体 2 的某应用程序进行计算或控制。用户在实体 1 终端上打入各种命令，这些命令在应用层中得到解释和处理；接下来将解释处理的结果交给对话管理层，要求建立与实体 2 的互相联系。对话建立之后转入下一层，要求对要传送的内容进行编址，并进行路由选择和报文分组等工作。分组传送的报文经数据链路控制层，变换成二进制的脉冲信号，再沿公用传送介质（信道）发送出去，即从实体 1 打入的命令，要经过 D、C、B、A 4 个层次顺序的处理才能发送到物理信道中去。

实体 2 从通信线路上接收信号，首先经过数据链路控制层将二进制脉冲编码接收下来；然后根据编址情况将分组报文重新组合在一起；再送到对话管理层去建立联系；最后送到应用管理层去执行应用程序。即接收方实体 2 也要顺序经过 A、B、C、D 4 个层次才能完成接收任务。如果实体 2 再发送信息，也要经过上述类似的过程。

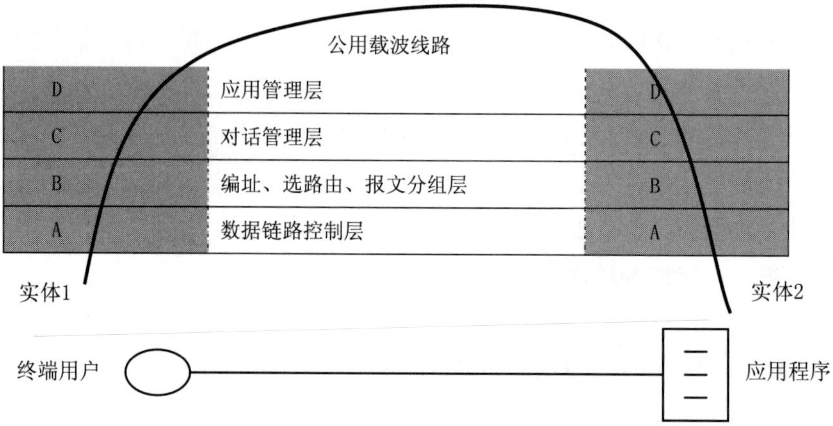

图 2-1　网络层次方式示意图

从图 2-1 可以看出，层次是根据功能来划分的。这种按功能划分的层次结构只有存在于网络的每个实体之中才能完成互相通信的任务。在层次划分之后，每一层次都要规定大家共同遵守的规则和约定，被称为层次协议，它只对所属的操作有约束力。因此，对某层协议作修改或补充时，不至于影响到其他层次。整个网络的协议是由各个层次的协议共同组成的。

另外还可以看出，由于层次按功能划分，从一个层次过渡到另一个层次还必须具备一定的条件，前一个层次所完成的工作应该为后一个层次的工作做好准备，在任何两个层次之间都存在接口问题。作为网络的系统结构，主要包括协议和接口两个方面的内容，在协议和接口确定之后，网络的系统结构也就确定了下来。

2.2.2　开放系统互联参考模型(OSI)

国际标准化组织(ISO)1981 年正式推荐了一个网络系统结构 7 层参考模型，叫作开放系统互联参考模型(Open System Interconnection，OSI)，这是一个定义连接异种计算机标准的结构。OSI 为连接分布式应用处理的开放系统提供了基础，采用分层的结构化技术。

开放系统互联参考模型共有 7 层(如图 2-2)，每层各自具备一定的功能，由低层到高层分别为物理层、数据链路层、网络层、传输层、会话层、表示层和应用层。

下面简要介绍各层的功能：

物理层：在通信线上传输原始比特流，其有关参数包括信号电平、比特宽度、物理数据率和最大传输距离等。它涉及通信方式(单工、半双工、全双工)，通信连接的建立与终止以及物理链路接口的电气、机械特性和所使用的物理传输介质。

数据链路层：其主要任务是加强物理层传输原始比特流的功能，以便为网络层显现一条无错线路。因为物理层仅仅接收和传送比特流，并不关心它的意义和结构，所以只能依赖数据链路层来产生和识别数据帧边界。在数据链路层，发送方把输入数据分装在

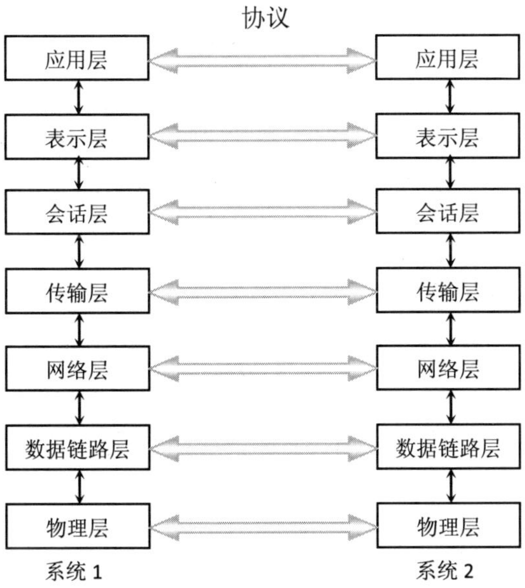

图 2-2　开放系统互联参考模型(OSI)

数据帧里(典型的帧为几百字节或几千字节),按顺序传送各帧,并处理接收方回送的确认帧。

具体来说,数据链路层需要完成物理编址、网络拓扑结构、错误校验、帧序列以及流量控制等功能。物理编址(相对应的是网络编址)定义了设备在数据链路层的编址方式;网络拓扑结构定义了设备的物理连接方式,如总线拓扑结构或环形拓扑结构;错误校验是对传输数据进行误码校验并向发生传输错误的上层协议告警;帧序列指在数据链路层形成的数据帧序列;流量控制用于让发送方知道接收方还有多少缓存空间,以使接收设备不会因为在某一时刻接收到了超过其处理能力的信息流而崩溃。

数据链路层又分为逻辑链路控制子层(Logical Link Control,简称 LLC)和介质介入控制子层(Media Access Control,简称 MAC)。逻辑链路控制子层管理单一网络上的设备间的通信。IEEE802.2 标准定义了 LLC,它支持无连接服务和面向连接服务。介质介入控制子层管理访问物理网络介质的协议。IEEE MAC 规则定义了 MAC 地址,以标识数据链路层中的多个设备。

网络层:提供路由选择及其相关的功能等,使得多个数据链路被合并到互联网上,这是通过设备的逻辑编址(相对应的是物理编址)完成的。网络层为高层协议提供面向连接服务和无连接服务。网络层协议一般都是路由选择协议,但其他类型的协议也可在网络上实现。它的特性对高层是透明的。它根据传送层的要求来选择服务质量,并向传送层报告未恢复的差错。

传输层:实现向高层传输可靠的互联网络数据的服务,即从会话层接收数据,并且在必要时把它分成较小的单元,传递给网络层,并确保到达对方的各段信息正确无误。传输层的功能一般包括多路传输、流量控制及差错校验和恢复。多路传输使得多个应用程序的数据可以传输到一个物理链路上;流量控制管理设备之间的数据传输,确保传输设备不发送比接收设备容量大的数据;差错校验包括为检测传输错误而建立的各种不同结构;而差错恢复包括所采取的措施,以便解决产生的任何问题。

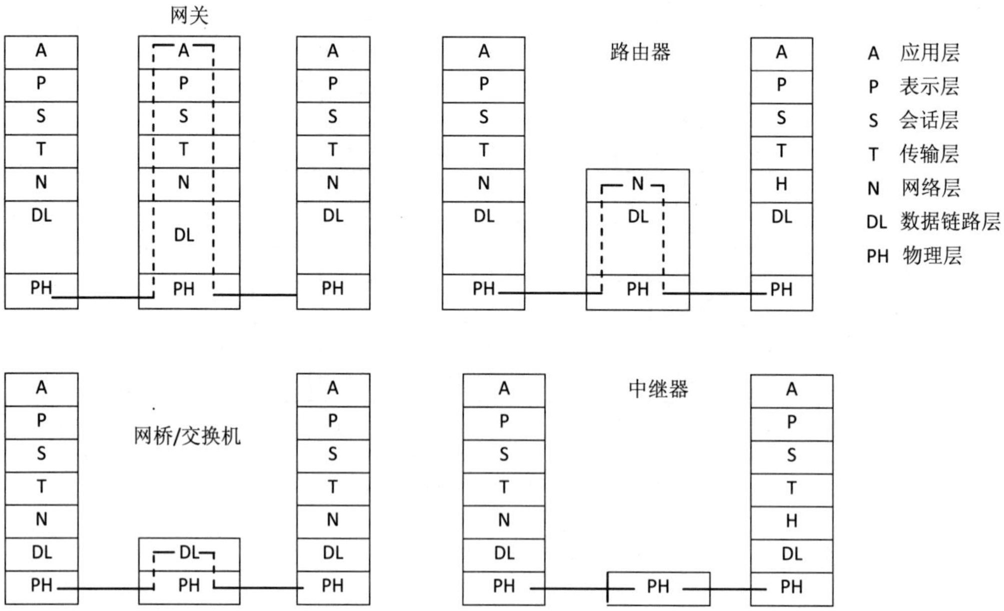

图 2-3 网间连接器的层次关系

会话层:建立、维护和终止表示层与实体之间的通信会话。通信会话包括发生在不同网络设备的应用层之间的服务请求和服务应答,这些请求与应答通过会话层的协议实现。

表示层:提供多种用于应用层数据的编码和转化功能,以确保从一个系统应用层发送的信息可以被另一系统的应用层识别。表示层编码和转换模式包括公用数据表示格式、性能转换表示格式、标准数据压缩模式和标准数据加密模式。

公用数据表示格式即标准的图像、声音和视频格式。通过使用这些标准格式,不同类型的计算机系统可以相互交换数据。性能转换表示格式通过使用不同的文本和数据表示,在系统间交换信息,例如 EBCDIC 和 ASCⅡ;标准数据压缩模式确保源设备上被压缩的数据可以在目标设备上正确地解压;标准数据加密模式确保源设备上加密的数据可以在目标设备上正确地解密。

应用层:为广大 OSI 用户提供服务,包括文件传送、远程登录、网络管理等。本层直接支持用户的应用程序,如 HTTP、FTP、SMTP 等。在 OSI 的七个层次中,应用层是最复杂的,包含的协议也最多。

利用网络层次结构参考模型,可以将两个通信实体之间的工作过程明确地表示出来。如果两个实体之间不能直接连接,则要经过一个网间互联设备互相连接,例如在网络互联用到中继器、网桥/交换机、路由器、网关这些设备时,网络的工作过程如图 2-3 所示。根据中间站的作用不同,连接的层次也是不同的。

2.2.3　TCP/IP 协议体系结构

TCP/IP 协议不是简单的 TCP 和 IP 这两个协议的合称,而是指互联网整个 TCP/IP 协议族。TCP/IP 协议的体系结构并不完全符合 OSI 的七层参考模型,而只采用了四层的层级结构。这四层分别为网络接口层、互联网络层、传输层和应用层,如图 2-4 所示。

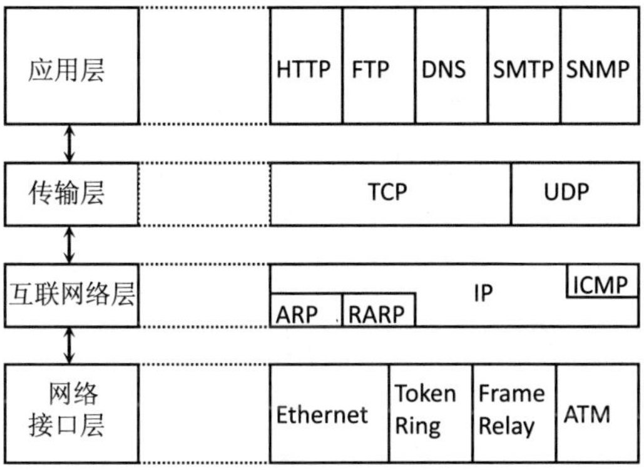

图 2-4　TCP/IP 协议体系结构

网络接口层:又称链路层,是连接主机与网络层之间的桥梁。其功能是接收 IP 数据报并进行传输,从网络上接收物理帧,抽取 IP 数据报转交给下一层,管理实际的网络媒体,定义如何使用实际网络(如以太网、令牌环网等)来传送数据。

互联网络层:又称网络层或互联层,主要遵守 IP(网际协议)协议,负责提供基本的数据封包传送功能,让每一个数据包都能够到达目的主机(但不检查是否被正确接收)。它是 TCP/IP 协议栈最重要的一层。

传输层:它提供应用程序之间的通信服务,也叫端到端的通信,主要功能是数据格式化、数据确认和丢失重传等。传输层的协议包括传输控制协议(TCP)和用户数据报协议(UDP)。它们给数据报加入传输层包头数据,之后将其传输到下一层,确认数据已被送达并接收。

应用层:向使用网络的用户提供特定的、常用的应用程序,如简单电子邮件传输协议(SMTP)、文件传输协议(FTP)、网络远程访问协议(Telnet)等。

OSI 7 层体系结构概念清楚,理论也较完整,但它既复杂又不实用,因此,目前基于 TCP/IP 的体系结构被广泛应用,实际操作中几乎没有用到 OSI 体系结构。下面就基于 TCP/IP 体系结构介绍网络接口层常用的以太网、TCP/IP 协议和应用层。

2.3　以太网

2.3.1　以太网的基本概念

以太网(Ethernet)是一种计算机局域网组网技术,是由 Xerox 公司创建并由 Xerox、Intel 和 DEC 公司联合开发的基带局域网规范。IEEE 制定的 IEEE 802.3 标准给出了以太网的技术标准,它规定了包括物理层的连线、电信号和介质访问层协议的内容。以太网是当前应用最普遍的局域网技术,很大程度上取代了其他局域网标准如令牌环、FDDI 等。

以太网的标准拓扑结构为总线型,但目前的快速以太网为了最大限度地减少冲突、提高网络速度和使用效率,都使用交换机来进行网络连接和组织,这样以太网的拓扑结构就成了星型。在逻辑上,以太网仍然使用总线型拓扑和 CSMA/CD(Carrier Sense Multiple Access/Collision Detection,即带冲突检测的载波监听多路访问)的总线争用技术。

目前以太网分为标准以太网、快速以太网、千兆以太网和万兆以太网。

标准以太网只有 10Mbps 的吞吐量,可以使用粗同轴电缆、细同轴电缆、非屏蔽双绞线、屏蔽双绞线和光纤等多种传输介质进行连接。IEEE 802.3 标准为不同的传输介质制定了不同的物理层标准。

快速以太网即我们常说的百兆以太网,在保持帧格式、MAC(介质存取控制)机制和 MTU(最大传送单元)质量的前提下,其速率比标准以太网增加了 10 倍。快速以太网与标准以太网有很好的兼容性,后者的应用程序和网络管理工具能够在前者上使用。快速以太网是基于扩充的 IEEE802.3 标准。

千兆以太网可提供 1Gbps 的通信带宽,采用与 10Mbps、100Mbps 以太网相同的 CSMA/CD 协议、帧格式和帧长,因此可以实现在原有低速以太网基础上平滑、连续的网络升级。千兆以太网技术有两个标准:IEEE 802.3z 和 IEEE 802.3ab。IEEE 802.3z 制定了光纤和短程铜线连接方案的标准,IEEE 802.3ab 制定了五类双绞线上较长距离连接方案的标准,其中单模光纤传输距离可达 70 公里,可用于城域网。

万兆以太网支持 10Gbps 的传输速率,其规范为 IEEE 802.3ae 标准。它扩展了 IEEE 802.3 协议和 MAC 规范,通过不同的编码方式或波分复用提供 10Gbps 传输速度。另外,通过 WAN 界面子层(WAN Interface Sublayer,简称 WIS),万兆以太网也能与同步光纤网络(SONET)STS-192c 传输格式兼容。

2.3.2 以太网的层次结构

20 世纪 80 年代,IEEE 802 委员会制定了局域网体系结构,即参考模型,许多 802 标准现已成为 ISO 国际标准。以太网是一种局域网,其标准也都属于 IEEE 802 标准。

局域网主要定义的是 OSI 参考模型中最低的两层。IEEE 802 系列标准将数据链路层分为逻辑链路控制子层和介质介入控制子层。图 2-5 给出了局域网 IEEE 802 参考模型与 OSI 参考模型的对比。下面简要介绍一下逻辑链路控制子层和介质介入控制子层。

逻辑链路控制子层(Logical Link Control Sub-layer,简称 LLC 子层)涉及信息帧在两个以上站点之间传输,由 IEEE 802.2 标准定义。与传输介质接入无关的部分放在 LLC 子层。在发送端,LLC 子层将用户要发送的信息、信息源与目的地址、差错控制与端到端的信息流量转换成数据信息结构帧,传送到介质介入控制子层(MAC)。之后,接

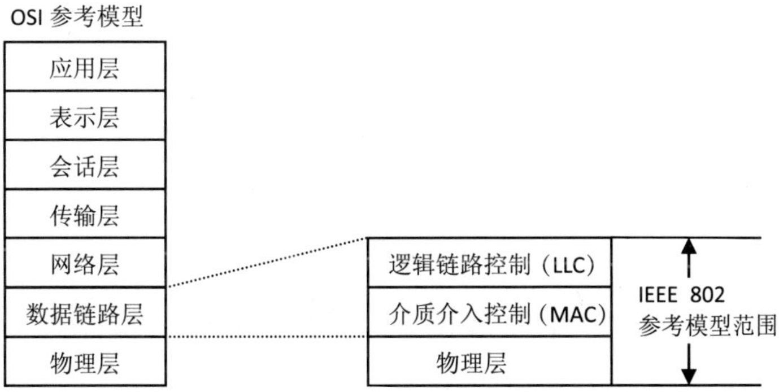

图 2-5　局域网 IEEE 802 参考模型与 OSI 参考模型对比

收端接收帧信息，并自动纠错、恢复信息。

介质介入控制子层（Media Access Control Sub-layer，简称 MAC 子层）的作用是解决与接入各种传输介质有关的问题以及进行无差错的通信。MAC 子层针对不同的物理层提供不同的访问方式，但提供给 LLC 子层一个统一的接口。MAC 子层主要功能为将 LLC 层交下来的数据封装成介质控制接入帧，进行发送、接收。介质控制接入帧包括用户数据、组帧和分帧的定位比特，以及地址和差错控制。关于 MAC 子层的标准目前已有 IEEE 802.2、IEEE 802.3、IEEE 802.5、IEEE 802.6、IEEE 802.7、IEEE 802.11、IEEE 802.12、IEEE 802.15、IEEE 802.16 和 IEEE 802.20 等，这些标准分别对各种拓扑结构、传输介质、通用和专用、固定和移动 LAN/MAN 网络的介质接入控制作了规范。其中，IEEE 802.3 制定了采用 CSMA/CD 介质接入控制法的物理层总线协议和以太网采用的协议。

物理层的功能是为数据链路层提供物理链接所需的机械、电气功能和光电转换等。主要包括建立、维护和拆除物理电路，实现物理电路层比特流的透明传输，需要对电气性能、电平配合、机械结构（插头、插座等）进行规定，从而实现各节点设备之间通过物理传输介质的实际互联。

对于以太网，主要规定了物理层和 MAC 层。

IEEE 802.3 标准规范了以太网物理层的各种特性，包括数据率、拓扑结构、传输介质和最大网径长度以及连接器技术和线路信号编码等。例如，10Base-T，表示数据速率为 10Mbps，拓扑结构为星型，传输介质为两对 100 欧姆 3 类电缆或较好的 UTP 电缆，最大网段长度为 100 米；连接器为 RJ-45 型，线路信号码型为曼彻斯特码。IEEE 802.3 对于前文提到的标准以太网、快速以太网、千兆以太网和万兆以太网的物理层都进行了详细的规定。

对于 MAC 层，主要规定了以太网的信号帧结构。10/100 Mbps 以太网中的基本 IEEE 802.3 MAC 数据格式如图 2-6 所示。

帧前序（Preamble，Pre）：7 个字节。Pre 字段中 1 和 0 交互使用。接收站通过该字段识别导入帧。该字段还提供了同步化接收物理层帧接收部分和导入比特流的方法。

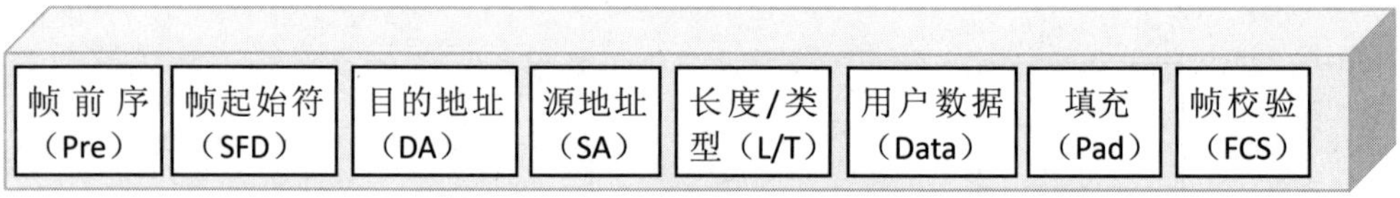

图 2-6 以太网信号的基本帧结构

帧起始符(Start-of-Frame Delimiter,简称 SFD):1 个字节。字段中 1 和 0 交互使用,结尾是两个连续的 1,表示下一位是利用目的地址的重复使用字节的重复使用位。

目的地址(Destination Address,简称 DA):6 个字节,用于识别需要接收帧的站点。

源地址(Source Addresses,简称 SA):6 个字节,用于识别发送帧的站点。

长度/类型(Length/Type,简称 L/T):2 个字节。如果采用可选格式组成帧结构,那么该字段既表示包含在帧数据字段中的 MAC 客户机数据大小,也表示帧类型 ID。

用户数据(Data):是一组 n(46≤n≤1500)字节的任意值序列,帧总值最小为 64 字节。

帧校验(Frame Check Sequence,简称 FCS):4 个字节。该序列包括 32 位循环冗余校验(CRC)值,由发送 MAC 方生成,通过接收 MAC 方进行计算得出已校验被破坏的帧。

对于千兆以太网,MAC 帧进行了扩展,1000Base-X 最小帧大小为 416 字节;1000Base-T 最小帧大小为 520 字节。通过扩展字段可以满足长度小于最小值的帧需求。

2.3.3 以太网的工作原理

通过以太网中的节点可以看到在网络中发送的所有信息,因此以太网是一种广播网络,有半双工和全双工通信工作模式。半双工通信工作模式属于众多节点共享,因而每个节点不能同时收发信息,每段时间内只允许执行接收或发送信息的单一功能。带冲突检测的载波帧听多路访问(CSMA/CD)机制,即为以太网半双工通信工作模式采用的介质接入控制过程。

载波侦听多路访问方法的基本思想是:任何站点在向公共介质发送信息时,首先要监听通信介质上是否有其他站点正在传送信息,如果通信介质上无载波,即没有被占用,则可以利用通信介质进行传送;如果已监听到介质上有载波,即有其他站点正在传送信息,则必须等待介质平静之后才能进行传送,这样就会使信道上的冲突大大减少。在 CSMA 的基础上可作进一步改进,就是当站点开始发送之后,仍须继续侦听信道一段时间,检测到冲突就迅速取消冲突帧的传送。该协议被称为带冲突检测的载波侦听多路访问协议(CSMA/CD)。

当以太网中的一台主机要传输数据时,它将按如下步骤进行:

第一,监听网上是否有信号在传输。如果有的话,表明信道处于忙碌状态,继续监听,直到信道空闲为止;若没有监听到任何信号,则可传输数据。

第二,传输数据时继续监听,如发现冲突则立即停止,并发送阻塞信号。随机等待一段时间后,重新执行上述步骤(当冲突发生时,涉及冲突的计算机会发送返回到监听信道状态的指令)。如若未发现冲突,则发送成功。

2.4　TCP/IP 协议

在 TCP/IP 协议体系结构中,传输层和互联层是关键,其上运行的主要协议分别为 TCP 和 IP 协议,下面简要介绍这两层协议。

1. 互联层

IP(Internet Protocol)是 TCP/IP 的心脏,也是互联层中最重要的协议。

IP 层的主要功能是使主机可以把 IP 数据报(Datagram)发往任何网络,并使数据报独立地传向目标(中途可能经由不同的网络),包括以下四个方面的内容:

- 发送数据:处理来自传输层(TCP 或 UDP 层)的数据发送请求,将数据装入 IP 数据报,填充报头,选择去往目的结点的路径,然后将数据报发往适当的网络接口。
- 接收数据:当从网络上接收到数据时,应首先检查数据报的合法性,然后进行路由选择,决定是接收还是转发。
- 数据报分段与重组:发送或接收时使 IP 数据报的长度与通信子网所允许的数据报长度相匹配。
- 处理 ICMP 报文:处理网络的路由选择、流量控制和拥塞控制等问题。

互联层的协议包括 IP 数据报传输协议、ICMP(网际控制消息协议)、ARP(地址解析协议)和 RARP(逆向地址解析协议)。

IP 数据报传输协议用于传输待发送数据、待发送数据的主机地址(源地址)和接收它的主机地址(目的地址)以及相关的信息。

ICMP 以 IP 数据报形式传输,用于与网络错误和问题有关的无约束消息。例如,ICMP 的"Redirect"信息通知主机通向其他系统的更准确的路径,而"Unreachable"信息则指出路径有问题。如果路径不可用,ICMP 可以使 TCP 连接"体面地"终止,如网中的一些物理路径出错,导致网络无法连接等。ICMP 是 IP 的重要组成部分,所有使用 IP 的主机和路由器都使用 ICMP。IP 在发送一个差错报文时要用到 ICMP,而 ICMP 利用 IP 来传递报文。ICMP 报文被置于 IP 数据报的数据区中,像普通的 IP 数据报一样被转发。对于 ICMP 报文,IP 头部的 Protocol 代码为 1。Ping 就是 ICMP 协议最常见的应用程序,用于测试目的主机是否到达。

ARP 和 RARP 用于实现地址的转换过程。互联网以 IP 地址为标识,利用 IP 分组在互联网上实现各子网间的寻径。如果给定网络中的两台主机需要通信,就不仅需要知道彼此的 IP 地址,还必须知道彼此的物理地址,这样它们才能应用数据链路层协议在本地介质上传送数据报。ARP 和 RARP 是互联层和网络接口层间的一个接口,利用 IP 和 ARP 交互作用来获取计算机的硬件地址或介质访问控制(MAC)地址。网络接口层用此硬件地址在物理介质上传输数据。如果在数据传输过程中出现问题的话，ICMP 将生成错误报文。

ARP 用于获取主机或节点的 MAC 地址（物理地址），并创建一个本地数据库以将 MAC 地址映射到主机 IP（逻辑）地址上。如果一个主机需要知道在同一子网的另一主机的 MAC 地址，那么这个主机就向网络发送一条广播消息："IP 地址为 AA. BB. CC. DD 的计算机请发送给我你的 MAC 地址。"在本地子网中具有 IP 地址 AA. BB. CC. DD 的主机将广播一条包括目标主机物理地址的 ARP 作为响应。

RARP 是用于主机请求服务器提供其 IP 地址的协议，使用和 ARP 相同的数据报结构。例如，一个无盘主机向知道自己 IP 地址的服务器发送一个包含自己硬件地址的请求，并等待服务器发出响应；服务器通过访问存放 IP 地址数据库的磁盘，找到相应的 IP 地址回送给请求方。该协议使用的局限是：由于路由器不转发广播帧，RARP 服务器必须与无盘工作站在同一子网内。

2. 传输层

传输层协议的主要功能是提供应用程序之间的通信，为应用程序提供端到端的通信功能。该层协议可处理互联层没有处理的通信问题，可以保证通信连接的可靠性，能够自动适应网络的各种变化。互联层协议只提供数据包传输服务，允许主机将数据包发送到网络上，能保证数据的传输，却不能保证数据传输的质量。但是，用户应用程序往往需要保证数据传输的质量，有的还需要特定层次的服务。传输层协议可以满足应用层所需的服务水平。

为保证数据传输的可靠性，传输层 TCP 规定接收端必须发回确认，并且当数据出现错误或丢失时，发送方必须重新上传。

在互联层之上使用传输层的原因是：计算机基本上是多任务的工作模式，同时有多个服务进程，比如 Web 服务、FTP 服务、SMTP 服务等。当一台主机通过互联层与另一台主机连接后，并不知晓是与哪个服务进程进行通信。显然这些服务不能只靠 IP 地址，因为 IP 地址与网络服务的关系是一对多的关系，这就需要使用传输层。传输层通过在收发双方创建套接字（Socket，又称插口）来实现应用程序之间的通信。这个套接字实质上为每一个用户进程分配一个传输地址，且每一个传输地址在全网应该是唯一的。Socket 的地址是用 IP 地址、主机端口号来标识的，如图 2-7 所示。

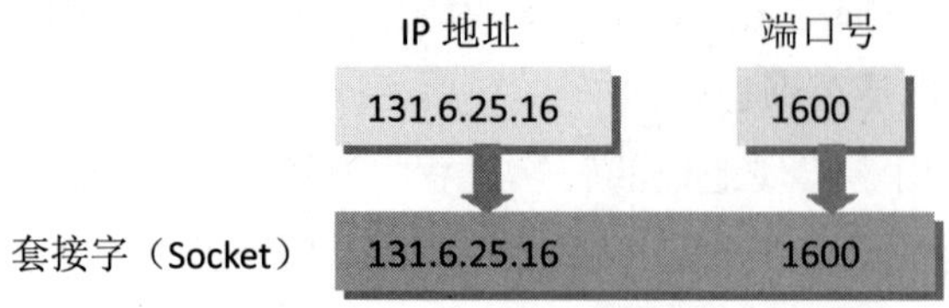

图 2-7 套接字和端口、IP 地址的关系

主机端口号被放在传输层 TCP 或 UDP 协议的报文中，是一个 16bit 的地址，是由操作系统分配给调用的应用程序的唯一号码。端口号分为两类：公认端口号（1～255 之间），一般固定分配给一些服务；一般端口号，用来随时分配给请求通信的客户进程。图 2-8 给出了一些常用的公认端口号，如 HTTP 的端口号为 80。

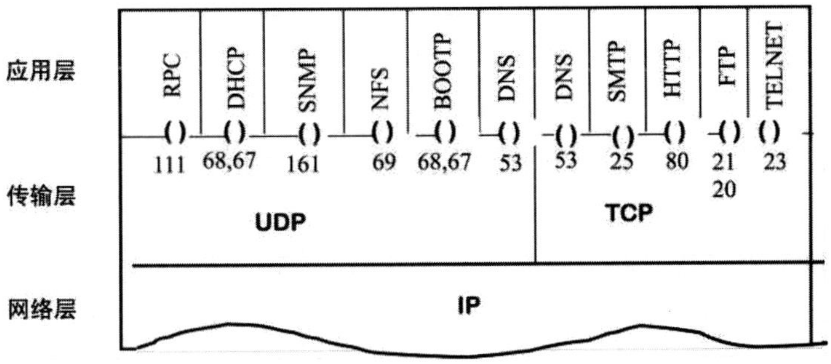

图 2-8　常用的公认端口号

传输层主要有 TCP 和 UDP 两种协议，下面简要介绍这两种协议。

传输控制协议（Transmission Control Protocol，简称 TCP）提供端对端数据流服务，其中包含确保数据可靠传输的机制。这些机制包括校验和、序列号、计时器、确认和重传过程。图 2-9 为 TCP 报文首部格式，其中源端口号、目的端口号、序号、确认号、窗口、检验和等用来保证数据的可靠和有序传输，因此 TCP 为应用层提供了可靠和有序的数据传输服务。

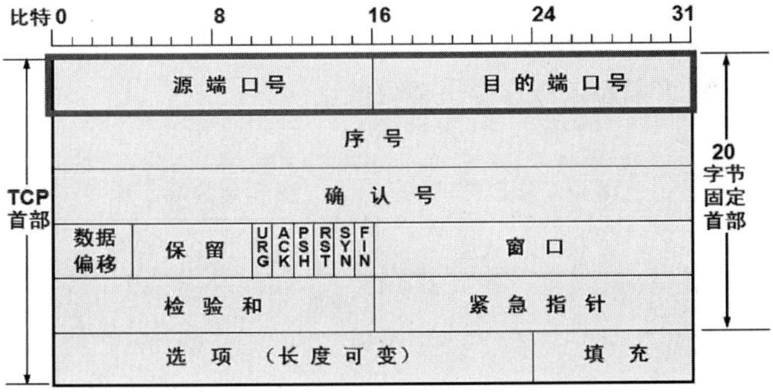

图 2-9　TCP 报文首部格式

TCP 提供面向连接的服务，以建立较高可靠性的消息传输连接为目的。它负责把用户数据（字节流）按一定的格式和长度组成多个数据包进行发送，并在接收到数据包之后按分解顺序重新组装和恢复用户数据。采用 TCP，计算机在开始实际数据的传输前，首先建立起一个连接。TCP 的可靠服务是指数据传递有保证、按序、没有重复。TCP 协议具有数据报的顺序控制、差错检测校验以及重发控制等功能。TCP 同时处理有关流量控制的问题，防止快速的发送方“淹没”慢速的接收方。TCP 不提供广播或多播服务。

为确保连接的建立和终止都是可靠的，TCP 使用 3 次握手（3-way Handshake）的方式。TCP 使用同步段(Synchronization Segment,简称 SYN Segment)来描述用于创建一个连接的 3 次握手中的消息,用结束段(Finish Segment,简称 FIN Segment)来描述用于关闭一个连接的 3 次握手中的消息,在此过程中交换了 3 个消息(在 3 次握手当中,连接的每一端发送的 SYN 消息中包含一个初始的窗口通告)。科学家们已证明 3 次握手是在包丢失、重复和延迟的情况下确保非模糊协定的充要条件。

TCP 还采用了一种被称为"滑动窗口"的方式进行流量控制。所谓窗口实际上是表示接收能力,用以限制发送方的发送速度。

如果 IP 数据报中有已经封好的 TCP 数据包,那么 IP 将把它们向"上"传送到 TCP 层。TCP 将包排序并进行错误检查,同时实现虚电路间的连接。TCP 数据包中包括序号和确认,所以未按照顺序收到的包可以被排序,而损坏的包则被重传。TCP 将它的信息送到更高层的应用程序,例如 FTP 的服务程序和客户程序。应用程序轮流将信息送回 TCP 层。TCP 层便将它们向下传送到 IP 层、设备驱动程序和物理介质,最后到达接收方。

UDP(User Datagram Protocol,用户数据报协议)是面向无连接的通讯协议。UDP 数据同样包括目的端口号和源端口号信息,由于通讯不需要连接,所以可以实现广播发送。

UDP 通讯时不需要接收方确认,不管数据报的顺序是否正确、是否存在错误,也不进行重发,属于不可靠的传输;这可能会导致丢包现象的发生,因此,实际应用中要求程序员进行编程验证。图 2-10 为 UDP 报文格式。UDP 报文很简单,除了端口号和数据之外,只有 UDP 数据长度和校验和。UDP 使用报头中的校验值来保证数据的安全。通过校验值,UDP 可以检测出是否出错,但检测到错误时,UDP 不作错误校正,只是简单地把损坏的消息段扔掉或者向应用程序发出警告信息。

16 位源端口号	16 位目的端口号
16 位 UDP 长度	16 位 UDP 校验和
数据	

图 2-10 UDP 报文格式

UDP 主要用于不需要 TCP 排序和流量控制而自己完成这些功能的应用程序。它被广泛地应用于网关以及 Internet 网络管理中心等的消息通信,以达到控制管理网络运行的目的,或者应用于快速递送比准确递送更重要的应用程序,例如传输语音或视频图像。常见的应用如 ICQ 和 OICQ 等都使用 UDP 来传输。

2.5 应用层

网络中的应用层是应用程序接口，是直接为应用进程提供服务的。应用进程是指为了解决具体的应用问题而彼此通信的进程。应用层通过把报文发送到套接字中来使网络进程间相互通信。如何构造这些报文？在这些报义中各个字段的含义是什么？这些问题都属于应用层的范围。

应用进程在通信时所遵守的协议称为应用层协议(Application Layer Protocol)，它定义了运行在不同端系统上的应用程序进程相互传递报文的方式。每个应用层协议都是为了解决某一类应用问题，而问题的解决又往往是通过位于不同主机中的多个应用进程之间的通信和协同工作来完成的。应用层的具体内容就是规定应用进程在通信时所遵循的协议。

在 TCP/IP 体系中，采用客户/服务器(Client/Server，简称 C/S)模式使两个进程能够进行通信。例如，当 A 进程需要 B 进程的服务时就主动呼叫 B 进程，这时，A 是客户而 B 是服务器。也就是说，主叫方是客户，被叫方是服务器。

基于网络的基本功能，网络应用主要是进行文件传输、访问和管理。不同的应用派生了多种应用层协议，常用的应用层协议如下。

2.5.1 文件传输协议(FTP)

FTP(File Transfer Protocol)提供在两台机器之间进行有效文件传送的手段，这是互联网上使用最广泛的文件传输服务。FTP 允许传输任意文件并且允许文件具有所有权与访问权限。更为重要的是，由于隐藏了独立计算机系统的细节，FTP 适用于异构体系——它能在任意的计算机之间传输文件。

FTP 是互联网中仍然在使用的最古老的协议之一，其出现早于 TCP/IP。当 TCP/IP 创建后，人们开发了一个新版本的 FTP 用于新型的 Internet 协议。在互联网发展的早期，传输文件所用数据包大约占整个互联网通信量的三分之一，而由电子邮件及域名系统所产生的通信量要小于 FTP 所产生的通信量(1995 年，万维网的通信量首次超过 FTP)。

FTP 在客户和服务器的文件传送过程中包括两个进程：控制进程和数据传送进程，它们同时工作。控制进程负责建立传送 FTP 命令控制的连接，这些命令使服务器知道要传送什么文件，连接端口号为 21。当客户需要访问某个文件时，客户端向服务器控制连接端口(21)发出连接请求，并要告诉服务器自己的另一个端口号码，用于建立数据传送。数据进程(端口号为 20)用来建立数据连接，传送每个文件。

控制连接端口(21)在整个 FTP 会话中始终保持激活和打开状态。数据端口(20)和数据连接仅在每次传送文件时建立，并在传送结束时终止。当数据通过数据流传输时，控制流处于空闲状态。

2.5.2 超文本传输协议(HTTP)

HTTP(Hypertext Transfer Protocol)是用于从万维网上读取页面信息，并从服务器传输超文本到本地浏览器的传送协议。它规定了浏览器和万维网服务器之间互相通信的规则。

HTTP 是一个用于标准的客户/服务器模型的应用层协议，由请求和响应构成。其工作流程为：客户机通过单击某个超级链接与服务器建立连接。建立连接后，客户机发出一个请求给服务器，请求的格式为统一资源标识符(URL)、协议版本号，后边是 MIME 信息(包括请求修饰符、客户机信息和可能的内容)。服务器接到请求后，给予相应的响应信息，其格式为一个状态行，包括信息的协议版本号、一个成功或错误的代码，后边是 MIME 信息(包括服务器信息、实体信息和可能的内容)。客户端接收服务器所返回的信息通过浏览器显示在用户的显示屏上，然后客户机与服务器断开连接。

HTTP 的主要优点有：简单快速，HTTP 协议简单，使得 HTTP 服务器的程序规模小，因而通信速度很快；灵活，HTTP 允许传输任意类型的数据对象。

HTTP 的主要问题在于它是一个无状态(指协议对于事务处理没有记忆能力)的协议，这意味着如果后续处理需要前面的信息，则它必须重传，这样可能导致每次连接传送的数据量增大。

2.5.3 远程登录协议(Telnet)

Telnet 允许用户登录到远程系统并访问远程系统的资源，是 Internet 远程登录服务的标准协议和主要方式。它运行在 TCP 之上，端口号为 23。

用户使用 Telnet 命令，使本地计算机变成远程主机的一个仿真终端。仿真终端等效于一个非智能的机器，它只负责把用户输入的每个字符传递给主机，再将主机输出的每个信息回显在屏幕上。

Telnet 服务器软件是一种典型的客户机/服务器模型的服务，其 Telnet 提供了三种基本服务：

第一，Telnet 定义网络虚拟终端为远程系统提供一个标准接口。客户机程序不必详细了解远程系统，它们只需构造使用标准接口的程序。

第二，Telnet 包括一个允许客户机和服务器协商选项的机制，而且它还提供一组标准选项。

第三，Telnet 对称处理连接的两端，即 Telnet 不强迫客户机从键盘输入，也不强迫客户机在屏幕上显示输出。

2.5.4 域名服务系统(DNS)

DNS(Domain Name System)用于将网络中主机的名字地址映射成网络地址。由于机器只能识别如“202.59.6.78”之类数字组成的 IP 地址，而这些数字不直观，也不容易记忆与查询，因此便有了域名服务系统，主要设备是域名服务器。DNS 工作在 TCP 或 UDP 之上，端口号为 53。

在互联网中，为了规范网络名称，也规定了域名的含义和组成。域名是由一串用点分隔的名字组成的，通常包含组织名，而且始终包括两到三个字母的后缀，以指明组织的类型或该域所在的国家或地区。域名采用分层机制，完整域名由沿本节点到根节点所经过的节点的分级域名逐级顺序构成。DNS 被设计成一个联机分布式数据库系统，并采用客户/服务器模式，以方便用户使用。

2.5.5　简单邮件传输协议(SMTP)

SMTP(Simple Mail Transfer Protocol)用于传输电子邮件，它使用 TCP，端口号为 25。

SMTP 提供了一种邮件传输机制，当收件方和发件方都在一个网络上时，可以把邮件直传给对方；当双方不在同一个网络上时，则需要通过一个或几个中间服务器进行转发。SMTP 首先由发件方提出申请，要求与接收方 SMTP 建立双向的通信渠道。收件方可以是最终收件人，也可以是中间转发的服务器。收件方服务器确认可以建立连接后，双发就可以开始通信。为了保证回复命令有效，SMTP 要求发件方必须提供接收方的服务器及邮箱。邮件的命令和答复有严格的语法定义，并且回复内容具有相应的数字代码。所有的命令由 ascii 码组成。

2.5.6　动态主机配置协议(DHCP)

DHCP(Dynamic Host Configuration Protocol)是一种使网络管理员能够统一管理和自动分配 IP 网络地址的通信协议。它是一种局域网的网络协议，使用 UDP 工作。DHCP 有 3 个端口号，其中 67 和 68 分别为 DHCP Server 和 DHCP Client 的服务端口；546 端口号用于 DHCPv6 Client，而不用于 DHCPv4，是为 DHCP Failover 服务的。DHCP Failover 是用来做“双机热备”的。

IP 网络中，每件连接 Internet 的设备都需要分配唯一的 IP 地址。当计算机接入到网络的不同位置时，DHCP 使网络管理员从中心监控和分配计算机 IP 地址并自动发送新的 IP 地址。

DHCP 有 3 种分配 IP 地址的机制：自动分配、动态分配和手工配置。其中，自动分配和手工配置一旦分配后，一般不能改变。只有动态分配可以重复使用客户端不再需要的地址。在动态配置时 IP 地址可以租用。租用时间是不定的，主要取决于用户在某地连接互联网需要多久，这对于教育和其他用户频繁改变的环境是很实用的。通过租期，DHCP 能够自动地重新配置网络，这样网络可支持的计算机可以比 IP 地址多。

2.6　以太网的组成

与所有网络的组成结构大致相同，以太网可分为硬件部分和软件部分。其中，软件部分包括网络操作系统、网络管理系统和网络应用软件，前两项为网络核心软件。这些软件安装在服务器和工作站上，通过配置服务器来体现。图 2-11 为以太网的硬件组成，从该图可见，硬件部分包括工作站、服务器、网络适配卡、网络连接与互联设备。下面简要说明以太网的硬件组成。

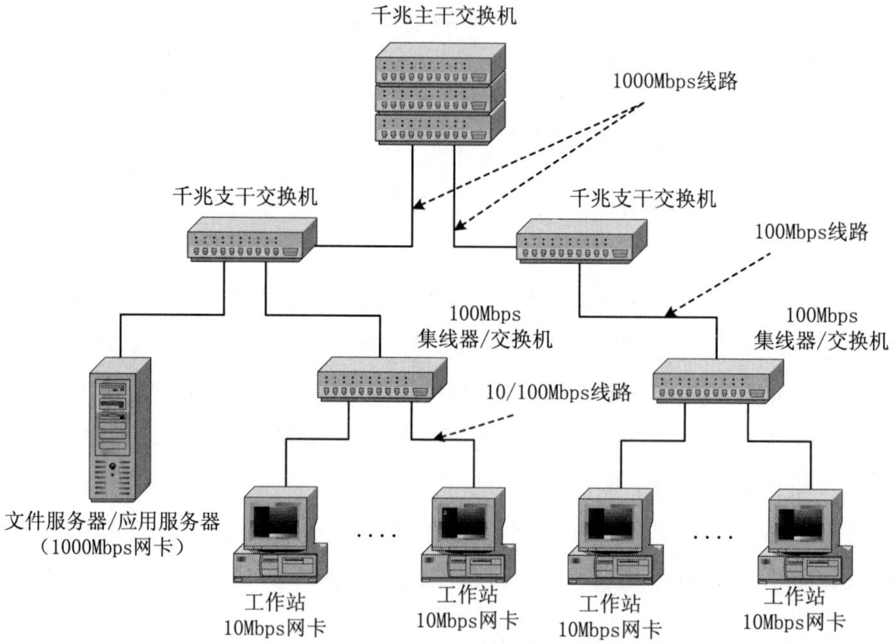

图 2-11　以太网的硬件组成

2.6.1　工作站

工作站是网络用户的工作场所，通常是一台带有软驱和硬盘的微机或终端，也可以是不配有磁盘驱动器的“无盘工作站”。工作站通过插在其中的网络接口板（网卡）经传输介质与网络服务器相连。用户通过工作站向局域网请求服务和访问共享资源。它通过网络从服务器中取出程序和数据后，用自己的 CPU 和内存进行运算处理，处理结果可以再存到服务器中。工作站可有自己单独工作的操作系统，进行独立工作，但与网络相连时，需要将网络操作系统的一部分即“工作站连接软件”安装在工作站上，形成一个专门的引导程序，通过软盘或硬盘引导上网，访问服务器；在无盘工作站中必须在网络接口板上加插一片专用的启动芯片（远程复位 EPROM），用于从服务器上引导本地系统。一般来说，工作站应有较高的内存和主频，且有网络接口。

2.6.2　服务器

以太网的核心控制部件为服务器，一般是一个高档微机或一个以大容量硬盘为主的专用服务器。局域网操作系统也都是运行在网络服务器上的。网络中至少有一个服务器，其运行效率直接影响整个网络的效率，因此，如何选择和配置网络服务器是组建网络非常重要的问题。

1. 服务器的作用

- 运行网络操作系统：这是服务器最主要的功能，通过网络操作系统控制和协调网络工作站的运行，处理并响应各工作站同时发来的各种网络操作要求。
- 存储和管理网络中的共享资源：网络中共享的数据库、文件、应用程序等软件资源，以及大容量硬盘、打印机、绘图仪及其他贵重设备等硬件资源均存放或挂靠在网络服务器中，由网络操作系统对这些资源进行分配管理，使各工作站得以共享这些资源。
- 网络管理员在网络服务器上对各工作站进行监视控制及调整。
- 在客户机/服务器体系结构中，网络服务器不仅充当文件服务器，还应具有为各网络工作站的应用程序服务的功能。

2. 服务器的分类

按服务器的应用可将服务器分为文件服务器、应用程序服务器、通信服务器三大类。

一个网络应至少拥有一个文件服务器，因为网络操作系统及其共享资源硬件都安装在文件服务器上。文件服务器只为网络提供硬盘共享、文件共享、打印机共享等功能。工作站需要共享数据时，便从文件服务器中取过来。文件服务器只负责共享信息的管理、接收和发送，而不帮助工作站对所要求的信息进行处理。通常网络服务器在充当文件服务器的同时又可作为打印服务器使用。

随着分布式网络操作系统和分布式数据库管理系统的出现，应用程序服务器诞生了。它具有执行用户应用程序的功能。当某一网络工作站要对共享数据进行操作时，具体控制该操作的不仅是工作站上的处理器，还应有网络服务器上的处理器，即网络中有多个处理器共同对一个事务进行处理。若应用程序是一个数据库管理系统，则称之为数据库服务器。

由于微机局域网络规模愈来愈大，它要求将几个小的局域网络互联在一起，组成一个较复杂的系统，即一个通信服务器将诸多“小网”连接在一起，并对其进行管理，使全体用户如同连在一个网上一样。在网间连接器中提到的网桥、路由器等就是专用的网络通信服务器。

在实际网络中，这三类服务器可以用不同的微机分别充当，也可以用一个高档微机担任；在作为文件服务器、打印服务器、应用程序服务器的同时又可作为通信服务器使用。

2.6.3　网络适配卡

网络适配卡简称网卡，用于网络传输介质与服务器或工作站之间的物理连接。网卡工作在 OSI 参考模型的第 1、2 层，即物理层和数据链路层。对于发送端计算机上的网卡，它负责将计算机待发送的数据转换为能够通过传输介质传送的信号，并通过传输介质传递到目的设备上。对于接收端计算机上的网卡，它接收传递过来的信号，并将其转换为计算机能够处理的信息。

在使用网卡时，工作站或服务器需要安装相应的网卡驱动程序。通常，一个网络软件均有适合于各种不同网卡的多组通信驱动程序。使用不同的网络产品时，要选用相应的驱动程序，以使网络能与网络适配卡的协议和功能匹配。

2.6.4　网络连接与互联设备

网络连接与互联设备包括中继器或集线器、网桥、交换机、路由器、网关以及网络传输介质。

1. 中继器(Repeater)

中继器的作用是连接两个(或多个)网络段，对信号起中继放大的作用，也可复制数据信号。中继器是最低层次的设备，只起放大信号的作用，用来驱动长的电缆。例如，802.3MAC 协议允许电缆长度为 2.5km，但是收发器只能提供驱动 500m 电缆的能力，因此，使用中继器可延伸电缆的长度。用中继器连接各网络段后，整个系统仍属于一个网络整体；各网络段上的工作站可共享处于某一个网络段上的文件服务器。

集线器是一种特殊形式的中继器，主要功能是对接收到的信号进行再生整形放大，以延长网络的传输距离，同时把所有节点集中在以它为中心的节点上。它也工作于物理层，同网卡、网线等传输介质一样，属于局域网中的基础设备。它采用 CSMA/CD 介质访问控制机制。

2. 网桥(Bridge)

网桥是一个局域网与另一个局域网之间建立连接的桥梁。它是用于存储转发的设备，在数据链路层将数据帧进行过滤、存储后进行转发。网桥根据 MAC 地址来转发帧，可以看作一个“低层的路由器”(路由器在网络层工作，根据网络地址如 IP 地址进行转发)。

当一个网段上站点太多时会发生过多的竞争和碰撞，造成通信障碍而使网络利用率下降。为此，需要将此网段分割成若干个小网段并利用网桥将其连接起来，利用网桥的过滤与转发特性达到减少竞争与碰撞的目的。因此，可认为网桥能分隔两个网络之间的通信量，有利于改善互联网的性能与安全性。

3. 交换机(Switcher)

交换机的功能与网桥类似。它也是工作在数据链路层，所不同的是交换机通常使用专用集成电路或多个 CPU，因此可以使交换机并行收发多个帧信息，所有端口都可同时进行收发工作。

交换机拥有一条很高带宽的背部总线和内部交换矩阵。交换机的所有端口都挂接在这条背部总线上。控制电路收到数据包以后，处理端口会查找内存中的地址对照表以确定目的MAC(网卡的硬件地址)的NIC(网卡)挂接在哪个端口上,并通过内部交换矩阵迅速将数据包传送到目的端口。若目的MAC不存在,则广播到所有的端口。接收端口回应后,交换机会"学习"新的MAC地址,并把它添加到内部MAC地址表中。使用交换机也可以把网络分段,即通过对照IP地址表,交换机只允许必要的网络流量通过交换机。通过交换机的过滤和转发,可以有效地减少冲突域。

交换机的传输模式有全双工、半双工、全双工/半双工自适应三种。所有交换机都支持全双工传输模式,目前实际使用时一般都采用这种传输模式。

4. 路由器(Router)

路由器类似于网桥,但它用于网络层转换。一般来说,网桥用于连接各个局域网,而路由器连接局域网和广域网或广域网和广域网。

路由器的功能比网桥更强。它除了应具有网桥的全部功能外还应具有路径选择功能,即当要求通信的工作站分别处于两个局域网络上且两个工作站之间存在多条通路时,路由器应能根据当时网络上的信息拥挤程度自动地选择传输效率高的路径。它能互联地址格式不兼容的网,例如它能将使用48位二进制地址的802局域网与使用14位十进制X.121地址的X.25网连接起来。

5. 网关(Gateway)

网关又称网间连接器、协议转换器,用于实现在网络层以上的网络互联,是最复杂的网络互联设备。网关既可以用于广域网互联,也可以用于局域网互联,是一种充当转换重任的计算机系统或设备。在使用不同的通信协议、数据格式或语言甚至体系结构完全不同的两种系统之间,网关是一个翻译器。与网桥只是简单地传达信息不同,网关对收到的信息要重新打包,以适应目的系统的需求。当异种网(异种网络操作系统)互联或者局域网络与大型机互联以及局域网与广域网互联时,就需要配置网关。

6. 网络传输介质

网络传输介质是指在网络中传输信息的载体。常用的传输介质分为有线传输介质和无线传输介质两大类。常用的有线传输介质有双绞线、同轴电缆和光纤。双绞线和同轴电缆传输电信号,光纤传输光信号。无线传输介质是指我们周围自由空间的电磁波,利用无线电波等电磁波在自由空间的传播可以实现多种无线通信。IEEE 802.3标准体系对以太网的传输介质有明确的规定,这里不再赘述。

2.7 存储网络

上述计算机网络结构是以服务器为中心的,称为以服务器为中心的IT体系结构。在这种结构中存储设备隶属于它们连接的一台或两台服务器,所以如果所连接的服务器失效了,那么存储设备中已保存的数据将不能被访问。另外,随着对存储需求的增加,需要把更多的存储设备连接到计算机,但是使用常规技术连接到一台计算机的存储容量是有限的。在这种体系结构中还有一个问题是，在网络中一台服务器不能直接访问另一台服务器的存储设备。这一方面是出于数据安全的考虑，另一方面也是为了避免每台服务器都要执行授权和权限管理的复杂性。但是这样就很可能导致某个服务器的存储空间用完了，而其余的服务器还剩下很多存储空间。基于上述因素，人们认为以服务器为中心的IT体系结构不利于大容量存储环境的应用，因此提出了以存储为中心的IT体系结构，简称存储网络。

在存储网络中，存储设备完全独立于任何服务器，多个服务器可直接在存储网络上访问同一个存储设备；服务器成为存储设备的附属品，只处理数据。所以，存储设备就被放到了IT体系结构的中心位置。

目前，实现以存储为中心的IT体系结构可分为NAS(Network Attached Storage，网络附属存储)和SAN(Storage Area Network，存储区域网络)两大类。NAS的网络基础设施是以太网，其传输的存储数据类型是基于文件的；SAN的网络基础设施是光纤通道或千兆、万兆以太网，其传输的存储数据类型是SCSI数据块。这两类网是目前电视台网络采用的主要架构，也是本书的重点。本书后面章节将对其进行详细阐述，在此不再赘述，只对它们的统一模型进行介绍。

网络存储工业协会(Storage Networking Industry Association，简称SNIA)是成立时间比较早的存储行业协会组织，其宗旨是领导全世界范围内的存储行业开发、推广标准、技术和培训服务，增强组织的信息管理能力。为了统一存储网络模型，该协会提出了共享存储模型(Shared Storage Model，简称SSM)。

图2-12为第一版共享存储模型，分为四部分：应用、文件/记录层、块层和服务子系统。

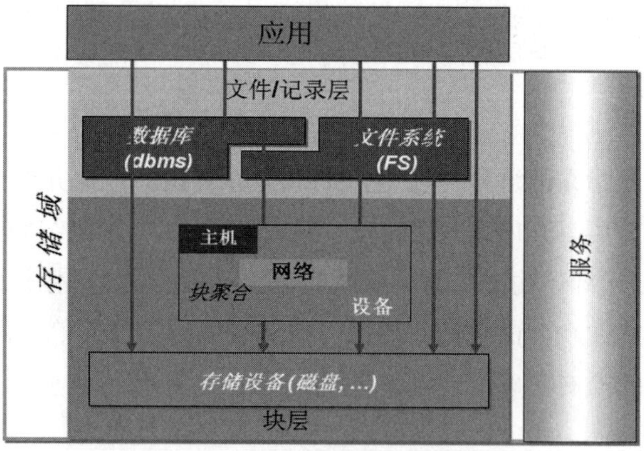

图2-12 共享存储模型(SSM)

在模型中，没有详细规定应用，因此一般把它看成模型的用户，支持在线事务处理、数据挖掘或Web服务等行为。

文件/记录层包含数据库和文件系统，用于把数据库记录和文件映射到存储设备的面向块的卷。文件/记录层在由下层的块层提供的卷上工作。数据库系统通过表和表空间把一个或多个记录映射到卷上。同样，文件系统通过文件将多个字节（文件是由许多字节组成的）映射到卷上。文件/记录层的功能可以全部在主机上或采用分布式方式实现。数据库和面向主机的文件系统是全部在主机上实现的。分布式实现方式指功能被分布到客户机和服务器上，且客户部分在客户机上完成、服务器部分由 NAS/文件服务器来完成。

块层包括存储设备和块聚合。存储设备是指存储数据的物理存储资源，包括磁盘、磁带等。“聚合”替代通常的“存储虚拟化”。在磁盘或磁带存储数据时，都是将数据以一定大小的字节数为单位进行存储的，这一定大小的字节数被称为数据块。块聚合功能就是把数据块与记录或文件相关联。块聚合世界把存储设备的物理块聚合成逻辑块，并使它们以逻辑卷的形式提供给文件/记录层。块聚合功能可在共享存储环境的不同点上实现，也可以在主机、存储网络或存储设备中实现。主机上的块聚合功能可以在逻辑卷管理软件中实现，也可在设备驱动程序或主机总线适配卡中实现。存储网络的块聚合功能可以放在存储网络的链接设备中，也可放在存储网络特殊的服务器中。存储设备的块聚合功能一般通过卷管理器或 RAID 这样的形式实现。

服务子系统是一个辅助系统，定义了管理其他部件的功能，包括存储特定的应用，比如管理、安全、备份、可用性备份以及容量规划等。这个服务子系统把处于高层的终端用户或商业应用与监测和支持底层存储设施的辅助应用区分开了。

共享存储模型后来又修订了第二版，主要是增加了文件/记录/命名空间虚拟化层，并将第一版的块层分为块虚拟化层（即块聚合功能）和块子系统（存储设备）。

2.8　云计算

随着分布式计算机技术以及网络技术的发展，2006 年 8 月，美国谷歌公司的首席执行官埃里克·施密特在搜索引擎大会首次提出“云计算”（Cloud Computing）概念。之后此概念得到了广大计算机厂商以及研发人员的支持，并逐渐形成一种新的计算机工作模式和网络架构。目前，在电视台制播网络系统中也已经开始使用这项技术。

2.8.1　云计算的概念

人们从不同角度对云计算进行了定义。

从技术层面看，云计算是分布式计算技术的一种，是通过网络将庞大的计算处理程序自动分拆成无数个较小的子程序，再交由多部服务器所组成的庞大系统经搜寻、计算分析之后将处理结果回传给用户。通过这项技术，可以在数秒之内，完成处理数以千万计甚至亿计的信息，实现和“超级计算机”同样强大效能的网络服务。

从应用角度看，云计算是一种商业计算模型，旨在通过网络把多个成本相对较低的计算实体整合成一个具有强大计算能力的完美系统，构成计算资源池，并把这种强大的计算能力分布到终端用户手中，使各种应用系统能够根据需要获取计算力、存储空间和信息服务。

以上定义说明云计算是计算机技术从技术到应用所发生的一个巨变。云计算是分布式计算、并行计算、效用计算、网络存储、虚拟化、负载均衡等传统计算机和网络技术发展融合的产物。它由一系列可以动态升级和被虚拟化的资源组成，这些资源被所有云计算的用户共享并且可以方便其通过网络进行访问。

云计算的一个核心理念就是通过不断提高“云”处理能力来减少用户终端的处理负担，最终使用户终端简化成一个单纯的输入输出设备，并能按需享受“云”的强大计算处理能力。

2.8.2 云计算的体系结构

云计算系统可分为五个主要部分，分别为基础设施层、应用层、平台层、用户访问层、管理层。由于云计算的本质是通过网络提供服务，因而其体系结构的构成是以服务为核心。基础设施层、应用层、平台层这三层是云计算所提供的不同层次的服务，如图 2-13 所示。

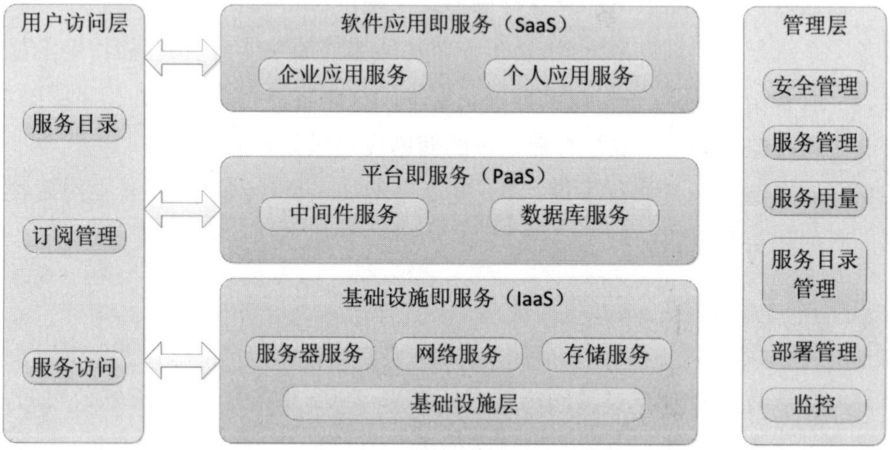

图 2-13 云计算的体系结构

1. 基础设施层

基础设施层是指基础架构层面的云计算服务。它把各种基础架构的功能提供给上层用户，使得用户可以基于这些功能搭建自己的应用。这种服务可以提供虚拟化的资源，从而隐藏物理资源的复杂性。

2. 应用层

应用层为用户提供软件服务。企业应用服务是面向企业用户的应用，如客户管理、财务管理、智能商业应用等。个人应用服务是面向个人用户的应用，如电子邮件、文本处理、个人信息存储等。

3. 平台层

平台层为用户提供对资源层服务的封装，使得用户可以使用更高级的服务创建自己的应用。

4. 用户访问层

用户访问层提供用户使用云计算服务所需的各种支撑服务。针对每个层次的云计算服务都需要提供相应的访问接口。

5. 管理层

管理层提供对所有层次云计算服务的管理功能，包括对服务的授权控制、用户认证、审计等功能。服务使用计量对用户的使用情况进行统计，并以此为依据对用户进行计费。服务质量管理指对服务的性能、可靠性、可扩展性进行管理。部署管理提供对服务实例的自动化部署和配置。

云计算体系结构和网格计算体系结构相类似，都是利用底层的资源为用户提供服务。

2.8.3 云计算的服务形式

云计算有三种服务形式，分别是基础设施即服务(IaaS)、平台即服务(PaaS)和软件应用即服务(SaaS)。

1. 基础设施即服务(IaaS)

基础设施即服务(Infrastructure as a Service，简称 IaaS)的基础设施指的是计算机、存储、网络和其他相关的 IT 设施。IaaS 所指的服务就是用户通过网络，按照自己的实际需求获得的 IaaS 云服务提供的上述计算、存储等资源服务。用户将自己的应用部署到这些资源上，开展业务。用户能掌控操作系统、存储空间、已部署的应用程序及网络组件(如防火墙、负载平衡器等)，但并不掌控云基础架构。

IaaS 的服务通常包含以下部分：

- 网络通信服务：由网络设备和其他通讯设备提供。
- 计算服务：有实体的计算机通过虚拟化提供。
- 存储服务：各存储体和服务器经过整合的存储空间。
- 系统级软件：虚拟的操作系统和软件。

IaaS 的系统架构如图 2-14 所示，包括资源层、虚拟化层、管理层和服务层。在 IaaS 的技术架构中，通过虚拟化将物理 IT 资源迅速变成虚拟化的资源池，用来进行资源调度。

(1)资源层

资源层位于架构最底层，包括数据中心所有的物理设备，如应用服务器、网络设备、存储设备以及其他硬件设备。在基础架构云平台中，位于资源层中的资源不是独立的物

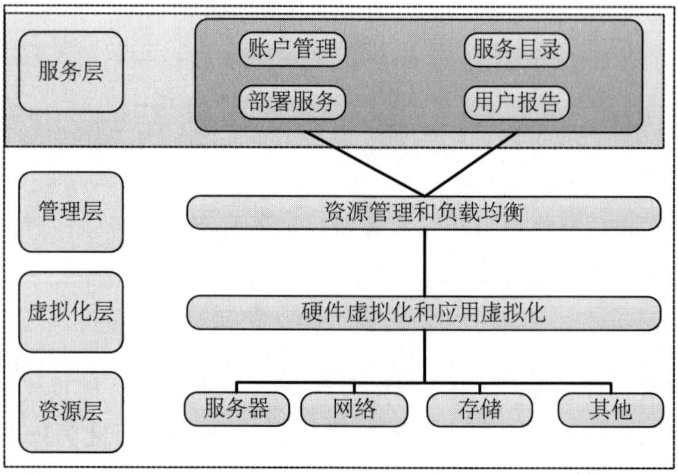

图 2-14　IaaS 系统架构图

理设备个体,也不再是分散的物理位置,而被看作是一种统一的、虚拟的、可任意整合分配的资源。

这些可汇总的资源由 IaaS 的管理人员进行统一、集中的运维和管理,并且可以按照需要随意地进行组合,形成一定规模的计算资源或者计算能力。

资源层的主要资源如下:

- 计算资源。计算资源指的是各类计算机的硬件配置,如服务器、工作站、笔记本等。在这些计算机的硬件配置中,CPU 和内存被列为 IaaS 架构中核心的计算资源。在 IaaS 架构中,计算资源最明显的特点是可以被动态地、快速地重新分配,且不需要中断应用。

- 存储资源。存储资源一般分为本地存储和共享存储。本地存储指的是直接安装在计算机上的磁盘设备,像本机的硬盘或移动硬盘等。共享存储一般指的是 NAS、SAN 等设备。

- 网络资源。网络资源一般分为物理网络和虚拟网络。为了满足 IaaS 架构的复杂度,适应多种网络架构的需求,IaaS 架构中的虚拟网络应该可以包括多种能力,例如,可以构建一个供虚拟机和同一网络上任意宿主机相连接的虚拟网络;可以构建一个仅供虚拟机和本地宿主机相连接的虚拟网络;可以构建一个仅供本地宿主机之上的虚拟机之间相连接的虚拟网络。虚拟网络资源应该尽可能地带有物理网络的特征。

(2)虚拟化层

虚拟化层位于资源层之上,作用是按照用户或者业务的需求,从池化资源层中选择资源并打包,从而形成不同规模的计算资源,也就是虚拟机。虚拟化层主要包含了各种虚拟化技术。虚拟化技术是 IaaS 架构中的核心技术,是实现 IaaS 架构的基础。

虚拟化平台是实现 IaaS 的核心模块,位于资源层与管理层之间的虚拟化层,其主要作用是为 IaaS 架构提供最基本的虚拟化实现。

(3)管理层

管理层位于虚拟化层之上,主要对下面的资源层进行统一的运行、维护和管理,包括收集资源的信息,了解每种资源的运行状态和性能情况,决定如何借助虚拟化技术选择、打包不同的资源,以及如何保证打包后的计算资源实现虚拟机的高可用性或者负载均衡等。

(4)服务层

服务层位于IaaS架构的最上层,主要面向用户提供使用管理层、虚拟化层以及资源层的能力。不论是通过虚拟化层中的虚拟化技术将不同的资源打包形成虚拟机,还是使用管理层中的高级功能动态调配这些资源,虚拟机、IaaS的管理人员和用户都需要用统一的界面来进行跨越多层的复杂操作。

2. 平台即服务(PaaS)

平台即服务(Platform as a Service,简称PaaS),是指将一个完整的计算机平台(包括应用设计、应用开发、应用测试和应用托管)都作为一种服务提供给用户。在这种服务模式中,用户不需要购买硬件和软件,只需要利用PaaS平台就能够创建、测试和部署应用和服务。

PaaS依托基础设施云平台,通过开放的架构,为应用开发者提供了一个共享云计算、超大规模计算能力的有效机制。它覆盖应用程序完整的开发生命周期,为开发者提供了包括统一开发环境在内的一站式软件开发服务,使开发者可以从复杂、低效的环境搭建、配置和维护工作中解放出来。

PaaS提供的服务有:

- 端到端的软件开发环境,包括物理环境、开发环境、测试环境、调试环境、部署环境和运行环境。
- 基于云平台的配套服务,如账户、邮件、数据库、消息列表等。
- 基于Web浏览器的使用模式,简化客户机的安装、配置工作。
- 易于掌握的编程语言和编程环境,即PaaS提供的软件开发环境IDE或API接口。
- 动态扩展功能,可根据用户应用程序的实际需求动态调整资源分配。
- 应用程序监控服务,实时监控应用程序的运行状况,收集运行日志、访问量、资源使用率的信息。

3. 软件应用即服务(SaaS)

软件应用即服务(Software as a Service,简称SaaS)是一种用户获取软件服务的新形式。它不需要用户将软件产品安装在自己的电脑或服务器上,而是按某种服务水平协议(SLA)直接通过网络向专门的提供商获取自己所需要的、带有相应软件功能的服务。软件应用即服务实质上是软件服务提供商为满足用户某种特定需求而提供其消费的软件的计算能力。

它是一种以互联网为载体,以浏览器为交互方式,把服务器端的程序软件传给远程用户来提供软件服务的应用模式。在服务器端,SaaS 提供商为用户搭建信息化所需要的所有网络基础设施及软硬件运作平台,负责所有前期的实施、后期的维护等一系列工作;而用户则只需要根据自己的需要,向 SaaS 提供商租赁软件服务,无须购买软硬件、建设机房、招聘 IT 人员。

SaaS 的实现方式主要有两种:一种是通过 PaaS 平台来开发 SaaS。在 PaaS 平台上有一些开发在线应用软件的环境和工具,可以直接使用它们来开发 SaaS 平台。例如,saleforce. com 推出的 force. com 平台提供了对 SaaS 构架的完整支持,包括对象、表单和工作流的快速配置。基于它,开发人员可以很快地创建并发布 SaaS 服务。另一种是采用多租户架构和元数据开发模式,运用 Web 2. 0、Struts、Hibernate 等技术来实现 SaaS 中用户界面层(视图层)、控制层、业务逻辑层和数据访问层等层的功能。目前,大部分 SaaS 系统都采用后一种方式进行开发。

2.8.4 云计算的部署模式

云计算主要有三种部署模式:公有云、私有云和混合云。

公有云指为外部客户提供服务的云。它所有的服务都供别人使用。用户一般通过互联网使用其服务。目前,典型的公有云有微软的 Windows Azure Platform、亚马逊的 AWS、Salesforce. com 以及国内的阿里巴巴、盛大云等。

对于使用者而言,公有云的最大优点是其所应用的程序、服务及相关数据都存放在公有云的提供者处,自己无须进行相应的投资和建设,用户使用成本低廉。目前最大的问题是,由于数据不存储在用户自己的数据中心,其安全性存在一定风险。同时,公有云的可用性不受使用者控制,这方面也存在一定的不确定性。

私有云指企业自己使用的云,它所有的服务只供自己内部人员或分支机构使用。私有云的部署比较适合于有众多分支机构的大型企业或政府部门。随着这些大型企业数据中心的集中化,私有云将会成为它们部署 IT 系统的主流模式。

相对于公有云,私有云部署在企业内部,因此其数据安全性、系统可用性都可由自己控制。但其缺点是投资较大,尤其是一次性的建设投资较大。

混合云指供自己和用户共同使用的云,它所提供的服务既可以供别人使用,也可以供自己使用。相比较而言,混合云的部署方式对提供者的要求较高。

目前,从电视台制播网络的应用来看,云计算的私有云是比较合适的选择,而且已有相关的案例,但本书由于篇幅限制,不再对其进行深入探讨。

本章习题与思考题

1. 什么是计算机网络?计算机网络的主要功能是什么?
2. 开放系统互联 OSI 参考模型有哪 7 层?每层的功能各是什么?
3. TCP/IP 协议的体系结构有哪几层?简述每层的功能。
4. 什么是以太网?简述以太网的工作原理。

5. 互联层的协议主要有哪些？这些协议的作用分别是什么？

6. 传输层通过什么方式与应用层通信？主要的两个协议是什么？这两个协议有什么区别？

7. 简述FTP、HTTP、DNS、Telnet、SMTP和DHCP的含义。

8. 简述以太网的组成。

9. 画图说明共享存储模型(SSM)结构。

10. 什么是云计算？云计算有哪三种服务形式？它们的含义分别是什么？

主要参考文献

1. 王廷尧等. 以太网技术与应用. 北京：人民邮电出版社，2005.

2. 武新华、陈恩波等. 计算机网络应用基础. 西安：西安电子科技大学出版社，2007.

3. 鲁士文. 存储网络技术及应用. 北京：清华大学出版社，2010.

4. 郝剡. 用于新华社新媒体系统的云平台设计. 北京：中国传媒大学硕士论文，2013.

5. 刘鹏. 云计算(第2版). 北京：电子工业出版社，2011.

6. 北京中科大洋科技发展股份有限公司. 河南电视台制播业务云系统项目技术方案书，2012.

第3章 硬盘存储技术

节目存储是视频网络需要解决的主要问题。目前市面上有半导体、硬盘、磁带以及光盘等存储介质。综合考虑响应速度、多用户访问以及成本等因素后，电视台制播网络主要采用硬盘阵列进行存储。带自动换盘装置的磁带库和光盘库等其他存储设备通过高速网络与系统连接，对硬盘阵列存储进行补充。本章将对硬盘的工作原理、硬盘接口技术、SCSI 协议以及硬盘阵列技术进行介绍。

3.1 硬盘技术基础

3.1.1 硬盘的结构

硬盘又称硬磁盘，因此像所有磁记录设备一样，需要有磁记录介质、磁头以及相关的机械与电路装置。硬盘主要由盘片、磁头、盘片转轴及控制电机、磁头控制器、数据转换器、缓存器、接口等组成，如图 3-1 所示。

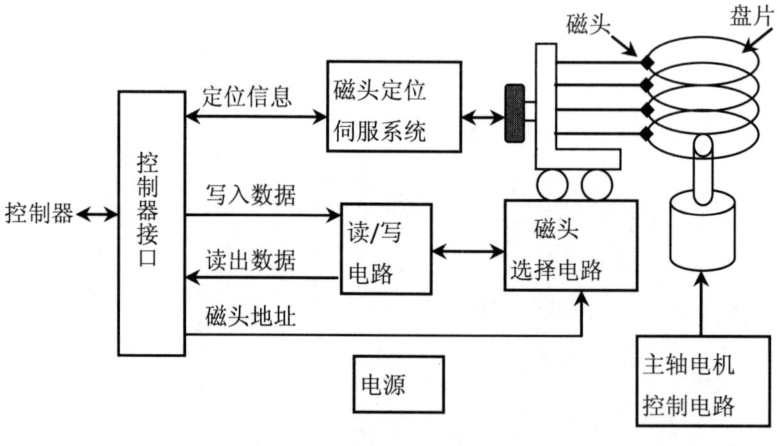

图 3-1 硬盘结构示意图

硬盘中的盘片即是磁记录介质，所有盘片安装在一个旋转轴上。盘片间是平行的；在每个盘片的存储面上有一个磁头，所有磁头连接在一个磁头控制器上，由磁头控制器负责各个磁头的运动。磁头沿盘片的半径方向运动。随着盘片每分钟几千转的高速旋转，磁头就可以定位在盘片的指定位置上进行数据的读/写操作。下面进一步介绍硬盘的主要组成部分。

1. 盘片和主轴组件

盘片是硬盘存储数据的载体，盘片构成材料主要采用铝合金，表面覆盖磁记录层。这种金属薄膜较之软磁盘的不连续颗粒载体具有更高的记录密度，同时还具有高剩磁和高矫顽力的特点。主轴组件包括主轴和主轴驱动电机等。主轴带动盘片旋转，其转速很高，目前一般为 5400r/min、7200r/min。高速硬盘转速一般是 15000r/min，它用于服务器和高速磁盘阵列。主轴电机采用流体动压轴承以达到极小的径向偏摆，从而保证极小的磁道偏摆，利于磁头对磁道的跟踪。

2. 磁头组件

磁头组件由读/写磁头、传动手臂、传动轴三部分组成。硬盘的磁头采用浮动磁头。工作过程中磁头与盘面不接触，两者之间有一个很小的间隙。当磁盘高速旋转时，由于空气的黏滞性，附着在盘面上的空气在磁头和盘面之间形成了一层空气垫，从而托住磁头。磁头是硬盘中最昂贵、最重要的部件。参见图 3-2。

3. 磁头驱动机构

磁头驱动机构由音圈电机和磁头驱动小车组成。高精度的轻型磁头驱动机构能够对磁头进行正确的驱动和定位，并在很短的时间内精确定位系统指令指定的磁道，保证数据读/写的可靠性。参见图 3-2。

4. 前置控制电路

前置放大电路控制磁头感应的信号、主轴电机调速、磁头驱动和伺服定位等。由于磁头读取的信号微弱，将放大电路密封在腔体内可减少外来信号的干扰，提高操作指令的准确性。参见图 3-2。

图 3-2　硬盘内部图

5. 接口

接口包括电源插口和数据接口两部分，其中电源插口与主机电源相连，为硬盘工作提供电源。数据接口则是硬盘数据和主板控制器之间进行传输交换的纽带，根据连接方式的差异，分为 ATA 接口和 SCSI 接口等。

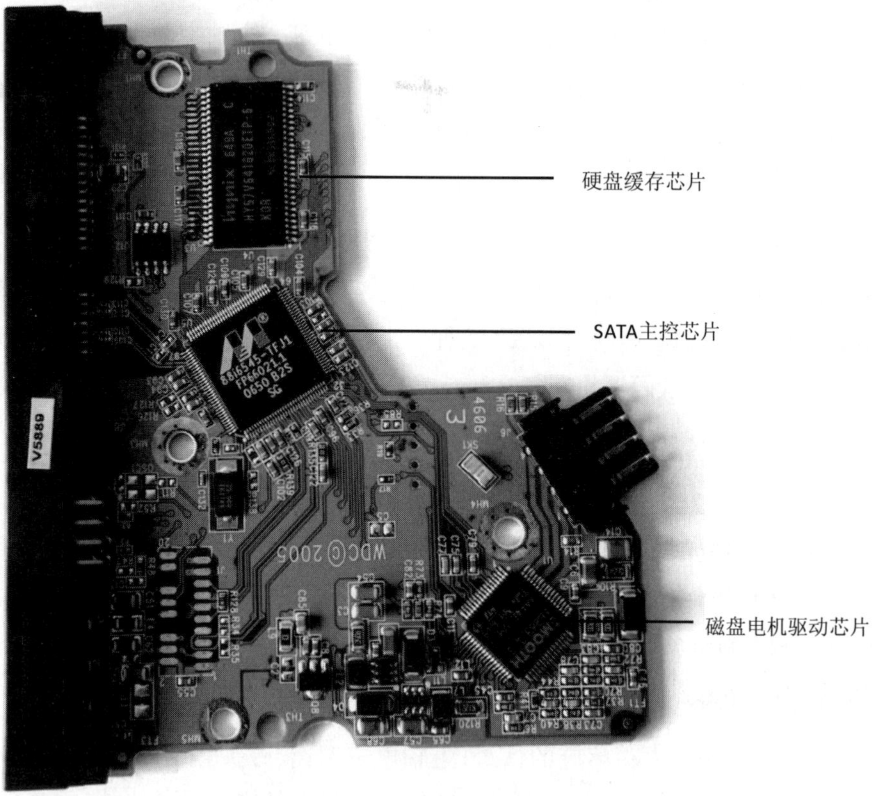

图 3-3 硬盘控制电路板

像所有磁记录方式一样，硬盘也易受灰尘的影响导致性能下降，因此要尽量密封保存。目前所使用的硬盘主要是温彻斯特磁盘，简称温盘。温盘的主要特点是：把磁头、小车、导轨、主轴和盘片等封装在一个腔体内，制成一个整体组件，被称为头盘组件（Head Disk Assembly，简称 HDA）。这种结构最大的优点是：

• 盘片和磁头之间没有互换要求，每个磁头只读出它自己写入的信息，磁头不再需要作径向和偏斜等调整，有利于提高磁道密度。

• 整体封装有利于防尘，磁头的浮动高度大大降低，提高了位密度和可靠性。

• 采用质量轻、浮力小的磁头。

• 采取接触起停方式，又称 CSS 方式（Contact Start Stop）。这种方式下，启动和停机时，磁头是降落在盘面上的。盘面上有一个起停区。停机时，磁头降落在起停区内。盘片启动旋转时，轻质磁头在盘面上滑行。当盘片由低速过渡到正常速度时，磁头浮起，从而精简了过去磁头退出盘面和进入盘面的一套机构。

3.1.2　硬盘的逻辑结构

实际的硬盘物理构造千差万别，但逻辑结构却是一样的，都采用 CHS 参数，即 Cylinder（柱面）、Head（磁头）、Sector（扇区），如图 3-4 所示。

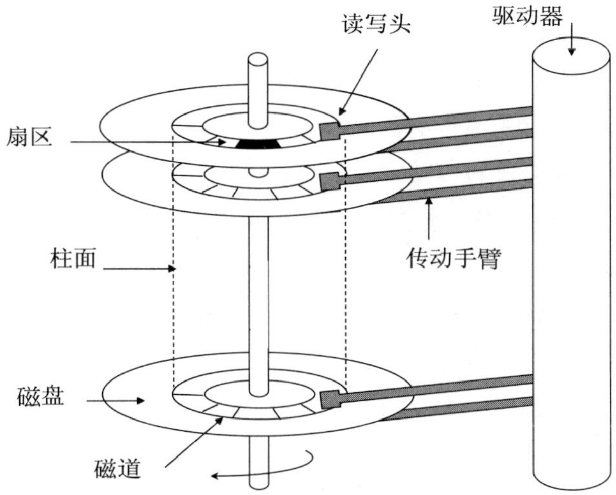

图 3-4　磁盘的逻辑结构

当磁盘旋转时，磁头若保持在一个位置上，则每个磁头都会在磁盘表面画出一个圆形轨迹，这些圆形轨迹就叫磁道（Track），是盘面上以特殊方式磁化了的一些磁化区。磁盘上的信息是沿着磁道存放的。相邻磁道之间并不是紧挨着，因为磁化单元相隔太近时磁性会相互产生影响。硬盘上的磁道密度很大，通常一面有成千上万个磁道。

柱面（Cylinder）：硬盘由重叠多盘片构成。每个盘面都被划分为数目相等的磁道，并从外沿的"0"开始编号，具有相同编号的磁道形成一个圆柱，称为磁盘的柱面。柱面数最大为 1023（用 10 个二进制位存储），与单片盘片上的磁道数是相等的。

磁头（Head）：每个磁头对应硬盘的一个盘面。硬盘的每个盘片有两个盘面，即上、下盘盘面，最大为 255（用 8 个二进制位存储）。一个盘片往往对应两个磁头来完成读/写，但有时硬盘的最始或最末盘片只有一个磁头。由于每个盘面都有自己的磁头，因此，盘面数等于总的磁头数。

扇区（Sector）：每个磁道被等分为若干个弧段，这些弧段是磁盘的扇区。扇区数最大为 63（用 6 个二进制位存储）。每个扇区可以存放 512 个字节的信息。磁盘读取和写入数据时，要以扇区为单位。即使最小的文件，只有几个字节也会占用 512 字节的存储空间。注意不是每个磁道都拥有相同的扇区，越靠近圆心的磁道划分的扇区数越少，即越靠近圆心的磁道，每道保存的数据越少。

只要知道了硬盘的 CHS，即可确定硬盘的容量，公式为硬盘的容量＝柱面数×磁头数×扇区数×512Byte。

3.1.3 硬盘的读/写过程

在初次使用硬盘时，首先需要对硬盘进行格式化。通过格式化把盘片划分成有磁道和扇区的结构，使盘片上的扇区有地址。每一扇区包含数据和地址共 512 字节。磁盘控制器参照格式化的信息将数据在盘片上特定的区域进行存储。

通过计算机读取硬盘数据的简要过程如下：用户发出读操作指令后，就会转换成操作系统向硬盘发出读取文件的指令，并将指令（主要是数据逻辑地址）传送给磁盘控制器。磁盘控制器按照寻址逻辑将逻辑地址翻译成物理地址（即柱面、磁头号、扇区），并转换成相应的指令控制主轴旋转以及磁头驱动机构，推动磁头到达正确的磁道上。也就是先从指定扇区（Windows 系统又称主引导扇区）读出文件的位置参数，即柱面、磁头号、扇区；而后操作系统把该文件的位置参数传送给磁盘控制器，再由磁头驱动电机推动磁头到正确的磁道上找到所需的扇区，把数据全都送到高速缓存 CACHE 中；最后由接口芯片把必要的信息送到主机的内存里。

系统将文件存储到磁盘上时，按柱面、磁头、扇区顺序进行，即最先是第一磁道的第一磁头（也就是第一盘面的第一磁道）下的所有扇区，然后，是同一柱面的下一磁头……一个柱面存满后就推进到下一个柱面，直到把文件内容全部写入磁盘。系统也以相同的顺序读出数据；读出数据时通过通知磁盘控制器要读出扇区所在的柱面号、磁头号和扇区号进行。

磁盘驱动器在存取工作过程中，首先要把磁头移动到目标磁道，这个过程称为寻道。到达目标磁道后，还要通过伺服跟踪系统使磁头动态保持在目标磁道的中心，这个过程叫磁道跟踪。

寻道过程中，首先执行寻道命令，把磁头当前所处磁道距目标磁道的距离计算出来，装入差值计数器中，然后根据差值的正负和大小来驱动磁头运动。当目标磁道和当前磁道之差大于零时，采用速度控制，目的在于尽快找到目标磁道。这个阶段又称为“粗控”阶段，作用是进行速度控制。

找到了目标磁道后，进入“精控”阶段。“精控”阶段的作用是位置控制，保证磁头牢牢盯住目标磁道，所以又称跟踪控制方式，即磁道跟踪。

当访问某一个扇区时，磁头须从当前所处的磁道运动到指定的目标磁道，再等待被访问的扇区旋转到磁头下。所有盘面上的磁头装在同一个小车上进行同步运动，即每一瞬间各盘面上的磁头均处于各自同一序号的磁道上。

3.1.4 硬盘参数

硬盘参数主要有存储容量、数据传输率、每分钟转速、平均访问时间和缓存。

正如前文所述，有了 CHS 参数，就能计算出硬盘的存储容量。硬盘的存储容量计算公式为：硬盘存储容量＝柱面数×磁头数×扇区数×扇区容量。

例如，一个硬盘的柱面数为 2^{10}，磁头数为 2^4，扇区数为 2^6-1，每扇区 512Byte，那么它的容量应该为：

$$1024\times16\times63\times512=528\text{MB}$$

数据传输率(Data Transfer Rate，简称 DTR)单位为 MB/s 或 Mbits/s，可分外部与内部数据传输率。内部 DTR 是指磁头与缓冲区之间的数据传输率，外部 DTR 是指缓冲区与主机(即内存)之间的数据传输率。外部 DTR 上限取决于硬盘的接口，Ultra ATA-100 接口即代表外部 DTR 最高理论值可达 100MB/s。内部 DTR 则代表硬盘的数据传输能力，主要依赖于硬盘的旋转速度，反映硬盘缓冲区未用时的性能。为充分发挥内部 DTR，外部 DTR 理论值都会比内部 DTR 高，但内部 DTR 决定了外部 DTR 的实际表现。

每分钟转速(Revolutions Per Minute，简称 RPM)代表硬盘主轴马达(带动磁盘)的转速，如 5400RPM 就代表该硬盘中的主轴转速为每分钟 5400 转。

平均访问时间(Average Access Time)指从读/写指令发出到第一笔数据读/写时所用的平均时间，包括平均寻道时间、平均潜伏期与相关的内务操作时间(如指令处理，可忽略不计)，所以平均访问时间可近似等于平均寻道时间＋平均潜伏期，因而又称平均寻址时间。

平均寻道时间(Average Seek Time)一般指读取时的寻道时间，单位为 ms(毫秒)，是指硬盘接到读/写指令后到磁头移到指定的磁道上方所需要的平均时间。例如，如果一个 5400RPM 硬盘的平均寻道时间是 9ms，那么理论上它的平均访问时间就是 14.556ms。

平均潜伏期(Average Latency)又称平均等待时间。指当磁头移动到指定磁道后，要等多长时间指定的读/写扇区会移动到磁头下方(盘片是旋转的)。盘片转得越快，潜伏期越短。平均潜伏期是指磁盘转动半圈所用的时间，如 7200RPM 时约为 4.167ms，5400RPM 时约为 5.556ms。

硬盘缓存的目的是为了解决系统前后级读/写速度不匹配的问题，以提高硬盘的读/写速度。

3.2　硬盘类型与接口

硬盘的分类方法有多种，可以按照接口类型、容量、盘片大小、应用等进行分类。不过，实际应用中一般根据接口类型进行分类。磁盘驱动器接口是指连接硬盘驱动器和计算机的专用器件，它对计算机的性能及在扩展系统时对其他设备的连接都有很大影响。

硬盘按照接口类型可分为 ATA(又称 IDE 或 PATA)、SATA、SCSI、SAS 或 FC 盘，下面分别进行介绍。

3.2.1　ATA(Advanced Technology Attachment)

ATA 又称 IDE(Integrated Drive Electronics，电子集成驱动器)。它的本意是指把

硬盘控制器与盘体集成在一起的硬盘驱动器或PATA(Parellel ATA)，不支持热插拔。它用于普通用途的计算机。

早期的IDE接口有两种传输模式，一个是PIO(Programming I/O)模式，另一个是DMA(Direct Memory Access)。起初，由于DMA需要额外的驱动程序或设置，被接受的程度比较低，但在对速度要求愈来愈高的情况下，DMA模式由于执行效率较好，操作系统开始直接支持，因此目前一般采用DMA模式。DMA有Ultra DMA 33/Ultra DMA 66/Ultra DMA 100/Ultra DMA 133等接口标准，分别提供33MB/sec、66MB/sec、100MB/sec以及133MB/sec的最大数据传输率。

各种IDE标准都能很好地向下兼容，例如ATA 133兼容ATA 66/100和Ultra DMA33，而ATA 100也兼容Ultra DMA 33/66。

需要特别注意的是，对ATA 66以及以上的IDE接口传输标准而言，必须使用专门的80芯IDE排线，其与普通的40芯IDE排线(见图3-5)相比，增加了40条地线以提高信号的稳定性。

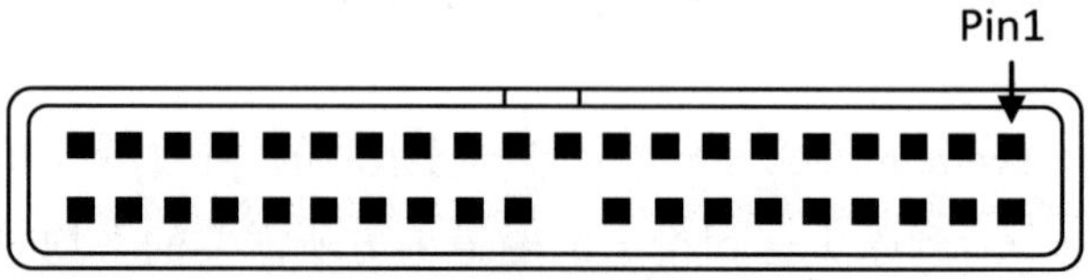

图3-5　40芯ATA总线接口连接器

3.2.2　SATA(Serial ATA)

使用SATA(Serial ATA)口的硬盘又叫串口硬盘。2001年，由Intel、APT、Dell、IBM、希捷、迈拓几大厂商组成的Serial ATA委员会正式确立了Serial ATA 1.0规范，目前已推出了Serial ATA 3.2规范。

Serial ATA采用串行连接方式。串行ATA总线使用嵌入式时钟信号，具备更强的纠错能力。与ATA相比其最大的区别在于能对传输指令(不仅仅是数据)进行检查，如果发现错误会自动矫正，这在很大程度上提高了数据传输的可靠性。串行接口还具有结构简单(接口的针脚数目少)、支持热插拔的优点。另外，SATA数据传输率也远高于ATA。SATA 1.0定义的数据传输率可达150MB/s(前文已提到ATA最高数据传输率为133MB/s)；而Serial ATA 2.0的数据传输率可达300MB/s；Serial ATA 3.0将实现600MB/s的最高数据传输率。

SATA II是在SATA的基础上发展起来的，其主要特征是外部传输率从SATA的1.5Gbps进一步提高到了3Gbps，此外还包括NCQ(Native Command Queuing，本机命令队列)、端口多路器(Port Multiplier)、交错启动(Staggered Spin-up)等一系列的技术特点。

SATA盘的一个关键技术就是NCQ技术。NCQ技术可以对硬盘的指令执行顺序进行优化，避免像传统硬盘那样机械地按照接收指令的先后顺序移动磁头读/写硬盘的不同位置。与此相反，它会在接收命令后对其进行排序，排序后的磁头将以高效率的顺序进行寻址，从而避免磁头反复移动带来的损耗，延长硬盘寿命。不过，NCQ技术除了要求硬盘本身支持外，还要求主板芯片组的SATA控制器也支持，才能实际应用。此外，NCQ技术不支持FAT文件系统，只支持NTFS文件系统。

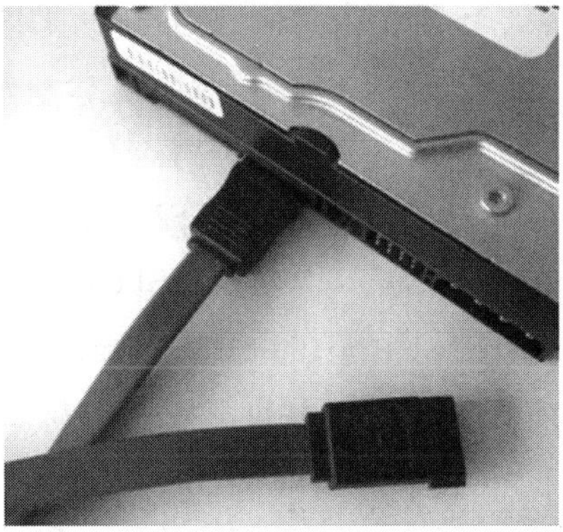

图3-6　SATA数据线接口

SATA接口(如图3－6所示)标准是向下兼容的，即SATAⅡ接口主板能插SATA硬盘，而SATA接口主板不能插SATAⅡ硬盘。值得注意的是，部分较早采用仅支持1.5Gbps芯片的主板在使用SATA II硬盘时，可能会出现找不到硬盘或蓝屏的情况。不过大部分硬盘厂商都在硬盘上设置了一个速度选择跳线，以便强制选择1.5Gbps或3Gbps的工作模式(少数硬盘厂商则是通过相应的工具软件来设置)，即只要把硬盘强制设置为1.5Gbps，SATA II硬盘照样可以在老主板上正常使用。

3.2.3　SCSI(Small Computer System Interface)

SCSI的英文全称为“Small Computer System Interface”(小型计算机系统接口)，原是为小型机研制出的一种接口技术，但随着电脑技术的发展，现在它被完全移植到了普通计算机上。

SCSI被广泛应用于如硬盘、光驱、扫描仪、磁带机、打印机、光盘刻录机等设备上。由于较其他标准接口的传输速率快一些，所以在较好的高端电脑、工作站、服务器上SCSI常被用来作为硬盘及其他存储装置的接口。

SCSI接口具有如下特点：

- SCSI总线允许连接多种计算机硬件设备。同一条SCSI总线上可同时串接CD-ROM、CD-R光盘刻录机、MD磁光盘、磁带机、扫描仪等设备，这些设备可外挂也可内置。
- SCSI控制卡可同时串接多台SCSI设备。一个SCSI控制卡最多可接32台SCSI设备，最少也可接7台SCSI设备。对于支持多通道的SCSI控制卡，还可连接更多设备。
- SCSI的性能可塑性强，支持多任务环境，适用于多任务操作系统，最多可同时处理255个任务。
- SCSI接口比ATA接口的数据传输率更快。就目前而言，同时期的SCSI接口都比ATA接口数据传输率快。
- 由于SCSI控制器内置了CPU，因此使用SCSI可减少对主机CPU的依赖，提高系统整体性能。IDE硬盘一般对主机CPU的占用率为33%，但使用SCSI硬盘，对主机CPU的占用率仅为4%～6%。

● 采用 80 芯的 SCSI 硬盘具有热插拔功能。

SCSI 硬盘的主要问题是价格较高，安装也比 IDE 硬盘复杂，因此 SCSI 硬盘主要应用于中、高端服务器和高档工作站中。

从 1985 年推出 SCSI-1 标准规范至今，SCSI 接口技术已经发展到第六代了，分别是 SCSI-1(8bit)、Wide SCSI(8bit)、Ultra Wide SCSI(8bit/16bit)、Ultra Wide SCSI 2(16bit)、Ultra 160 SCSI(16bit)、Ultra 320 SCSI，速度从 1.2MB/s 提升到 320MB/s。目前的主流 SCSI 硬盘都采用 Ultra 320 SCSI 接口，能提供 320MB/s 的接口传输速度。

与 ATA 接口一个很大的区别在于，SCSI 接口的物理连接器变化较大，分为内置和外置两种。内置数据线的外形和 IDE 数据线一样，只是针数和规格稍有差别，主要用于连接光驱和硬盘。SCSI 内置连接器分为 50 针、68 针和 80 针几种类型。SCSI 外置数据线有 25 针、50 针、68 针和 80 针几种规格，但它们的密度均不相同。

图 3-7(a)为 Apple SCSI 接口，共有 25 针，分为 2 排，常用于 Mac 机和旧式 Sun 工作站；(b)为 Sun Microsystem 的 DD-50SA，共有 50 针，分为 3 排；(c)为 SCSI-2 标准接口，共有 50 针，分为 2 排；(d)为 SCSI-3 和 Wide SCSI-2 标准接口，共有 68 针，分为 2 排；(e)为 SCA 接口，共有 80 针，分为 2 排。

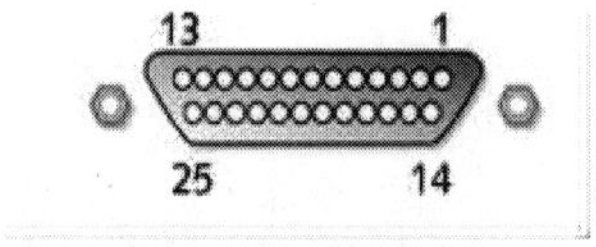

(a) Apple SCSI 接口（25 针，2排）

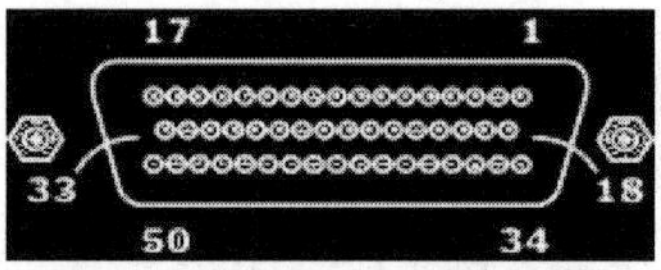

(b) DD-50SA 接口（50 针，3排）

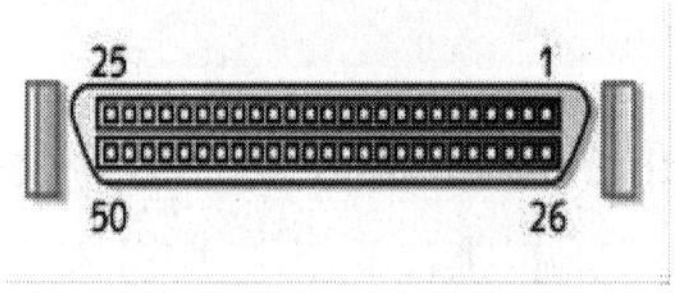

(c) SCSI-2 标准接口（50 针，2排）

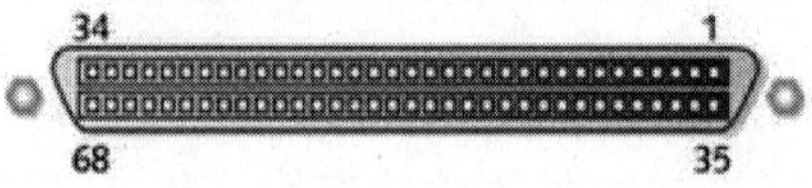

(d) SCSI-3 和 Wide SCSI-2 标准接口（68 针，2排）

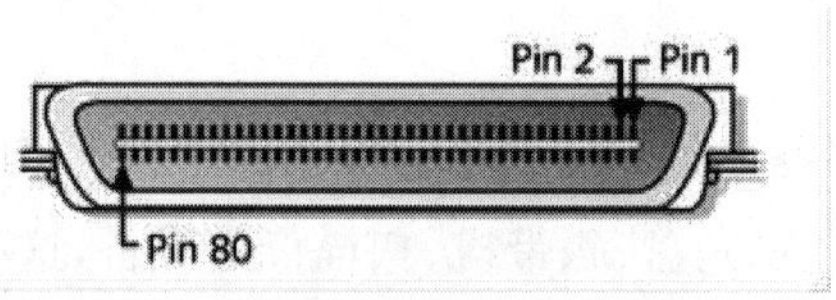

(e) SCA 接口（80 针，2排）

图 3-7　SCSI 外置连接器

3.2.4　SAS(Serial Attached SCSI)

SAS 即串行连接 SCSI，是新一代的 SCSI 技术。与 SATA 硬盘类似，它采用串行技术以获得更高的传输速度，并通过缩短连接线改善内部空间等。SAS 是继并行 SCSI 接口之后开发出的全新接口。此接口的设计是为了改善存储系统的效能、可用性和扩充性，且提供与 SATA 硬盘的兼容性。

SAS 由 3 种类型协议组成，根据连接的不同设备使用相应的协议进行数据传输。其中串行 SCSI 协议(SSP)用于传输 SCSI 命令;SCSI 管理协议(SMP)用于对连接设备的维护和管理;SATA 通道协议(STP)用于 SAS 和 SATA 之间数据的传输。因此在这 3 种协议的配合下,SAS 可以和 SATA 以及部分 SCSI 设备无缝结合。

SAS 是一种点对点、全双工、双端口的接口,具有以下特点:

- 能够提供 3.0Gbps 的传输率,规划到 12.0Gbps。
- 兼容性:SAS 连接器可以同时支持 SATA 和 SAS 硬盘。
- 可扩展性:通过 Expander 可以扩展到 16000 个设备,支持世界范围内唯一的设备 ID 号,提高了设备寻址能力;支持更长距离的电缆,在无光纤传输能力的情况下,电缆长度可以达到 10 米。
- 灵活性:SAS 可以使用现有的 SCSI 命令集,继承了 SCSI 的高可用性,并在 SCSI 命令排队方面进行了优化。

总之,SAS 完全承袭了 SCSI 的优势,采用串行技术使其性能得到进一步提升,同时还考虑了向下兼容 SATA 的问题,所以用户可以根据不同的需求和承受能力,灵活选择 SAS 和 SATA 进行组合。

需要注意的是,从接口标准而言,SATA 是 SAS 的一个子标准,因此 SAS 控制器可以直接操控 SATA 硬盘,但是 SAS 却不能在 SATA 的环境中直接使用,因为 SATA 控制器并不能对 SAS 硬盘进行控制。

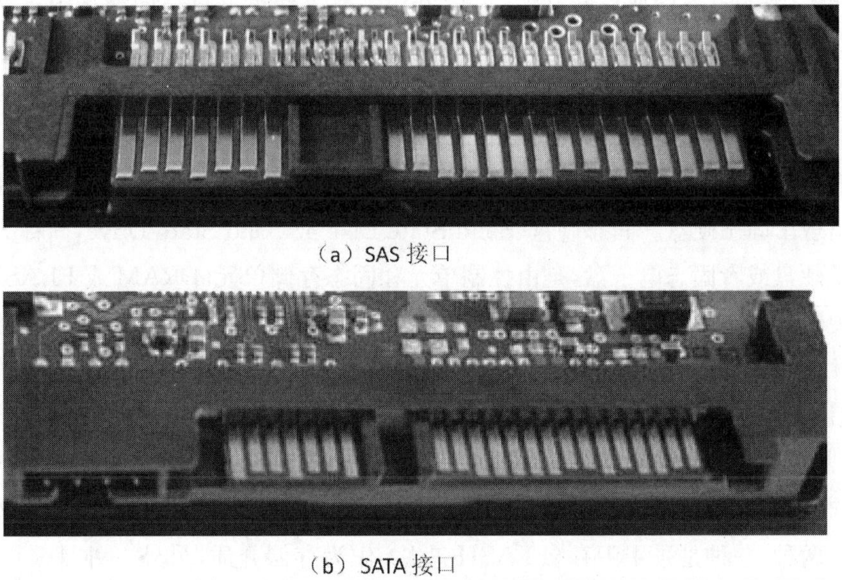

(a) SAS 接口

(b) SATA 接口

图 3-8　SAS 接口与 SATA 接口

从目前来看,影响 SAS 盘推广应用的主要障碍在于价格,比起同容量的 Ultra 320 SCSI 硬盘,SAS 硬盘要贵一倍以上。

另外,还需要说明的是,前面已提到硬盘的接口速度并不代表数据传输速度。目前数据传输的瓶颈集中在由硬盘内部机械机构、硬盘存储技术、磁盘转速所决定的硬盘内部数据传输速度。由于现在 SAS 硬盘的机械结构和 SCSI 硬盘几乎一样，因此 SAS 硬盘的性能提升并不明显。

3.2.5 FC(Fiber Channel)

FC 即光纤通道，与 SCSI 接口一样，光纤通道最初也不是为硬盘设计开发的接口技术，是专门为网络系统设计的，但随着存储系统对速度的需求以及 FC 标准的完善才逐渐应用到硬盘系统中。

用于硬盘接口的光纤通道标准是 FC-AL(Fiber Channel Arbitrated Loop，光纤通道仲裁环)接口。对于硬盘的实际操作处理仍采用 SCSI-3 标准，即实质上是将 SCSI-3 协议映射到 FC 上。

作为串行接口，FC-AL 峰值可以达到 2Gbps 甚至是 4Gbps。FC 硬盘可采用电缆连接，最大传输距离为 25 米；若采用光学连接设备，则最大传输距离可以达到 10 公里。通过 FC-AL 可以连接 127 个设备，即基于 FC 硬盘的存储设备通常可以连接几百甚至上千个硬盘，以提供大容量存储空间。

总的来说，基于光纤通道的硬盘主要特性是可热插拔、高速带宽、远程连接、连接设备数量大。

光纤通道硬盘主要用于服务器这类的多硬盘系统环境，能满足高端工作站、服务器、海量存储子网络、外设间通过集线器、交换机和点对点连接进行双向以及串行数据通讯等系统对高数据传输率的要求。

3.2.6 固态硬盘

前面几类硬盘是按硬盘接口进行分类介绍的，但是随着技术的发展除了上述普通硬盘外又出现了固态硬盘。固态硬盘(Solid State Disk 或 Solid State Drive，简称 SSD)，也称作电子硬盘或者固态电子盘，是由控制单元和固态存储单元(DRAM 或 FLASH 芯片)组成的硬盘。固态硬盘的接口规范和定义、功能及使用方法与普通硬盘相同，在产品外形和尺寸上也与普通硬盘一致。由于固态硬盘没有普通硬盘的旋转介质，因而抗震性极佳，其芯片的工作温度范围很宽(－40℃～85℃)。目前它被广泛应用于军事、车载、工控、视频监控、网络监控、网络终端、电力、医疗、航空、导航设备等领域。

目前，固态硬盘主流的接口是 SATA(3Gb/s 和 6Gb/s 两种)接口。固态硬盘的存储介质分为两种，一种是采用闪存(FLASH 芯片)作为存储介质，另外一种是采用 DRAM 作为存储介质。

在基于闪存的固态硬盘中，存储单元又分为两类：SLC(Single-Level，单层单元)和 MLC(Multi-Level Cell，多层单元)。SLC 的特点是速度快，但成本高、容量小，而 MLC 的特点是容量大、成本低，但速度慢。因为 MLC 的每个单元是 2bit 的，SLC 的每个单元为 1bit，面积相同时 MLC 可达到的容量理论上高一倍。当然，由于每个 MLC 存储单元容量大，结构会相对复杂，出错几率会增加，需要进行错误修正，从而导致其读/写速度等性能大幅落后于结构简单的 SLC 闪存。SLC 闪存还有一个优点是复写次数高达 100000 次，比 MLC 闪存高 10 倍。此外，为了保证 MLC 的寿命，控制芯片采用校验和智能磨损平衡算法，使得每个存储单元的写入次数可以平均分摊，达到 100 万小时 MTBF（故障间隔时间）。图 3-9 为希捷公司推出的一款 SLC 型固态硬盘，采用 SATA-2 接口，最大传输速率为 240MB/s。

图 3-9　固态硬盘图例

采用 DRAM 作为存储介质，仿效了传统硬盘的设计，可被绝大部分操作系统的文件系统工具进行卷设置和管理，并提供工业标准的 PCI 和 FC 两种接口，有 SSD 硬盘和 SSD 硬盘阵列两种应用方式。它是一种高性能的存储器，而且使用寿命很长，但是需要独立电源来保护数据安全。

与普通机械硬盘相比，由于不需要机械器件控制磁头与盘片，固态硬盘具有快速读/写、质量轻、能耗低以及体积小等优点，但也有价格较昂贵、容量较低、一旦硬件损坏数据较难恢复等缺点。另外，固态硬盘的耐用性（寿命）还存在不确定因素。

3.3　SCSI 总线与协议

计算机中，数据通常需要从主存储器（RAM）通过系统总线、主机 I/O 总线和 I/O 总线传递到磁盘或者磁带等存储设备。

系统总线保证数据在 CPU 和主存储器之间进行快速交换，即是连接 CPU 和主存储器的总线。该总线时钟频率非常高，以便能够足够快地给 CPU 提供数据。它采用在主电路板上印制导线的形式来实现。

在计算机中，主 CPU 与完成其他功能的处理器（如图像处理器）之间的连线称为主机 I/O 总线。PCI 是当前最广泛使用的实现主机 I/O 总线的技术。

设备驱动器负责控制外围设备以及主机与外围设备的通信。对于存储设备的设备驱动器部分以软件形式存在，由主 CPU 进行处理。而与存储设备通信的部分设备驱动器一般通过硬件实现，这类硬件由特别的处理器（Application Specific Integration Circuit，简称 ASIC）控制。这些 ASIC 有的集成到主电路板（如 SCSI 控制器），也有的通过附加的 PCI 卡连接到主板。这些附加的卡通常被称作控制器。存储设备通过主机总线适配器（Host Bus Adapter，简称 HBA）或者通过在板上的控制器连接到主机（如 ATA 接口）。在控制器和外围设备之间的通信连接叫作 I/O 总线。上一节提到的各种硬盘接口其连接线都是 I/O 总线。

由于 SCSI 总线是最高能够连接超过两个存储设备的总线，因此在存储网络化的初期一般都采用 SCSI，而随后的光纤通道也都是在此基础上发展的，因此本节将对 SCSI

总线和协议进行较详细的介绍。

3.3.1 SCSI 协议体系

前文已提到，SCSI 接口技术已经发展了六代，表 3-1 给出了这六代 SCSI 标准的主要参数。1986 年 ANSI 提出了 SCSI-1，采纳了 SASI 接口（1979），又名 Narrow SCSI，最大支持 7 个设备，时钟频率为 5MHz。1994 年提出了 SCSI -2，规定了两种提高速度的选择，并支持多线程指令，增加了更多存储设备类型指令集。1995 年推出了 SCSI-3，它的典型特点是在提高总线频率的同时，完善它的体系结构，增加了更多的存储设备类型以及命令集，物理接口方面也不再局限于并行接口，增加了光纤通道、1394 以及串行接口等。由于不同的总线宽度和时钟频率的结合产生了大量的 SCSI 变种，后来将 1995 年以后推出的并行接口标准统称为 SCSI-3。

表 3-1　SCSI 系列标准和主要参数

SCSI标准		推出时间	总线宽度	总线频率	数据传输率	线缆长度	最大支持设备数
SCSI-1		1986年	8位	5MHZ	5MB/S	6米	8
SCSI-2	FAST	1989年	8位	10MHZ	10MB/S	6米	8
	WIDE		16位	5MHZ	10MB/S	3米	16
	FAST WIDE	1992年	16位	10MHZ	20MB/S	3米	16
SCSI-3	ULTRA	1995年	8位	20MHZ	20MB/S	1.5米	8
	WILD ULTRA		16位	20MHZ	40MB/S	1.5米	16
Ultra2	ULTRA2	1997年	8位	40MHZ	40MB/S	25米	8
	WIDE ULTRA2		16位	40MHZ	80MB/S	12米	16
ULTRA3/ULTRA160		1998/1999年	16位	80MHZ	160MB/S	12米	16
ULTRA320 SCSI		2001年	16位	160MHZ	320MB/S	12米	16

图 3-10 给出了 SCSI 体系模型，该模型对信息技术标准国际委员会（International Committee on Information Technology Standards）T10 提出的 SCSI 体系模型进行了简化。从该模型可见，SCSI 体系模型可分为物理接口、传输协议层、基础指令集和特殊设备指令集。

物理接口主要定义了 SCSI 并行接口和串行接口，其他像光纤通道接口、1394 以及 Internet 接口则直接采用相关标准的建议。

传输协议层实质上是各种有关接口基本协议，除了规定 SCSI 并行接口和串行接口上传输信号的逻辑特性外，还建议将 SCSI 命令通过 FC、1394 以及 Internet 等接口传输的规范。

基础指令集指所有 SCSI 设备都必须实现的“基础指令”，是基本命令设置层（SPC）

以及特殊协议层等的文档集合。

特殊设备指令集包含块命令(Block Command,简称 SBC) 中的硬盘接口命令、磁带设备的流命令(SSC)、RAID 阵列的控制命令(SCC)、多媒体命令(MMC)、媒体切换命令(Media Changer Command,简称 MCC)等。

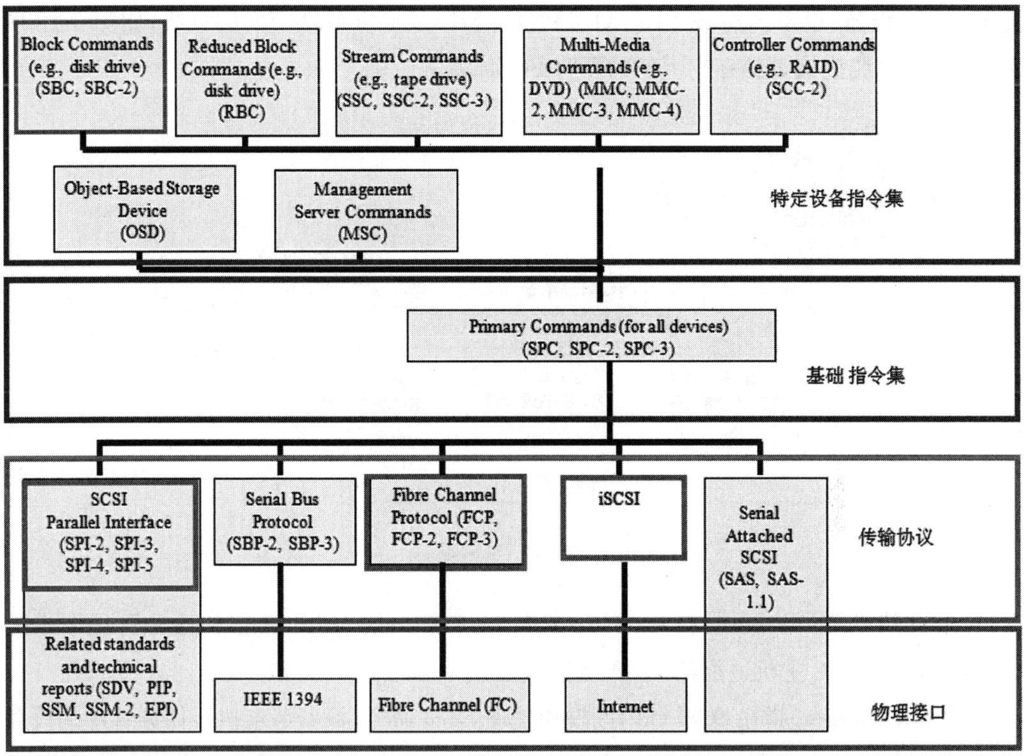

图 3-10　SCSI 协议体系

显然,SCSI 协议包含的标准与内容很多。本书由于篇幅有限,将简要介绍 SCSI 的工作模式、并行 SCSI 总线以及基础指令集。

3.3.2　SCSI 工作模式

SCSI 协议按照客户机/服务器机制进行通信。客户机向服务器发送请求,服务器给出应答。两者使用服务分发子系统(Service Delivery Subsystem,简称 SDS)作为媒介,如图 3-11 所示。

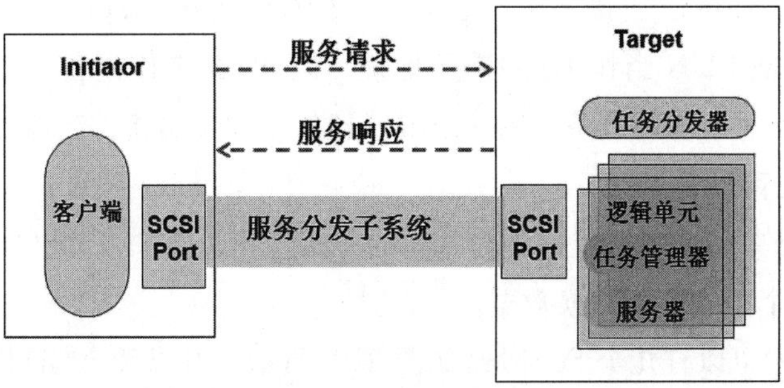

图 3-11　SCSI 通信模型

服务分发子系统指对客户机与服务器之间请求和响应进行无差错传输的通道，由SCSI物理总线和SCSI接口组成。

SCSI设备是在一定的环境中运行的，通常需要有多个SCSI设备才能形成这样的环境。SCSI设备间的运行环境也称SCSI域。域是一个独立的SCSI系统，SCSI域的组成包括SCSI设备、设备内的SCSI启动器和目标器以及提供数据交换的总线，如图3-12所示。SCSI总线连接了挂在它上面的所有SCSI设备。

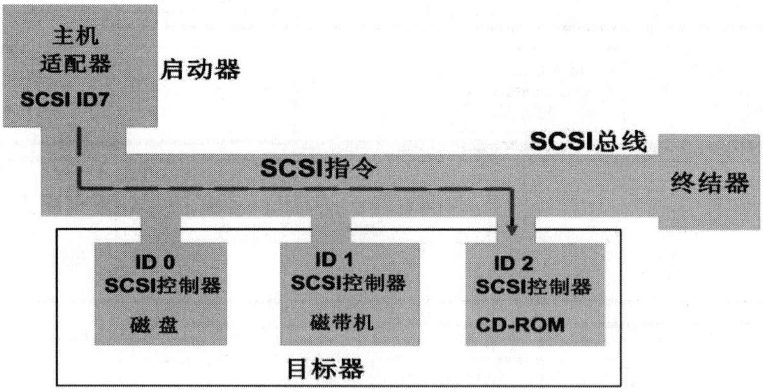

图3-12 SCSI域

SCSI启动器（Initiator）指在SCSI域内，生成和发送SCSI命令和任务管理请求的SCSI设备。通常，主机适配器HBA为启动器。

目标器（Target）指在SCSI域内接收和处理SCSI命令，根据请求执行任务管理的设备或部件。通常所说的目标器指嵌在磁盘驱动器上的SCSI控制器，但是按照其定义，目标器和启动器也可以互换。然而主适配器仍然很难担当目标器的工作，还是只能充当启动器。

SCSI设备指只包含一个或多个启动方或目标方以及其他相应支撑环境的设备。例如，带SCSI驱动器的计算机就被看成是一个SCSI设备。

连接到SCSI总线上的设备以及主适配器都要有一个标识号ID，ID从0开始编号。ID有两个作用：一是唯一确定总线上的一台设备，即一个设备的ID号为该设备的地址；二是用来表示设备的优先级别（有关ID号的优先级在下一节介绍）。当两个或两个以上的设备要使用总线时，级别高的设备获得总线控制权。在大多数情况下，最大的ID号已分配给主适配器。目前，多数是一个ID号对应一个物理设备。但为了方便扩充，SCSI标准规定一个ID号可以连接多个子设备，用逻辑单元号（Logical Unit Number，简称LUN）来区别，即把LUN当作ID的辅助地址。因此，在操作设备时，必须同时指定ID号和LUN号。当一个物理设备占用一个ID号时，该设备是将控制器嵌入在其中。一个LUN对应一个逻辑设备。

由于SCSI域中各个设备是以分时共享的方式使用总线的，因此同一时刻在SCSI总线上只允许有两个设备互相交换数据。

在一台机器中可以有几个SCSI域，如图3-13所示。可以看出，ID编号仅用来标识一个域中的不同设备，不同域的 ID 编号之间没有关系。实际中，SCSI 支持启动器和目标器的各种组合，只要有至少一个启动器和至少一个目标器就可以作为一种组合。图 3-14 出示了一个 SCSI 域中启动器和目标器的 3 种基本配置（即组合方案）。其中，图（a）为单启动器、单目标器方式；图（b）为单启动器、多目标器方式；图（c）为多启动器、多目标器方式。

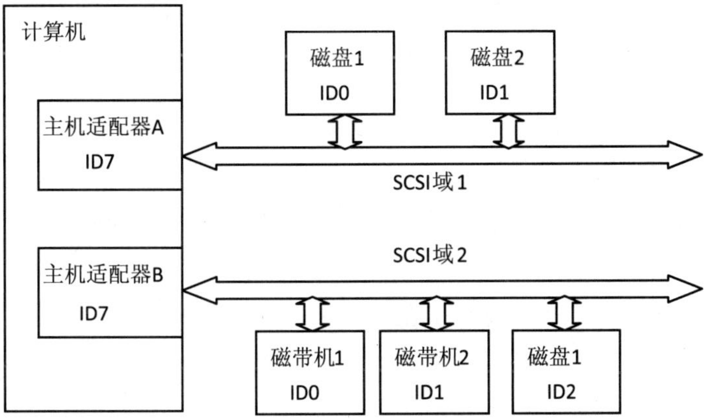

图 3-13　多个 SCSI 域示例

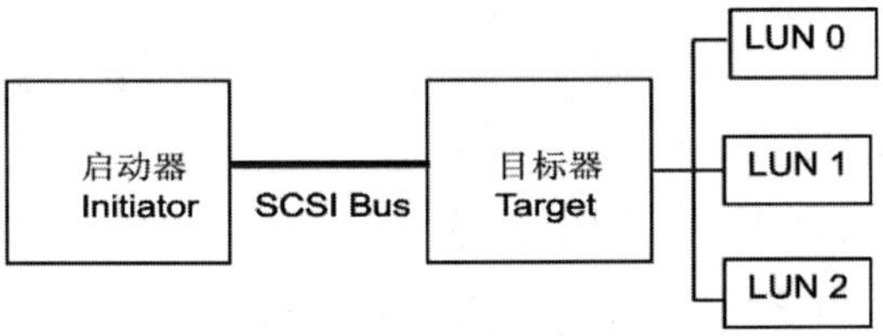

（a） 单启动器、单目标器

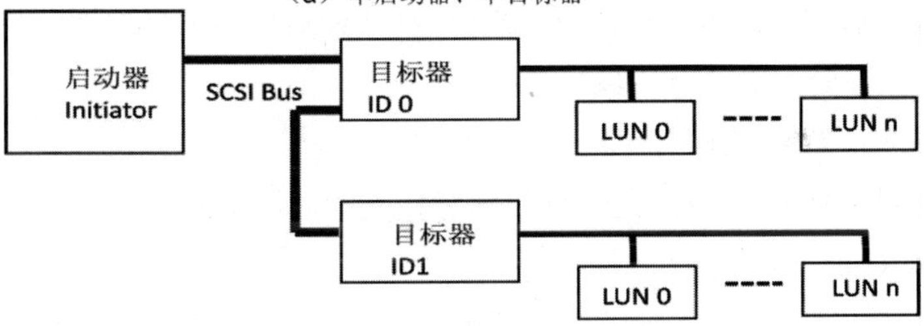

（b）单启动器、多目标器

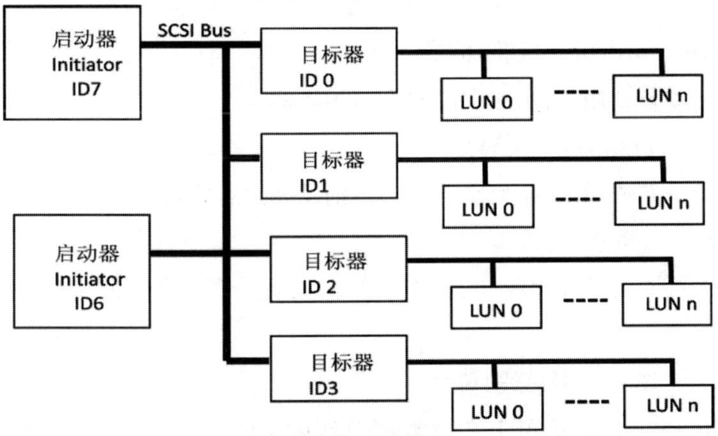

（c） 多启动器、多目标器

图 3-14　SCSI 配置方式

3.3.3 SCSI 总线

随着 SCSI 标准的不断更新,SCSI 物理连接标准也不断涌现。物理接口形式可分为单端/差动、高压差动/低压差动、宽/窄 SCSI 等多种类型,传输速率也有多种。但是,实际的并行数据总线除了数据线有差别外,其余都没有什么变化。本文的 SCSI 总线指并行 SCSI 总线,因此,下文对 SCSI 总线进行介绍,SCSI 具体物理接口可参阅相关文献。

1. SCSI 信号

SCSI 在物理信号的基础上定义了一组总线信号。这些信号可分为数据信号和控制信号两类。它们都是二进制信号,并且只有"真"和"伪"两个稳定状态。

(1)BSY(Busy,忙)信号

此信号是"或态"信号,表示总线正在被使用。

(2)SEL(Select,选择)信号

此信号是"或态"信号,在启动器选择目标器或目标器重新选择启动器时使用。

(3)C/D(Control/Data,控制/数据)信号

此信号由目标器使用,表示在数据总线上传送的是数据信号还是控制信号。当该信号处于"真"状态时表示控制信号。

(4)I/O(Input/Output,输入/输出)信号

此信号由目标器使用,控制数据在数据总线上的移动方向。当该信号为"真"时表示数据由目标器向启动器传送;当该信号为"伪"时则表示数据由启动器向目标器传送。该信号也被用来区分选择和重选阶段。

(5)MSG(Message,通信)信号

此信号由目标器使用,表示总线处于消息传送的通信阶段。

(6)REQ(Request,请求)信号

此信号由目标器使用,表示有消息传输请求,请求一个 REQ/ACK 数据传送握手过程。

(7)ACK(Acknowledge,应答)信号

此信号由启动器使用,表示对 REQ 信号的应答。

(8)ATN(Attention,提醒)信号

此信号由启动器使用,提醒启动器有一个消息要发送给目标器。

(9)RST(Reset,重置)信号

此信号是"或态"信号,表示总线进入重新设置阶段,清除所有使用总线的 SCSI 设备。

(10)DB(Data Bus,数据总线)信号

DB 信号有三种,分别是用于 8 位数据总线的 DB(7～0,P)、16 位数据总线的 DB(15～0,P)以及 32 位数据总线的 DB(31～0,P)。这些信号都用于传送信息的值,它们包

括数据比特信号，加上奇偶检验比特信号。

由于SCSI总线可挂接多个设备，一些控制信号可能同时被多个SCSI设备触发，这类信号被称作“或态”信号。对于“或态”信号，SCSI设备不会主动将其驱动成“伪”，只有当总线上的所有设备都没有驱动该信号时将其设置成“伪”；只要有1个或多个设备驱动该信号，该信号就是“真”。与“或态”信号相对照的是“非或态”信号。对于“非或态”信号，SCSI设备可以将其驱动成“伪”。

2. SCSI总线的使用阶段

SCSI总线使用状态可划分为8个不同阶段：空闲阶段、仲裁阶段、选择阶段、重选阶段、命令阶段、数据阶段、状态阶段和通信阶段。其中命令阶段、数据阶段、状态阶段和通信阶段都涉及消息在总线的传送，所以又称消息传送阶段。除了空闲阶段外，其他阶段的总线都被SCSI设备占用。

(1)总线空闲阶段

总线空闲阶段是指没有设备使用SCSI总线，在此状态下，SCSI设备可以使用总线。在空闲阶段，总线上的SEL信号和BSY信号都为“伪”。通常，在下列情况下进入空闲状态：

- 目标设备命令完成。
- 目标设备解除连接。
- RST信号被设置。
- 不成功的总线选择或重选。

(2)总线仲裁阶段

总线上的设备在逻辑上是与总线断开的。SCSI设备只有在需要进行数据传输和设备状态报告时才会申请总线连接权。SCSI设备一旦得到了总线连接权，就将在启动器和目标器之间形成一个物理连接的通道，然后进行数据传输。

总线的获取与对目标器的选择一般由启动器来完成。为了更高效地使用总线，在有较长时间的CPU处理等待或设备存取等待时，需要释放总线以供其他设备使用；等相关任务完成后，再重新进行总线仲裁和连接权获取操作，以继续进行暂停的工作。因此，有时目标器也可以执行总线操作和连接权获取操作，准确地说是再获取操作。

总线仲裁是在可能同时有多个设备请求时，最终只给予其中一个SCSI设备总线控制权的过程。具体过程如下：

- SCSI设备检测到“总线空闲”并等待一个时延。
- 把总线置成BSY，并把与它的SCSI ID对应的数据线信号置为“真”，开始总线仲裁申请。
- 等待一个时延后，该SCSI设备须检测在数据总线上是否有更高优先级的SCSI ID也为“真”。如果总线上确有更高优先级的设备进行总线申请，则该SCSI设备不再置BSY和对应的数据线为“真”。放弃总线仲裁申请，直到下一次“总线空闲”；否则，该设备就获得了总线控制权,并由该设备把 SEL 信号置为"真"。

• 总线上的其他 SCSI 设备检测到 SEL 信号为"真"后,不再置 BSY 信号和对应的数据线为"真",放弃总线仲裁申请。为了保证确实已经获得了总线控制权,该设备在置 SEL 信号为"真"之后、传送其他信号之前,需要有一定的时延。

• 在总线仲裁阶段结束时,总线上有 BSY、SEL 和与获得总线的 SCSI 设备的 ID,其对应的数据线的信号为"真"。

SCSI 总线上的设备的优先级是由它的地址即 SCSI ID 决定的。对于有 8 个 ID 的窄 SCSI 总线,ID7 具有最高优先级,ID0 具有最低优先级;有 16 个 ID 的宽 SCSI 总线,ID7 具有最高优先级,ID15 具有最低优先级;有 32 个 ID 的宽 SCSI 总线,ID7 具有最高优先级,ID24 具有最低优先级。在 SCSI 域中,主机是存储设备的主要使用者,且对存储的响应要求较高,因此通常主机的优先级最高,其分配的 ID 值也最大,为 ID7。

(3)选择阶段

选择阶段主要是完成对具有特定 SCSI ID 设备的选择,以便使取得总线使用权的 SCSI 设备向目标设备发送读/写命令。其相关协议的定义主要是在 SCSI 体系结构的物理连接层。需要说明的是,逻辑单元号 LUN 的寻址是由 SCSI 传输层完成的,与 LUN 编址相关的协议在传输协议层描述。

选择阶段总线的状态是这样变化的:当 BSY 和 SEL 信号置为"真"一小段时延后,进入选择阶段。此时,启动器把与自己的 SCSI ID 对应的数据线的信号和对应所要选择的目标设备的 SCSI ID 的数据线的信号置成"真",经过一小段时延再把 BSY 信号置成"伪",然后等待目标器的响应。例如,SCSI ID 为 7 的启动器期望与 ID 为 0 的目标器连接,这时数据总线上信号值的状态将如下所示:

DS(0)	DS(1)	DS(2)	DS(3)	DS(4)	DS(5)	DS(6)	DS(7)
1	0	0	0	0	0	0	1

此时,只有两个数据线的信号值是"真"。如果有多于两个的数据线为"真",则目标器认为有误。

目标器在 SEL 以及其 ID 的数据线信号为"真"且 BSY 和 I/O 信号为"伪"的情况下,就可以确定它被选为目标设备了。此时,目标器设备应重新把 BSY 信号置成"真"。启动器在检测到 BSY 为"真"的信号后,就把 SEL 信号置成"伪"。需要注意的是,在该阶段结束时,BSY 信号是由目标器置位的。

图 3-15 为上述前三个阶段时序图。

(4)重选阶段

为了有效利用 SCSI 总线,当 SCSI 目标设备忙于处理其内部事务时,可在等待其操作过程中释放出总线供其他设备使用,当操作完成后再重新申请总线的使用权,这时即进入重选阶段。重选阶段发生在总线仲裁阶段之后。与选择阶段不同的是,重选阶段由目标器启动,重新建立启动器与目标器之间的连接。

重选过程为:当目标器要获取总线的使用权时使 SEL 和 I/O 变成"真",接着把自身

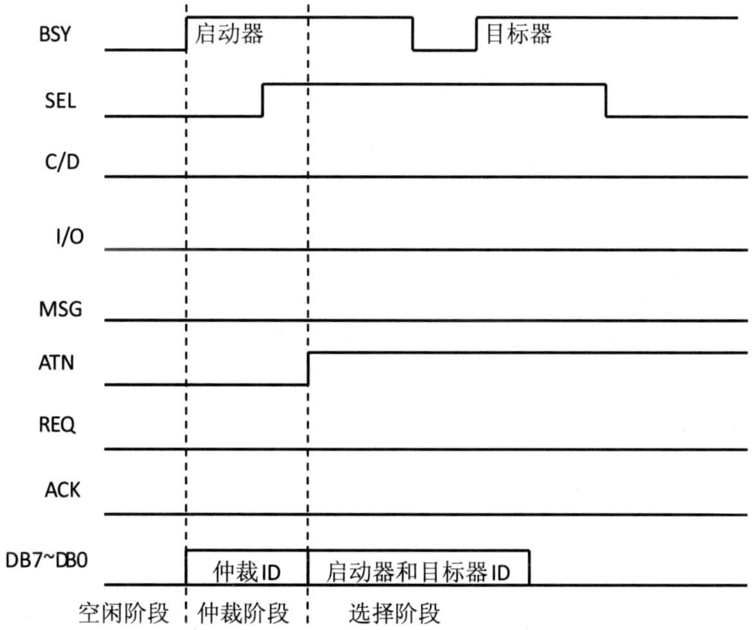

图 3-15　空闲阶段、仲裁阶段和选择阶段时序图

的ID和原启动器ID放到数据总线上。然后使BSY为“伪”，等待启动器响应。启动器检测到SEL和I/O为高电平而BSY为“伪”时，把本身的ID与总线上的ID相比较，若相等，断定自己被目标器选中。启动器以BSY信号为“真”来响应目标器的选择。目标器检测到启动器的响应后，也把自己的BSY变成“真”，然后释放SEL。

(5)信息传送阶段

命令阶段、数据阶段、状态阶段和通信输出阶段被组合在一起被称为信息传送阶段，因为它们都被用来通过数据总线传送数据或控制信息。信息传送阶段出现在选择阶段或重选阶段之后，所以不改变BSY和SEL信号。在该阶段，BSY持续为“真”，SEL信号持续为“伪”。

SCSI目标器使用C/D、I/O和MSG信号区分不同的信息传送阶段以及对应的信息传输方向。表3-2给出了MSG、C/D和I/O信号值与阶段名以及信息传输方向之间的关系。

表 3-2　MSG、C/D和I/O信号值与阶段名以及信息传输方向之间的关系

MSG	C/D	I/O	阶段	传输方向
0	0	0	数据	启动器到目标器
0	0	1	数据	目标器到启动器
0	1	0	命令	启动器到目标器
0	1	1	状态	目标器到启动器
1	0	0	*(未用)	
1	0	1	*(未用)	
1	1	0	通信	启动器到目标器
1	1	1	通信	目标器到启动器

信息传送阶段使用一个或多个 REQ/ACK 握手过程控制信息传送。每个 REQ/ACK 握手过程允许传送 1 个或多个字节的信息。上述信息传送阶段都可以采用异步传输方式。

异步传输方式当信息输入即由目标器向启动器传输时，目标器先把数据线 DB 信号置成对应想要传送的二进制数值，然后把 REQ 信号置成“真”。启动器读取该信息并把 ACK 信号置成“真”进行响应。当目标器检测到 ACK 为“真”时，就可以改变或取消放置在数据总线上的值，并把 REQ 置成“伪”。启动器也把 ACK 置成“伪”作为响应。当目标器检测到 ACK 为“伪”时，总线上就完成了一次数据传输，并可进行下一次数据传输。

异步传输方式在信息输出时，目标器先把 REQ 信号置成“真”，启动器把数据线 DB 信号置成对方需要的二进制数值，然后把 ACK 置成“真”。当目标器检测到 ACK 为“真”时，读取数据总线上的值，并把 REQ 置成“伪”。启动器检测到 REQ 置成“伪”时，改变或取消放置在数据总线上的值，并把 ACK 置成“伪”。此后，目标器可以再将 REQ 信号置成“真”，请求信息。

图 3-16 给出了通信输出阶段和命令阶段时序图。由于命令阶段实际上是信息输出，因此图 3-16 采用异步传输方式在信息输出时的时序。从该图可见，图中的 C/D、I/O 和 MSG 信号与表 3-2 一致。需要说明的是，在通信输出阶段，启动器需要通过激活 ATN 信号告知目标器它要发送信息，并一直维持到信息发送完毕。ATN 信号可以在除总线空闲和仲裁阶段以外的其他阶段被激活，这意味着通信输出阶段可以出现在除总线空闲和仲裁阶段以外的任意阶段之后。

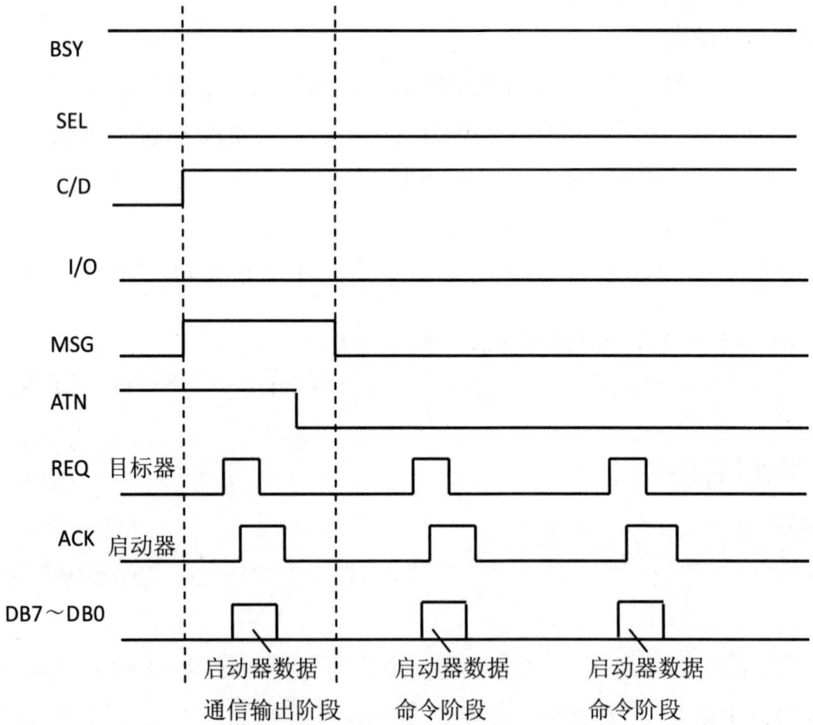

图 3-16 通信输出阶段和命令阶段时序图

数据传输除异步方式外还有同步方式，采用何种传送方式取决于设备之间的约定。当目标器使用同步方式传送数据时，首先通过 REQ 发送一定数量的脉冲信号，这些 REQ 信号不需要应答。脉冲的周期是固定的，与后面传输数据时所用的同步脉冲信号的周期相同，所以被称为同步传输周期。这些不需应答的脉冲的个数被称为 REQ/ACK 偏移。当启动器接收到 REQ/ACK 偏移的最后一个 REQ 脉冲之后，数据传送过程便可以开始。

在数据输出阶段，目标器先以固定的频率发送几个 REQ 脉冲到启动器。当启动器接收到这几个 REQ 脉冲后，以相同的频率发送 ACK 信号和数据。同步数据输入与此类似。不过，目标器在发出第一个 REQ 脉冲之前应将第一个数据放置到数据总线上，一直保持到检测到的启动器第一个应答信号 ACK 有效，然后再同步传送 REQ 脉冲和其余的数据。该传输过程可参见图 3-17。在同步传送方式中，数据交换不采用 REQ/ACK 应答方式，因此数据传输速率较高。

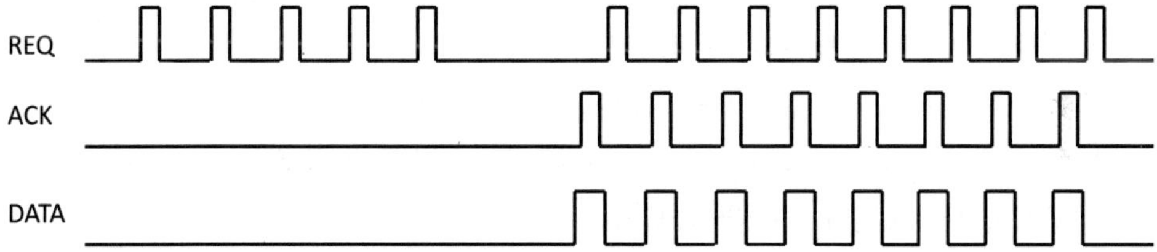

(a) 同步数据输出阶段

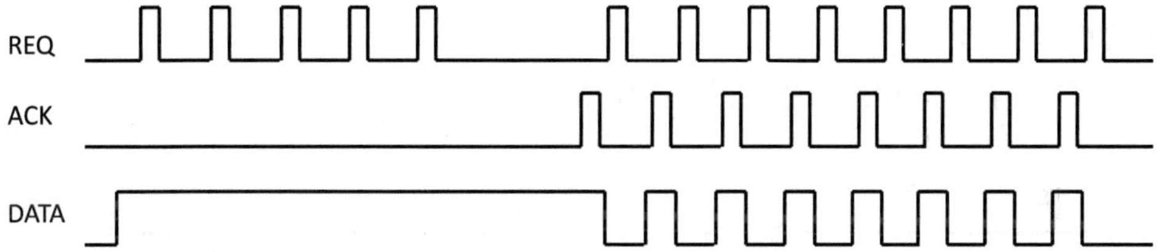

(b) 同步数据输入阶段

图 3-17　同步方式下数据输入、输出时序图

3.3.4　SCSI 读/写过程与命令描述块

1. SCSI 读/写过程

(1)客户/服务器工作方式

SCSI 协议采用客户/服务器方式进行通信。客户位于主机中，代表上层应用程序、文件系统和操作系统的 I/O 请求。服务器位于目标设备中，它响应客户的请求。

前文介绍了 SCSI 的信息传输阶段要传送数据、命令、状态以及通信信息，这些信息在 SCSI-3 协议中是通过 SCSI 命令模型来体现的。SCSI 命令可以看作是对远程过程的调用。基本的调用过程为：启动器发送 SCSI 命令到目标器的 LUN，LUN 的设备服务器执行命令，并返回处理状态。命令的输入输出方向是以启动器为参照的。

SCSI 命令结构如下：

Service Response = Execute Command (Task Identifier, Command Descriptor Block, [Task Attribute], [Data Output Buffer], [Data Input Buffer], [Command Buffer], [Command Length], [Autosense Request], [Sense Data], Status)

这个命令模型中任务标识符、命令描述块和状态是必需的，其余的任务属性、数据输入/输出缓冲区、命令缓冲区、命令长度、自动检测请求以及传感数据为可选项。下面对其中主要的内容进行简要说明：

- 任务标识符(Task Identifier)：只用于 SCSI-3，由一套 64 位的数字组成，分成启动器标识符、目标器标识符和 LUN 标识符。排序后的任务还有一个附加的标签。
- 命令描述块(Command Descriptor Block，简称 CDB)：包含完整的 SCSI 命令，这将在后文中专门介绍。
- 状态字节(Status)命令结束后，状态字节给出一个命令是否被正确执行的信息，而且它还提供一些关于命令结束的附加信息。
- 任务属性(Task Attribute)：指出任务管理器将怎么处理任务。
- 自动检测请求(Autosense Request)：这也是 SCSI-3 中新出现的。当出现错误时，有关错误的详细信息将被自动传递到启动器。
- 数据输入/输出缓冲区(Data Input/Output Buffer)：数据输入缓冲区包含在命令终止之前 LUN 提供的和命令有关的数据；数据输出缓冲区包含发送的 LUN 的与命令有关的数据。

按照上述模型，SCSI 命令执行过程如图 3-18 所示。

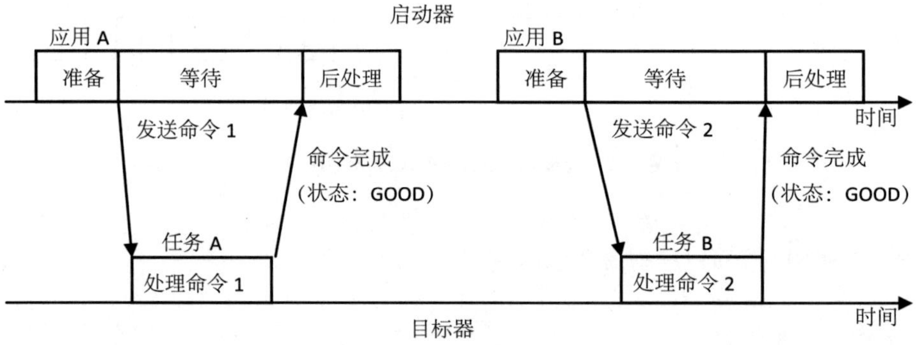

图 3-18　SCSI 任务执行

在执行对磁盘的 SCSI 写过程时，启动器发送 SCSI 命令请求给目标器，令其准备缓冲区以接收数据。目标设备服务器在其缓冲区准备好之后，发送一个数据分发操作请求进行响应。接着，启动器就执行分发操作，开始发送数据块。根据底层的分发子系统，数据块可能按字节并行传输(如并行 SCSI 总线)，也可能以分段成帧的形式串行传输(如光纤通道或 iSCSI)。

从应用程序或操作系统的角度看，写操作只是一个事务。但实际上一个写操作，启动器和目标器可能需要进行多次的分发请求和分发操作的交互，才能把命令请求的所有数据都发送给目标方。

在读操作中，SCSI 命令块遵循相反的数据分发请求和确认序列。由于是启动器发出读命令，因此命令假定已经准备好了缓冲区以接收第一批数据块。

在读/写事务的每个阶段所发送的数据块数量，由启动器和目标器根据对方的缓冲区容量协商决定。例如，高性能磁盘阵列一般都能提供较大的缓冲区，可以完成大规模的数据传送，从而提高了产品性能。

因为 SCSI 协议能执行多任务，因此启动器可能会有多个请求同时发给目标器，在设备服务器上产生多个事务。这时需要系统具有从一个任务快速切换到另一个任务的能力，即当该启动器等待目标器准备好缓冲区以接收数据时，可切换到另一个挂起的任务，处理已到达的对先前的另一个请求的响应。

(2)消息码与状态码

前文提及 SCSI 总线的信息传输阶段之一为通信阶段。在通信阶段，总线按照控制和管理启动器与目标器之间信息交换的通信规范传输消息，即传输的消息是指为了控制和管理启动器与目标器之间的信息交换而设置的一系列的联络信息。

通信阶段主要的工作是：

• 启动器发送消息给目标器，让目标器识别、登记或放弃、恢复、终止、清除 I/O 进程或复位总线等。例如，识别消息用来在启动器和目标器或目标程序之间建立联系。启动器在选择阶段结束后传送该消息；目标器在重选择阶段后传送该消息。

• 目标器通过发送消息给启动器告知 I/O 进程的执行情况，如中断、失连、完成等。例如，目标器使用完成消息告知启动器命令已被成功执行。

• 启动器和目标器之间也可以通过消息交换来报告错误、建立工作模式、操作协议以及对已经执行或将要执行的操作予以说明。

表 3-3 给出了 SCSI 的消息代码。

表 3-3　SCSI 消息代码

序号	编码	名称
1	06h	Abort(Out)
2	0dh	Abort Tag(Out)
3	0ch	Bus Device Reset(Out)
4	0eh	Clear Queue(Out)
5	00h	Command Complete(In)
6	04h	Disconnect(Out)
7	80h+	Identify(In)
8	80h+	Identify(Out)

续表

序号	编码	名称
9	23h	Ignore Wide Residue(In)
10	0fh	Initiator Recovery(In)
11	0fh	Initiator Recovery(Out)
12	05h	Initiator Detected Error(Out)
13	0ah	Linked Command Complete(In)
14	0bh	Linked Command Complete With Flag(In)
15	09h	Message Parity Error(Out)
16	07h	Message Reject(Out)

SCSI 状态阶段传输的数据是 I/O 进程中断或结束终止的原因、情况等，该数据由目标器返回给启动器。例如，如果返回 Good 则表示命令顺利完成；Condition Met 表示要求的操作完成，条件满足；Busy 表示目标器忙，不能接受启动器的命令。表 3-4 给出了 SCSI 的状态代码。

表 3-4　SCSI 状态代码

序号	编码	名称
1	00h	Good
2	02h	Abort Tag(Out)
3	04h	Check Condition
4	08h	Busy
5	10h	Intermediate
6	14h	Intermediate-Condition Met
7	18h	Reservation Conflict
8	22h	Command Terminated
9	28h	Queue Full

为了进一步理解 SCSI 总线的 8 个工作阶段，图 3-19 给出了一个包含 SCSI 总线 8 个工作阶段的数据线上的数据值。

图中仲裁阶段数据为 80，表示 ID 编号为 7 的启动器获得总线的使用权。在选择阶段，启动器选择 ID 为 0 的设备作为目标器(总线数据为 81H)。接着，被选中的目标器使总线进入通信输出阶段。启动器送出识别消息(C0H)，这里 C0H 表示允许目标器具有取消连接和再连接功能。若识别消息为 80H，则表示在命令的执行过程中不允许目标器释放总线。然后，目标器使总线进入命令阶段，接收启动器送来的读命令的命令描述块(CDB)，并解释 CDB 中的内容。由于读盘操作需要寻找盘上的数据块地址，这段时间不需要使用总线，因此目标器使总线进入通信输入阶段，发送“保存数据指针”(02H)和“断开连接”(04H)两条消息，释放总线。

当目标器按照命令描述块(CDB)中指定的逻辑块地址计算并寻找盘上的物理地址

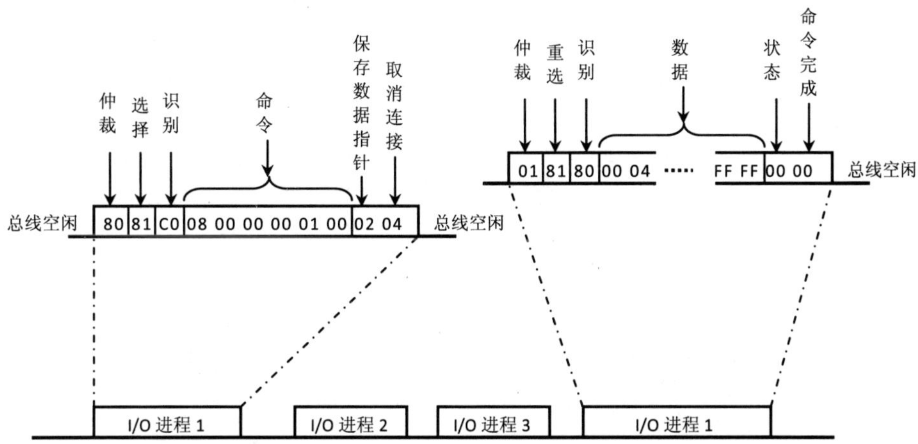

图 3-19　SCSI 数据总线传输的数据

时，启动 I/O 进程 2，并执行相应的 I/O 操作。于是目标器再次使总线进入仲裁阶段，以获得总线使用权。目标器以 ID0 参与仲裁（总线数据为 01H）。通过仲裁，目标器获得总线使用权，进入重新选择阶段，并选择已断开连接的启动器。此时目标器选择 ID7 为启动器（81H）。接着，进入通信输入阶段，向启动器发送识别消息（80H），告知要再连接的逻辑单元号（LUN）为 0。启动器把指定 LUN 保存的命令指针、数据指针和状态指针恢复成当前的指针，并继续执行未完成的读命令。目标器和启动器两次连接之后，总线进入数据输入阶段，目标器向启动器传送数据。要传送的数据块的数目已在读命令描述块（CDB）中给出。数据传送完成后总线进入状态阶段，目标器向启动器报告执行命令的结果。最后，目标器在通信输入阶段向启动器传送一条命令完成消息（00H），结束 I/O 进程 1 并释放 SCSI 总线。

（3）SCSI 的读/写操作过程

通过前文的介绍，可以得到利用 SCSI 总线进行读/写的大致过程。下面再总结一下 SCSI 的读/写操作过程。

当用户从存储设备上读取文件或数据时，操作系统须首先将用户的读取操作通过 SCSI I/O 的应用程序编程接口（API）转化为 SCSI 的读操作，并在操作完成后通过相应的 API 返回响应的值。

在 SCSI 域内，读操作过程如图 3-20 所示，可以简单分为以下 5 个主要步骤：

- 启动器通过 CDB 发送 SCSI 的读取命令，这时控制总线进入信息传送的命令阶段。
- 目标器接收到该命令后，通过设备管理器在指定的逻辑单元中执行该命令请求的操作。如果目标器准备数据需要较长时间，则可能有多个总线释放、进入空闲和重选阶段的轮回。
- 目标器以字节为单位向启动器传送数据，在每次完成数据传送后，控制总线进入状态阶段并返回一个状态信息。

- 在数据传输完毕后，总线进入信息传送的通信阶段，目标器向启动器发送命令完成报告。
- 启动器接收到命令完成的响应，总线可恢复到空闲阶段。

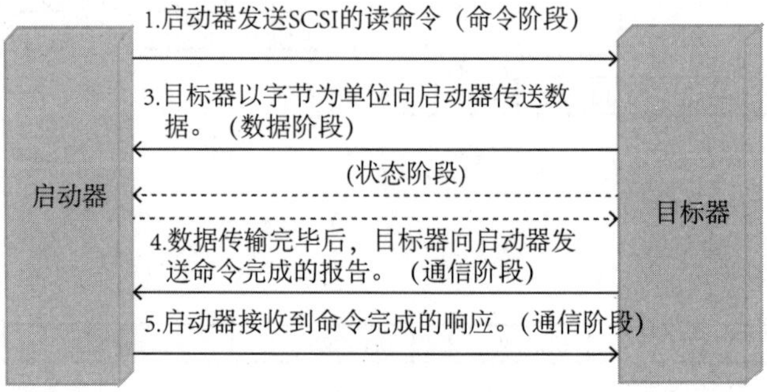

图 3-20 SCSI 数据读过程

在第一个步骤之前，SCSI 总线需要由空闲阶段进入总线仲裁和选择阶段，完成启动器对总线使用权的获得以及对目标器的选择和寻址。在信息传输阶段和通信阶段按照前文给出的状态码和消息码通过数据线进行传输，其中命令阶段的信息按照命令描述块规范传输。

SCSI 的写操作过程与读操作过程类似，都需要具体运行 SCSI 的各个阶段，并发送 SCSI 信号及 SCSI 命令，但数据传送的方向相反。

启动器对文件做写操作请求时，先通过文件系统查找该文件在存储设备(如磁盘)上的逻辑块地址（Logical Block Address，简称 LBA)，接着文件系统把该 LBA 连同其他一些参数，如数据的指针、数据的长度以及逻辑单元号等传递给 SCSI 的 API，并指示一个写操作。例如，写 6000 字节到 LUN 0 的逻辑块。SCSI 的 API 发送一个写命令给 LUN 0，并将数据以存储设备认可的方式分批或一次性地传递到 LUN 0，直到数据全部传输完毕。之后，SCSI 的 API 返回，并指示任务完成。最后，文件系统通知应用程序任务完成。

2. SCSI 命令描述块

SCSI 协议在物理层完成 SCSI 设备对总线的连接以及启动器和目标器的选择，传输层协议执行实际的数据传输。传输层提供了两类服务：一是命令的执行和确认；二是数据的传送。

命令的执行是在总线进入命令阶段后，启动器通过命令描述块(CDB)向目标器发送具体的命令。命令的确认是在总线进入通信（Message)阶段后，启动器接收由目标器发送的命令执行确认信息。数据的传送则是在数据阶段(数据出或数据入)进行的。

SCSI 基础命令规范 SPC(SCSI Primary Commands，SCSI 基础命令)定义了 CDB 的标准。除了基本命令外，SPC 还定义了所有类型的 SCSI 目标器设备都可以使用的管理参数，如诊断参数和日志参数等。命令描述块有定长和不定长两种格式，而定长格式的命令描述块又有 6、10、12 或 16 字节不同的长度规定。图 3-21 给出了一个 6 字节长度的命令描述块结构图。

比特→ 字节↓	7	6	5	4	3	2	1	0
0	操作码							
1	混杂CDB信息			逻辑块地址				
2	逻辑块地址							
3	逻辑块地址							
4	传送长度或参数表或分配长度							
5	控制码							

图 3-21　6 字节的命令描述块结构图

(1)操作码

操作码是所有命令描述块都有的,它在命令描述块的开头一个字节。操作码定义 CDB 的具体操作。

8 比特在理论上共有 256 个可能的操作码,实际上其中有一些是保留码。操作码的 8 个二进制位又分为两部分:5~7 位是组代码,指示该命令具体属于哪个命令组,它决定 CDB 的长度,如"000"为组"0",表示 6 个字节的 CDB 命令组。0~4 位则是具体的命令代码。

需要说明的是,对于不同类型的设备而言,相同的操作码可以解释为不同的命令,例如 0AH 在磁盘和磁带设备中表示为"write"命令,而对于处理器设备,表示为"send"命令。

(2)混杂 CDB 信息

该参数表示与具体的 CDB 相关的信息,其中一个例子是表示逻辑单元号(LUN),指在 SCSI 目标设备中的一个逻辑单元。

出于配置和管理的需要,操作系统使用总线号/目标设备 ID/逻辑单元号三元组来标识一个 SCSI 目标。在 SCSI 总线上的每个设备都必须有一个唯一的 ID,包括服务器中的主机总线适配器也拥有设备 ID。但是,RAID 磁盘子系统和磁带库等存储设备可能包括若干子设备,如虚拟磁盘、磁带驱动器等。因此,SCSI 引入了逻辑单元号(LUN),以便对大设备中的子设备进行寻址。

(3)逻辑块地址

SCSI 把逻辑单元、卷或分区抽象成块的数组,每一块都有一个逻辑地址,编号从 0 开始。对 SCSI 存储设备的每一次读/写操作都是针对一组连续的逻辑块进行的,因而需要指出起始块的逻辑地址。

逻辑块地址是逻辑单元(比如磁盘)中的起始操作块的位置。在 6 字节的 CDB 中,有 21 位的逻辑块地址;10、12 或 16 字节的 CDB 有 32 位逻辑块地址。

(4)传送长度

第 5 个字节可以有三种含义，即可以表示传送长度、分配长度或参数表长度。该字节具体表示的含义需要根据控制码来确定。

传送长度表示命令所请求的传送量，通常是块数。在有些类别的 CDB 中也可能是字节数。当表示块数时，“0”表示 256 块，“1”到“255”表示应传送的数据块数。

(5)参数表长度

由于有些命令需要更多的参数，这些参数将由客户提供，定义在“数据出”缓冲区中。参数表长度就表示需要传送到存储设备的这类参数的长度，“0”表示不需要传递参数。

(6)分配长度

分配长度表示应用客户为“数据入”缓冲区分配的最大长度，根据具体的 CDB 类别，可能是字节数，也可能是块数。

应用客户通常使用该“数据入”缓冲区接收特殊信息，如日志数据、诊断数据等。如果传送的信息量超过了分配长度表示的最大值，则相关设备不应再传，并使用状态阶段返回特定的状态信息。

(7)控制码

它是所有 CDB 格式的最后一个字节，其中最高两个比特由厂商指定，比特 3 到 5 为被保留，比特 2 为标准自动应急处理(Normal Auto Contingent Allegiance，简称 NACA)，比特 1 为废弃，比特 0 为链接比特。

有些命令执行错误或异常不会影响其他命令的执行，不需要作善后的恢复处理，而另一些命令执行错误或异常后则可能导致命令组中的其他命令被异常中止，因此需要专门的命令对其作善后处理，并要求存储设备在完成善后处理工作之前不再处理该用户的其他命令。为了区分这两种不同的情况，也为了让应用客户能够事先声明哪些命令执行的错误或异常需要善后处理，SCSI 允许应用客户在 CDB 的控制码中设置 NACA 位，请求存储设备在命令执行以“检查条件”状态中止时设立“自动跟随”条件(Condition)，从而允许应用客户在随后的善后处理命令中把新任务的属性设置成自动跟随(ACA，Auto Contingent Allegiance，置 1)或非自动跟随(ACA，Auto Contingent Allegiance，置 0)。

链接比特在实际中不常用。这个比特可以被用作跨越多个指令延续任务。链接比特为 1 时，表示启动器请求跨越多个 SCSI 指令延续任务。

3.4 硬盘阵列

由以上几种现行的接口来看，即使是速率较高、可支持容量较大的 SCSI 接口，如果只连接单个磁盘驱动器，也无法满足电视节目制作和播出对数据传输率和容量的需求。这就需要通过一定的方法(通常是构造硬盘阵列)把多个接口的带宽资源结合起来，以获得上百兆的数据输出带宽。

3.4.1　硬盘阵列

硬盘阵列是通过把若干个磁盘连接在一起，以获得倍增的容量和数据输出带宽的磁盘组合形式。对硬盘阵列的操作需要有配套的软件或硬件的支持，同时也需要硬件连接设备来对硬盘阵列进行物理连接。在此基础上，由服务器对硬盘阵列进行管理，包括对节目数据库的维护更新及硬件设备工作状况的设置。

为视频数据的存储而采用的硬盘阵列应具有如下特点：

- 能随时提供具有一定数据率的持续数据流。
- 能可靠地存储数据，当发生错误时(如硬盘损坏、断电)，对数据存储无影响。
- 有直观的界面可以对存储器进行在线管理。
- 采用开放系统管理，与其他系统兼容。

3.4.2　RAID 技术

在构造硬盘阵列的方法中，通常采用 RAID (Redundant Array of Independent Disks)技术。RAID 系统是由加州大学伯克利分校首先正式提出的，他们的想法中最重要的部分就是把小型的、廉价的驱动器结合起来以获得超过大型、昂贵的独立磁盘的性能，因此，RAID 最初表示廉价磁盘冗余阵列，后来才表示独立磁盘冗余阵列。因为 RAID 由多个驱动器构成，它还需要具备一个特性，就是要防止其中任何一个驱动器发生故障时引发数据损失。

RAID 磁盘阵列有很多优越性，它主要的优点是：

- 解决了单个磁盘容量的限制。
- 解决了单个磁盘速度的限制。
- 解决了数据可靠性的问题。

1. RAID 基础

RAID 磁盘阵列系统是由专用的阵列管理软件管理以协调其工作的磁盘集合。阵列中的磁盘子系统包括多个磁盘驱动器组件、提供电源和包装的硬件以及把它们连接到主计算机系统并控制其运转的控制系统。

阵列管理软件的功能包括以下几点：

- 把阵列的容量作为一个或多个虚拟磁盘表征给主机环境，这些虚拟磁盘体现了数据可用性和 I/O 性能等。
- 通过把自己的可用存储容量透明地映射到其他成员磁盘以及将 I/O 请求直接转换成虚拟磁盘对其他成员磁盘的操作，减少了主机管理磁盘的复杂性。
- 错误磁盘和路径的恢复，向主机系统提供不间断的 I/O 服务。

阵列管理软件和硬件为应用程序的使用创建虚拟磁盘。从产品能够程序化的角度看，虚拟磁盘在功能上与物理磁盘并无二致，但可靠性和性能比后者要高。图 3-22 为虚拟磁盘与物理磁盘的关系。

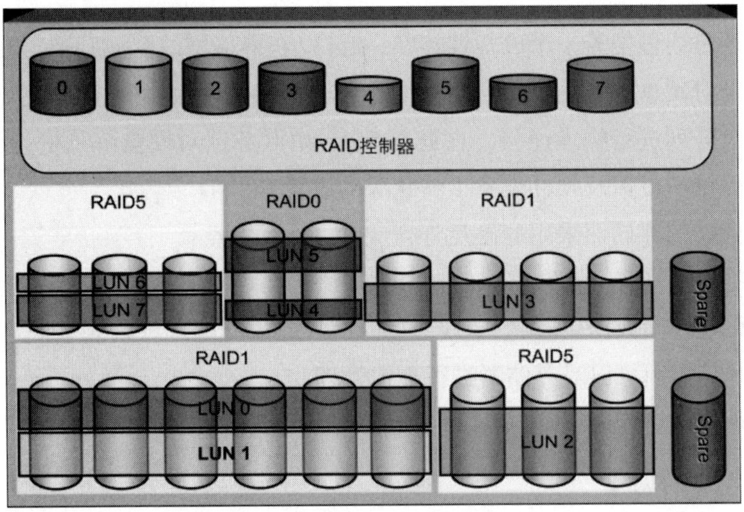

图 3-22 虚拟磁盘与物理磁盘的关系

从图 3-22 可见,实际物理磁盘可以任意组合成虚拟磁盘。上层用户访问到的只是虚拟磁盘。虚拟磁盘是由 LUN 来标识的。虚拟磁盘与物理磁盘之间的映射关系依靠 RAID 控制器来完成。

RAID 磁盘阵列具有三个主要的优点是因为 RAID 采取了以下技术:将多个磁盘组合在一起提高存储容量;采用分条技术提高磁盘速度;采用校验技术、热备和热插拔技术提高数据可靠性。

分条技术(Stripe)又称条带技术。RAID 通过分条技术将串行输入的数据并行写入所有磁盘,从而在没提高单个硬盘速度的情况下,提高了输入到 RAID 阵列的速度。

RAID 通过增加"冗余"磁盘存放作校验数据。当发生故障的磁盘接收到来自程序的请求时,可用校验数据来重新生成对应的数据块,或者全部重建错误磁盘上的内容来恢复数据保护。校验数据最常见的形式是用户数据和共享奇偶检验的镜像拷贝。

热备(Hot Spare)指当冗余的 RAID 组中某个硬盘失效时,在不干扰当前 RAID 系统正常使用的情况下,用 RAID 系统中另一个正常的备用硬盘自动顶替失效硬盘,以便及时保证 RAID 系统的冗余性。热备又分全局式和专用式。全局式热备方式指备用硬盘为系统中所有的冗余 RAID 组共享;专用式热备方式指备用硬盘为系统中某一组冗余 RAID 组专用。

热插拔(Hot Swap)指在不影响系统正常运转的情况下,用正常的硬盘物理替换 RAID 系统中失效的硬盘。热插拔的关键在于热插拔时电子器件的保护机制。

2. RAID 级别

所有的 RAID 系统都通过把数据分散到多张磁盘中以及添加校验数据来获得较高性能和可靠性。根据映射和校验数据之间的组合不同可分为不同的 RAID 级别。

目前，已经出现了从 RAID 0 到 RAID 7 八种明确的标准级别，另外还有采用两种不同的 RAID 方式组合成新的 RAID 级别，如 RAID 0＋1、RAID 10、RAID 30 以及 RAID 50 等。下面介绍几种常用的 RAID 级。

（1）RAID 0

RAID 0 指没有容错设计的条带硬盘阵列（Striped Disk Array without Fault Tolerance），以条带形式将 RAID 组的数据均匀分布在各个硬盘中。

RAID 0 使用分条技术对用户的数据在几个硬盘上进行并行存储。在对用户数据进行存储时，首先，将数据划分为数据段。数据段由数据块组成。数据块的大小范围为 1～64K 字节。其次，再把一组数据的各个数据段存在并行磁盘的相同的扇区上，需要时由控制器并行读出，而后转成串行输出。例如，每段包括 8 块 512 字节的数据块，每段的大小为 4 千字节，第一段写入第一个驱动器，第二段写入第二个驱动器，依次类推。当数据段被写到最后一个驱动器时，这个处理又从第一个驱动器开始重复，如图 3-23 所示。

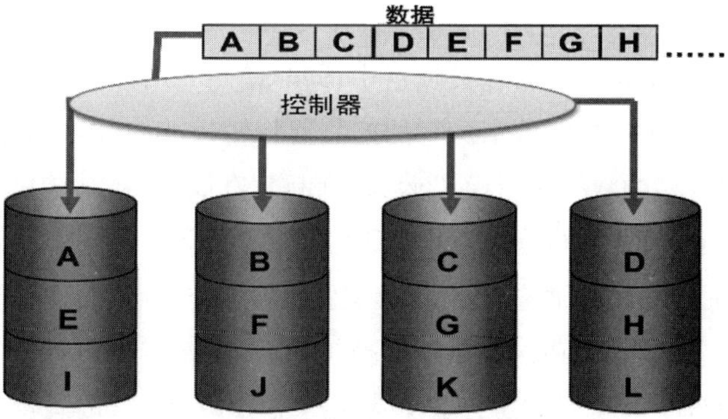

图 3-23　RAID 0 工作原理示意图

通过并行地使用所有的磁盘，可获得高的磁盘带宽。例如，一个磁盘的数据传输率为 10Mbps，那么通过 n 个磁盘的并行读取，理论上将产生 n×10Mbps 的连续数据传输力，但实际上由于各种因素，理论值是很难达到的。

但 RAID 0 没有容错能力，而且如果一个驱动器出故障，整个驱动器系统就不能运行，因此安全性能很差。

（2）RAID 1

RAID 1 是为了实现容错而采用的对数据进行镜像存储的一种方式，它同时将数据写到主硬盘和镜像硬盘上。当一个硬盘驱动器发生错误时，可以访问第二个驱动器以获得期望的数据。如图 3-24 所示。

这种 RAID 技术可改善数据的可用性，也有助于改善 I/O 性能的读操作性能——因为可以选择最空闲的硬盘驱动器对请求提供服务。但写操作要比独立的、无镜像存储的驱动器稍差一些，因为镜像存储在每次写命令中都必须涉及两个驱动器。RAID 1 的主要缺点是它的费用昂贵，因为它需要的容量是普通容量的两倍。

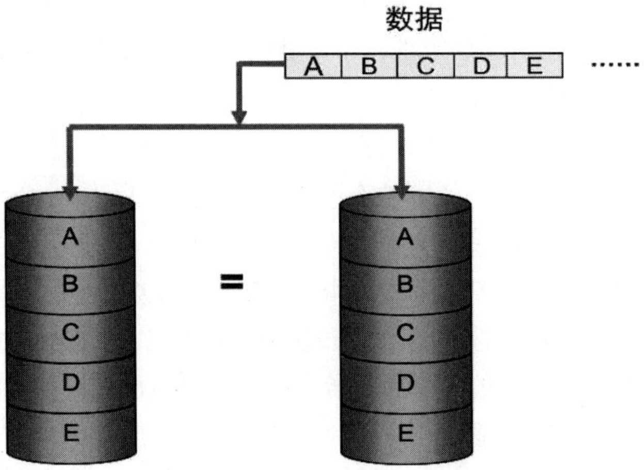

图 3-24　RAID 1 工作原理示意图

(3)RAID 3

RAID 3 为带有校验的并行数据传输阵列(Paralleled Transfer with Parity),数据以位或字节的方式进行条带化并分布在数据盘中,同时使用专用校验硬盘存放校验数据。

RAID 3 工作原理如图 3-25 所示。它的控制器将输入的连续数据分条,并行存储在一系列磁盘中,并对存储的数据进行模二运算,判断其奇偶性,将其结果存放于固定的一个磁盘中(即冗余盘)。当一个硬盘发生故障时,除故障盘外,写操作将继续对数据盘和校验盘进行操作。而读操作是通过对剩余数据盘和校验盘的异或计算重构故障盘上应有的数据来进行的。这样即使错误磁盘被替换掉,丢失的数据也可被恢复到新的驱动器上,使系统在保护模式下重新开始工作。如果冗余盘出现故障,奇偶校验数据可以通过数据盘重建。然而,如果一个数据盘和冗余盘同时出现故障,数据将不能被重建。

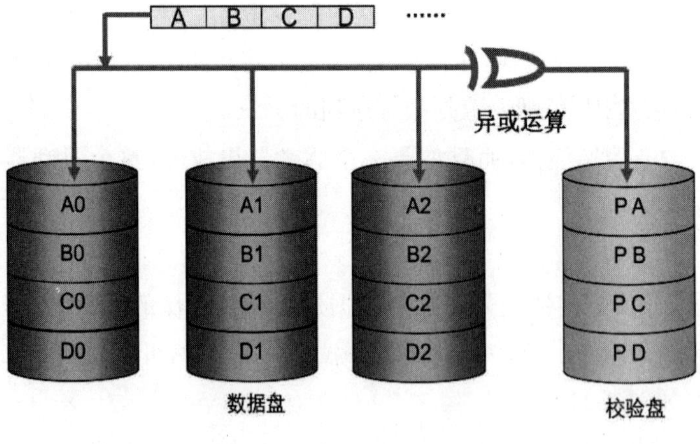

图 3-25　RAID 3 工作原理示意图

RAID 3 利用一个单独的专用奇偶校验磁盘,显然比 RAID 1 的磁盘利用率高。通常,RAID 3 一次数据的存储包含四个数据盘和一个冗余盘。在一般的错误概率发生条件下，这样的搭配已能保证系统在很安全的条件下运行。有的厂家为了降低成本，采用8个数据盘加一个冗余盘的格式，甚至用20个数据盘和一个冗余盘。其实，采用这种方式会增加使用的风险。

由于RAID 3采用并行I/O传输和单盘容错，因此具有很高的可靠性、非常高的读取速率和写入速率。另外，校验盘与数据盘的比率较低，所以它还具有磁盘利用率较高的优点。

RAID 3的缺点之一是设计非常复杂，使用软件组件困难，易耗费资源。这是因为RAID 3的数据存取采用的是并行存取模式。这种模式是把所有磁盘驱动器的主轴马达进行精密的控制，使每个磁盘的位置都彼此同步，然后对每个磁盘驱动器作一个很短的I/O数据传送。因此，从主机传来的每一个I/O指令，都被平均分布到每个磁盘驱动器上。为了实行并行存取的功能，RAID中的每一个磁盘驱动器都必须具备几乎完全相同的规格；转速和磁头搜寻速度必须一样；缓冲区(Buffer)或缓存(Cache)的容量和存取速度要一致；CPU处理指令的速度要相同；I/O信道的速度也要一样。总之，要实现RAID 3功能，除了控制器的设计复杂外，所有的磁盘驱动器应该具有相同型号和性能指标。

另外，RAID 3不适合小型文件传输，因为数据被分散在多个驱动器之间并且需要同时进行奇偶校验。每个磁盘I/O请求产生对所有驱动器的访问直到I/O请求完成，这不仅导致小型文件传输时相当大的系统开销，而且一次只能操作一个事务，所以对小型事务来说整个吞吐量性能不好。在需要对大量连续信息进行快速传输的应用中，RAID 3最能发挥作用，例如用于影视节目制作、视觉仿真和图像数据库建立。在电视台早期的视频节目制作网络中，RAID 3的应用也比较多。

(4)RAID 5

RAID 5是一种旋转奇偶校验独立存取的阵列方式。与RAID 3不同的是，RAID 5是以与I/O请求同等大小或比I/O请求大的数据块的形式交替存放的，而RAID 3是以数据的位或字节的形式交替存放的。另一个不同之处是，RAID 5没指定冗余盘，校验数据分散在数据流中且交替分布在所有磁盘中，所以每块硬盘上既有数据信息也有校验信息。如图3-26所示。

RAID 5按块(扇区)存取，在规定的传输块大小范围内的数据只需要访问单个数据驱动器；而在RAID 3中，一个数据块必须要由所有驱动器提供，由此可见，RAID 5具有良好的随机读性能。当数据更新时，RAID 5可以只读取当前的数据盘与校验盘，利用新数据对旧数据以及原校验数据进行更新即可；而RAID 3则需要读取所有数据盘以及校验盘的数据进行更新。另外，在I/O请求的数据量很大的情况下，也同样可以使多个驱动器一起工作。

RAID 5没有专用的校验盘，这使得在并发进行多个写操作时不用考虑争用校验盘的问题。若采用RAID 3方式的专用硬盘，比如进行两个很小的写操作，一个写在硬盘2(drive 2)的条带1上，一个写在硬盘3(drive 3)的条带2上，它们的校验数据都要往校验盘上写，这时就会产生争用校验盘的问题。所以RAID 5既适用于大数据量的操作，也适

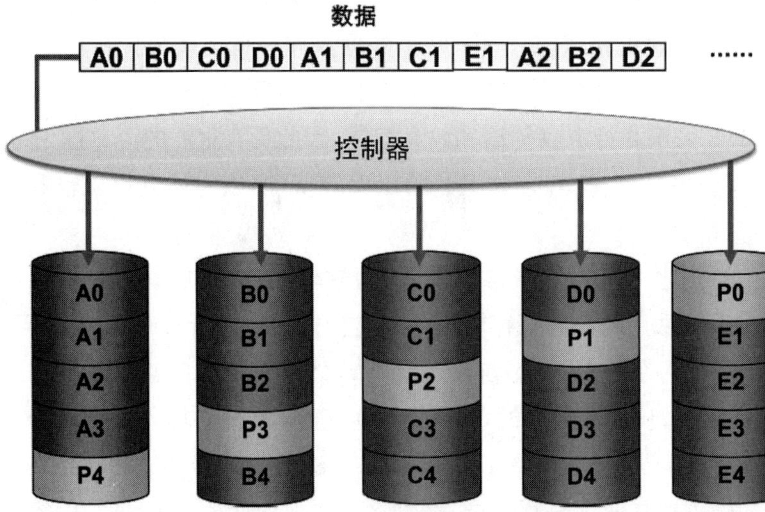

图 3-26　RAID 5 工作原理示意图

用于各种事务处理，是一种快速、大容量和容错分布合理的磁盘阵列。

总之，RAID 5 安全性较高，即使一个磁盘发生故障，逻辑硬盘上的数据依然可用；磁盘利用率也较高。对于 N 个磁盘的阵列，N-1 用于数据存储。

RAID 5 的主要缺点是可能降低写性能，因为它是以位或字节的形式写在磁盘上，经过处理后，使数据块 1 的位或字节写在磁盘 1 上，数据块 2 的位或字节写在磁盘 2 上……因此，在写数据时，处理的环节较多，这就降低了随机写性能。另外，当出现故障盘时，大量数据的读/写操作会增加 RAID 5 重构数据的时间。

总体来说，RAID 3 和 RAID 5 都是性价比较高的磁盘阵列构成方式，其数据保护花费的费用要比使用镜像方式的 RAID 1 低得多，而可用性和性能与其他级别的 RAID 差不多。这也是目前在电视台制播网络中使用较多的 RAID 方式。

(5)RAID 6

RAID 6 指带有两个独立分布式奇偶校验方案的独立数据硬盘(Independent Data Disks with Two Independent Distributed Parity Schemes)。广义上讲，能够允许两个硬盘同时失效的 RAID 级别统称为 RAID 6。狭义上讲，RAID 6 特指 Intel 的 RAID“P＋Q”技术。硬盘空间利用率为(N-2)/N，N 为 RAID 6 阵列硬盘总数。

目前 RAID 6 还没有统一的标准，各家公司的实现方式有所不同。比较有名的有 INTEL 和 HDS 公司提出的“P＋Q”方式，NetApp 公司的“DP”方式以及 HP 公司的“ADG”方式。这些方式都是按数据块分条，差别在于校验方案不同。

“P＋Q”方式指有 P 和 Q 两个校验位，其中 P 校验位的生成方式与 RAID 5 相同，而 Q 校验位采用 Reed-Solomon 编码方式。以 RAID 6(4D＋1P＋1Q)为例，这个系统需要 6 块硬盘，其中 4 块用于存放数据，1 块用于存放 P 校验位，1 块用于存放 Q 校验位。需要强调的是，并非两个具体的独立的盘全部用来存放 P 和 Q 校验信息。在此，校验位的生成为：

$$P = D1 \oplus D2 \oplus D3 \oplus D4$$

$$Q = GF(D1) \oplus GF(D2) \oplus GF(D3) \oplus GF(D4)$$

其中,D1～D6 指条带化的数据;P 指 P 校验位;Q 指 Q 校验位;⊕指异或操作;GF(D1)指对 D1 位进行 Galois Field 变换。

当一块磁盘出现数据错误或者丢失时,恢复方法同 RAID 5,无须使用 Q 校验位。当两块磁盘上的数据出现错误或者丢失时,恢复方法是利用上边给出的 P、Q 的生成公式,联立方程组。无论受损的数据是否包括 P 或 Q,总是能够解出受损的两位数据。图 3-27 给出了"P+Q"方式工作原理示意图。

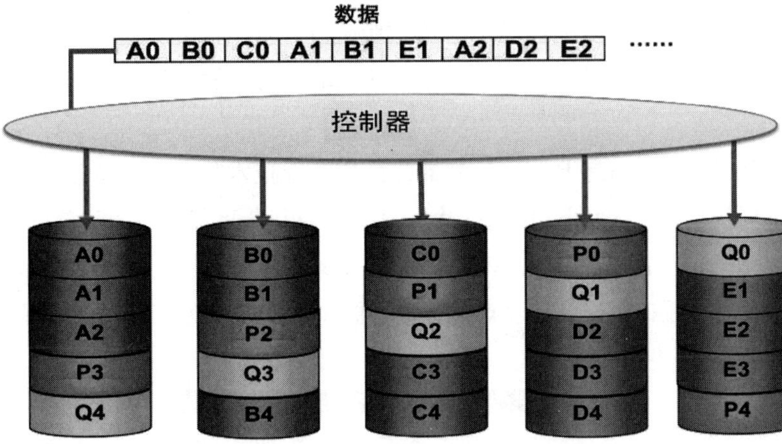

图 3-27 RAID 6"P+Q"方式工作原理示意图

"DP"方式指添加了 RAID DP 双奇偶校验条的实现方式。图 3-28 为实现 RAID 6"DP"方式的工作原理示意图。图中有两个独立的校验盘,其中一个存放对应行所有数据通过相加方法得到的校验数据,另一个存放对角线奇偶校验条和,因此称为 DP 盘。注意这里校验数据采用的是相加计算方法,而不是前文采用的 XOR 方法,而且对角线奇偶校验条包括一个来自行奇偶校验的元素作为其对角线奇偶校验和的一部分。例如,在 3-28 中第一行数据盘中数据相加为 9,因此 P 盘存储的数据为 9;第一个对角线数据相加之和为 8,所以 DP 盘存储数据为 8。

前面介绍了 RAID 6 的两种实现方式,但无论哪种方式,为了实现更高的可靠性,都必然会采用比前文所述的其他 RAID 技术更复杂的容错技术,其结果就是使 RAID 6 的随机写入性能很差。因为它不但要在每个硬盘上写入校验数据,而且还要在专门的校验硬盘上写入数据。当然,RAID 6 随机读取性能与 RAID 5 差不多,都很好。总之,RAID 6拥有快速的读取性能、更高的容错能力;但 RAID 6 存在写入速度很慢的缺点,对于故障盘数据的恢复也很慢;另外 RAID 6 的控制器在设计上更加复杂、成本更高。

(6)RAID 10 与 RAID 0+1

前文提到 RAID 0 可以提高硬盘阵列的读/写速度,但容错能力低;RAID 1 虽然容错能力高,但并没有提高硬盘阵列的读/写速度。这两种级别都没有完全实现 RAID 技术

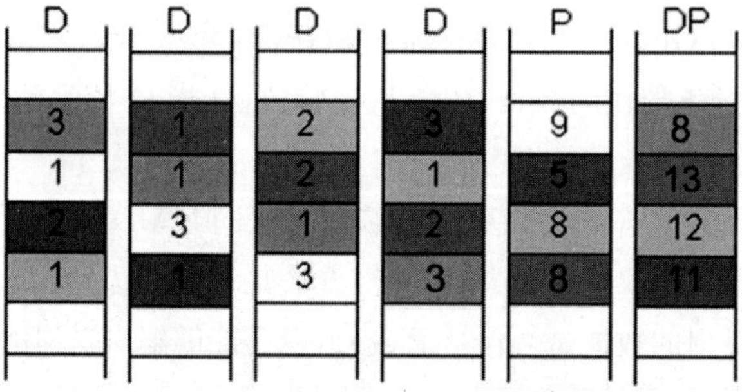

图 3-28 RAID 6"DP"方式工作原理示意图

的三个目标。因此,开发人员又将这两种级别组合到一起,提出了 RAID 10 和 RAID 0+1。RAID 10 和 RAID 0+1 都是将 RAID 0 和 RAID 1 进行两级组合,只是组合的顺序不同。

实现 RAID 10 的方法是 RAID 控制器先使用镜像技术将 2N 个物理硬盘分成两组,在 RAID 控制器中形成 N 个虚拟磁盘;然后 RAID 控制器再使用 RAID 0 的分条技术把 N 个虚拟磁盘进一步结合成一个虚拟磁盘。如图 3-29 所示,图中共有 6 个硬盘阵列,第一级采用 RAID 1 镜像对,得到三个虚拟磁盘;第二级为 RAID 0,形成一个虚拟硬盘。

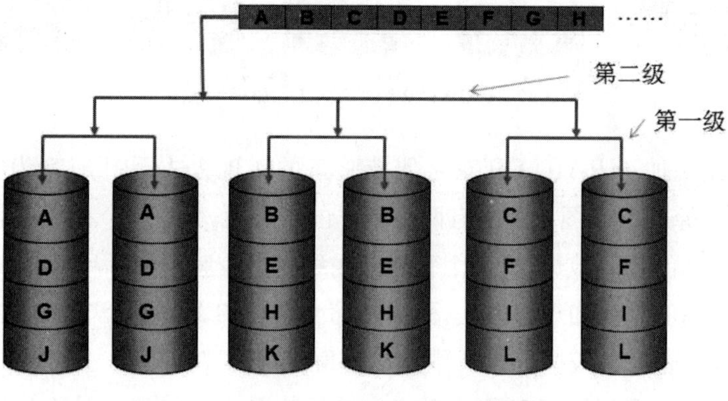

图 3-29 RAID10 工作原理示意图

RAID 0+1 的实现顺序与 RAID 10 相反。它是使 RAID 控制器先采用 RAID 0 的分条技术把 2N 个硬盘的每 N 个硬盘结合,使之在 RAID 控制器中形成两个虚拟磁盘;然后,使用镜像技术将这两个虚拟磁盘结合成单个虚拟磁盘。如图 3-30 所示,图中共有 6 个硬盘阵列,第一级采用 RAID 0 分条技术,得到两个虚拟磁盘;第二级为 RAID 1,形成一个虚拟磁盘。

这两种级别由于实现的顺序不同,导致其性能也有一定的差异。在无硬盘故障的情况下,RAID 0+1 的读取速度要比 RAID 10 快。然而,由于 RAID 0+1 技术先实现 RAID 0,当一块物理硬盘出现故障时将导致整个虚拟磁盘损失,对于图 3-30 就相当于三块物理硬盘出现故障。如果其他三块物理硬盘中再有一块出现故障,整个数据将丢失。而

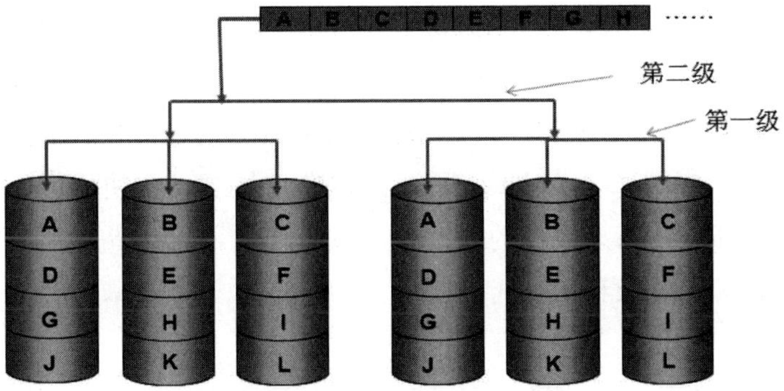

图 3-30　RAID 0+1 工作原理示意图

在 RAID 10 中，只要两块镜像盘有一块存在，对应的一块物理硬盘出现故障都不会导致整个硬盘数据的丢失。对于图 3-29 而言，可承受三块镜像盘全部失效。所以，RAID 10 比 RAID 0+1有更高的容错能力。

另外，对于 RAID 10 而言，硬盘故障后的恢复成本也远低于 RAID 0+1。如果 RAID 10 中有一块物理硬盘出现故障，则只需要重建一块物理磁盘；而在 RAID 0+1 中，一块物理硬盘失效，相当于一半物理硬盘失效，因此必须重建由这一半块物理硬盘组成的虚拟磁盘。

总之，RAID 10 在整体容错能力和恢复代价上比 RAID 0+1 更有优势，所以更为常用。

(7)RAID 50

RAID 50 是将 RAID5 和 RAID 0 进行两级组合的 RAID 级别，称为分布奇偶位阵列条带。它具有 RAID 5 和 RAID 0 的共同特性，第一级是 RAID 5，第二级为 RAID 0。

RAID 50 至少需要 6 个磁盘驱动器，如图 3-31 所示，6 块物理硬盘分为两组(每组 3 个)，每一组都采用 RAID 5 技术实现分布式奇偶校验数据存储，而两组硬盘再组建成 RAID 0，实现跨磁盘存取数据。

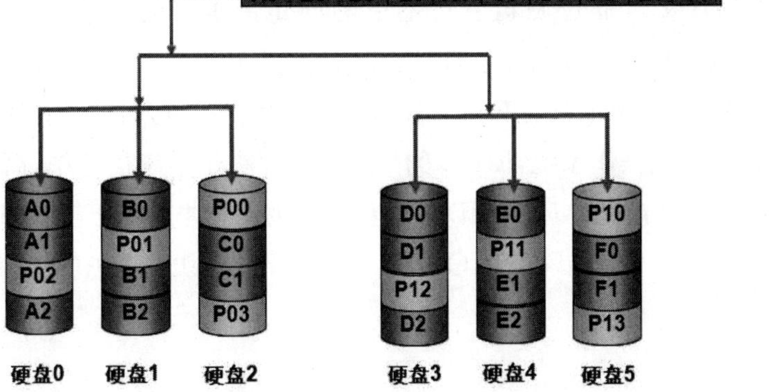

图 3-31　RAID 50 工作原理示意图

RAID 50 比 RAID 5 的容错能力更高，因为它允许每个组内有一个磁盘出现故障，而不会造成数据丢失，例如在图 3-31 中，若每组阵列中各有一个物理磁盘发生故障，数据也可以顺利恢复，也就是允许同时有两个硬盘失效，而 RAID 5 只允许有一个硬盘失效。而且，RAID 50 奇偶数据分布于 RAID 5 子磁盘组上，故重建速度有很大提高。

总之，RAID 50 与 RAID 5 相比具有更高的容错能力，具备更快的数据读取速率。当然，如果磁盘出现故障，故障盘数据的恢复也比较慢，会影响吞吐量。与 RAID 5 相比，RAID 50 的主要缺点是磁盘利用率低。

3. JBOD

JBOD(Just Bundle Of Disks)是简单磁盘捆绑的英文缩写，又称 Span。JBOD 不是标准的 RAID 级别，但近几年被一些厂家提出并广泛采用。

JBOD 把几个物理磁盘一个接一个串联到一起，提供一个大逻辑磁盘。数据简单地从第一个磁盘开始存储。第一个磁盘的存储空间用完后，再依次从后面的磁盘开始存储数据。

这种阵列中没有 RAID 控制器和数据缓存；主机可以自由地使用软件工具对硬盘进行组合及分区。

JBOD 不提供数据安全保障，也没有采用“分条”技术，所以存取速度也没有提高，只是存储容量等于组成 JBOD 所有磁盘的容量的总和。

3.4.3 RAID 的实现方式

实现 RAID 的方式可以分为软 RAID、RAID 卡与全硬件三种。

1. 软 RAID

软 RAID 又称全软方式，是指 RAID 的所有功能都由操作系统(OS)与 CPU 来完成，没有第三方的控制/处理（业界称其为 RAID 协处理器)与 I/O 芯片。这样，有关 RAID 的所有任务的处理都由 CPU 来完成。这是效率最低的一种 RAID。

当计算机中配置了多个硬盘时(一般为 2 到 32 块)，可以用软件来实现 RAID 功能，如 Windows NT Server 可通过磁盘管理器下的创建带集区的功能来实现 RAID-0、RAID1 或 RAID3 的管理，之后所有的物理硬盘在系统中映射成一个单独的虚拟硬盘。

由于全软 RAID 是在操作系统下实现 RAID，不能保护系统盘，亦即系统分区不能参与实现 RAID。对于有些操作系统，RAID 的配置信息存在于系统信息中，而不是存在于磁盘上，当系统崩溃需重新安装时，RAID 的信息也会丢失。尤其是全软 RAID 5 是 CPU 的增强方式，会导致 30％～40％的 I/O 功能降低，所以在服务器中不建议使用全软 RAID。

2. RAID 卡

RAID 卡又称半软半硬方式。这种方式需要主机或服务器的主板上有 RAID 卡插槽，然后RAID卡插在此插槽上，就可以实现RAID阵列功能。这种方式处于软RAID和全硬件之间，较软RAID大大地减轻了CPU的负担，但必须在创建操作系统后才能实现。目前，已有很多主机和服务器支持这种实现方式。

RAID卡支持的硬盘接口类型目前有IDE、SCSI、SATA和SAS接口。接口类型不同，RAID卡所能支持的驱动器数目不同。对于IDE端口RAID卡来说，一个独立通道可以接两个IDE硬盘。对于SCSI RAID卡来说，一个SCSI接口可接多个（比如14个）硬盘。

不同的RAID卡支持的RAID功能不同，可能支持RAlD 0、RAID 1、RAID 3、RAID 5、RAID 10或RAID 50等。例如LSI MegaRAID SAS 8708EM2卡，支持RAlD 0、RAID 1、RAID 5和RAID 6，采用SATA和SAS接口，可连接32个设备；而HighPoint RocketRAID 622卡，支持RAlD 0、RAID 1、RAID 5、RAID 10和JBOD，采用SATA Ⅲ接口，可连接10个SATA硬盘。

3.全硬件

这是一种独立于主机或服务器的RAID实现方式，它将多个硬盘阵列组合在一起，具有独立的机箱、供电系统以及控制器。它由控制电路实现RAID功能，再通过SCSI接口或其他接口与工作站或服务器相连。对于连接的工作站或服务器而言，外接的磁盘阵列整体上等效于一个高速硬盘。

这种方式又称独立磁盘阵列。目前除了采用SCSI接口外，还采用FC接口或SAS接口。磁盘阵列的接口至少有两个，一是主机与多个接口相连可提高传输速度，二是提高内部电路的性能。在磁盘阵列内部，为加快与主机交互速度，都带有一定量的缓冲存储器。主机与磁盘阵列的缓存交互，缓存与具体的磁盘交互数据。为提高存取速度，磁盘阵列内部还嵌入了相关算法，能查找经常读取的数据，将其存储在缓存中，以加快主机读取这些数据的速度；而对于其他缓存中没有的数据，则由阵列从磁盘上直接读取传输给主机。对于主机写入的数据，只写在缓存中，主机可以立即完成写操作，然后由缓存再慢慢写入磁盘。因此，缓存器容量以及相关算法的设计都会影响到磁盘阵列的性能。

目前，很多IT公司都推出了各种独立磁盘阵列，如IBM、HP、EMC、DELL等都推出了各种型号的独立磁盘阵列，能够实现前文介绍的各种RAID级别。

本章习题与思考题

1.简述硬盘的组成。

2.说明硬盘读/写的工作过程。

3.已知一个硬盘的扇区数为64，柱面数为512，磁头数为16，扇区容量为512字节，平均寻道时间是7ms，主轴转速为每分钟5400转。试求该硬盘的存储容量和平均访问时间（指令处理时间忽略不计）。

4.什么是SCSI？它有什么特点？目前在网络制播系统中所提到的单网是指哪两种网络？

5. 什么是 SCSI 域？SCSI 域由哪几部分组成？

6. 简述 SCSI 总线的仲裁过程。

7. SCSI 总线在什么情况下需要重新选择？简述 SCSI 总线重新选择过程。

8. 简述"数据阶段"SCSI 总线的使用情况。

9. 简述 SCSI 总线异步信息传输过程。

10. SCSI ID 定义了设备的优先权，SCSI ID 优先权由高到低的排列顺序是什么？

11. 简述 SCSI 读操作过程。

12. SCSI 命令描述块由哪几部分组成？每部分有什么作用？

13. 画图说明 RAID-3 实现读/写速度增加与利用冗余盘纠错的原理。

14. 简述 RAID-0、RAID-1、RAID-3 和 RAID-5 的工作特点。

15. 分析 RAID 0+1 与 RAID 10 的异同。

主要参考文献

1. 鲁士文. 存储网络技术及应用. 北京：清华大学出版社，2010.

2. 〔德〕Friedhelm Schmidt. 精英科技译. SCSI 总线和 IDE 接口：协议、应用和编程（第二版），北京：中国电力出版社，2001.

3. ISO/IEC 14776-312 ：20ox，SCSI Primary Commands－2（SPC-2）. 2001.

4. DELL Technical Report，EqualLogic™ PS Series Storage Arrays：Choosing a Member RAID Policy. 2012.

5. 何青林. 磁盘阵列 SCSI 接口及 Cache 预取算法研究. 武汉：华中科技大学硕士学位论文，2004.

6. 邵林. 高速海量数据存储技术研究. 长沙：国防科学技术大学硕士学位论文，2007.

第 4 章　文件系统和网络附属存储

磁盘是采用面向块的方式进行存储的。对于用户而言，通过柱面、磁头和扇区进行寻址很繁琐，因此在操作系统中又增加了文件系统，为用户提供熟悉的目录和文件服务，并把相应的数据存储在面向块的存储介质上。网络附属存储(Network Attached Storage，简称 NAS)是一个带有瘦服务的存储设备，其作用类似于一个专用的文件服务器，它通过网络接口与网络直接相连，使用户通过网络对其进行访问。本章将先介绍文件系统，然后介绍直接附属存储(Direct Attached Storage，简称 DAS)和网络附属存储，最后阐述 NAS 中常用的网络文件系统。

4.1　文件系统

4.1.1　文件系统概述

文件系统是操作系统中以文件方式管理计算机软件、部分硬件资源的软件以及被管理的文件和数据结构(如目录和索引表等)的集合。

文件系统的基本功能为：

- 文件命名
- 文件存储(磁盘空间管理等)
- 文件访问(创建、读、写、删除等)

具体来说，文件系统的功能体现在如下过程中：

首先，当用户创建一个文件或写入新数据时，文件系统需要确定是否已经存在同名文件，是否还有足够的存储空间来存储这个文件，这个介质是否是只读的，对这个目录、介质或设备是否有安全和访问限制，文件名是否有效，等等。在操作系统成功地把一个文件写入设备之前，所有这些问题都必须加以检验。

其次，当上述检验完毕后，文件系统将决定这个文件放在目标设备的哪个地方。这个目标设备既可以是实际的物理设备，也可以是虚拟设备；但在文件系统看来，它们是一回事。文件系统不直接与设备打交道，但它维护磁盘上所有数据的一个完整的映射，包括虚拟设备。文件系统利用这个映射发现自由空间以存储文件。

再次，文件系统再将用户的文件请求转化为磁盘块级的 I/O 操作。当用户向文件中存放新的数据时，文件系统将新数据转化为该文件中特定的一些块。

最后，在 I/O 请求离开文件系统之前，文件系统建立相应的元数据，用以描述该文件，包括确定文件的访问权限、提供用于系统和存储管理的信息等。

根据计算环境和所提供功能的不同，文件系统可划分为四个层次，从低到高依次是：单处理器、单用户的本地文件系统，如 DOS 的文件系统 FAT；多处理器、单用户的本地文件系统，如 OS/2 的文件系统 HPFS；多处理器、多用户的本地文件系统，如 Unix 的本地文件系统 UFS；多处理器、多用户的分布式文件系统，如 Lustre 文件系统。

根据应用场景的不同，文件系统又分为本地文件系统和分布式文件系统。本地文件系统（Local File System）是指文件系统管理的物理存储资源直接连接在本地节点上，处理器通过系统总线可以直接访问，如目前 Windows 的文件系统 NTFS 等。分布式文件系统（Distributed File System）是指文件系统管理的物理存储资源不一定直接连接在本地节点上，而是通过计算机网络与节点相连，如 NFS、CIFS 等。

4.1.2　文件系统的体系结构

根据文件系统的基本功能可见，设计文件系统的主要问题有两个：一是如何定义对用户的接口，如定义文件及其属性、文件所允许的操作、组织文件的目录结构；二是创建数据结构和算法将逻辑文件系统映射到物理外存设备上。因此，文件系统的设计一个是面向应用层，也就是用户，另一个是面向存储设备。相应的体系结构也是如此，但对于本地和分布式文件系统，它们的体系结构还是有一定的差异，所以下面分别进行介绍。

1. 本地文件系统的体系结构

本地文件系统的体系结构如图 4-1 所示，最上面一层是应用程序接口，这是最靠近用户的一层，该层提供了一个从用户空间到文件系统的标准接口。不同的访问方法反映了不同的文件结构，也反映了不同的访问数据和处理数据方法。不同的文件格式（如顺序存储格式、索引存储格式、索引顺序存储格式和哈希存储格式等）对应不同的文件访问方法。该层负责将用户对文件结构的操作转化为对记录的操作。

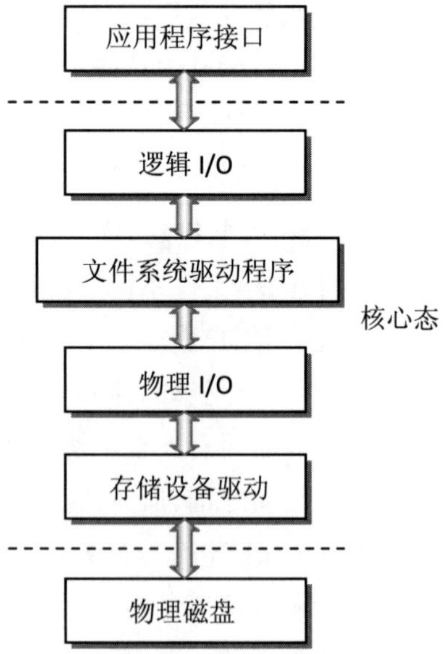

图 4-1　本地文件系统的体系结构

第二层是逻辑 I/O 层，它提供通用的记录 I/O 操作，同时还维护基本文件数据。为了方便用户操作和管理文件内容，文件内容往往被组织成记录形式，所以操作系统为操作文件记录提供了一个通用逻辑操作层。

第三层是文件系统驱动程序。该层主要负责选择文件 I/O 需要的设备、调度磁盘请求等工作；另外，分配 I/O 缓冲和磁盘空间也在该层完成。由于目前的存储设备都是采用以块为单位的物理存储方式，即读/写数据都是成块进行的，而且它们管理的数据能够被随机访问——不需要向字符设备那样必须按顺序访问。所以操作系统不能向对字符设备那样简单、直接地发送读/写请求，而必须对读/写请求重新优化排序，以节省磁盘寻址时间，另外也必须对请求提交采取异步调度（尤其写操作）的方式进行。总之，该层是文件系统的内核，目的在于将上一层输入的逻辑地址转换为物理地址。

接下来的一层是物理 I/O 层。该层主要作为计算机外部环境和系统的接口，负责系统和磁盘交换数据块。它注重的是数据块在外存设备中的位置，而并不知道该文件所涉及的数据或结构的内容。该层在某些操作系统中又称卷管理器。卷管理器最重要的功能是聚合多个硬盘形成一个大的虚拟盘，并创建实际的磁盘驱动器分区，把它们设置为逻辑驱动器，这样可以使上一层文件系统把它的数据放在这些逻辑驱动器上。它还可以提供与 RAID 控制器相同的功能。但在卷管理器中实现的 RAID 是全软方式的，这会增加主机 CPU 的负担。

最下面一层是存储设备驱动层。该层负责与外设（如磁盘等）的通讯。文件系统最终是与具体的存储设备进行数据交换，而系统操作的外设离不开驱动程序。所以内核对文件的最后操作行为就是调用设备驱动程序完成从主存（内存）到辅存（磁盘）的数据传输。具体的驱动程序与外设的接口有关，如采用 SCSI 接口的硬盘阵列，驱动程序即为 SCSI。

图 4-1 的体系结构是理想情况下的理论抽象，实际的文件系统会有一些区别，它们往往简化或合并了某些层的功能，但是大体上都需要经过类似处理。如果从处理对象和系统独立性上划分，文件系统体系结构可以被分为两大部分：文件管理部分和数据块操作部分。文件管理部分负责操作内存中的文件对象，并按文件的逻辑格式将对文件对象的操作转化成对文件块的操作；而数据块操作部分负责内存中的块与物理磁盘中的数据交换。

数据表现形式在整个文件操作过程中经历了几种变化：用户访问文件系统时是字节序列；当字节序列将要被写入磁盘时是内存中的文件块（在缓冲器中）；最后将数据写入磁盘扇区时是磁盘数据块。

2. 分布式文件系统的体系结构

分布式文件系统是本地文件系统的自然扩展。端点用户和应用程序通过分布式文件系统以及相关的连接设备（如网络）可以访问物理上位于一个不同的计算机（文件服务器）上的目录和文件。用户能够像访问本地文件一样，访问分布在网络中多个服务器上的文件。

它使得本地的目录和文件可以在局域网上提供给其他计算机上的用户使用，也使得若干个端点用户基于共同文件展开协同工作成为可能。它在提供文件共享的同时，也提供对文件的其他管理，如可靠性维护和文件操作权控制等。因此，从体系结构来看，主要是增加网络连接部分。图 4-2 为分布式文件系统的体系结构。

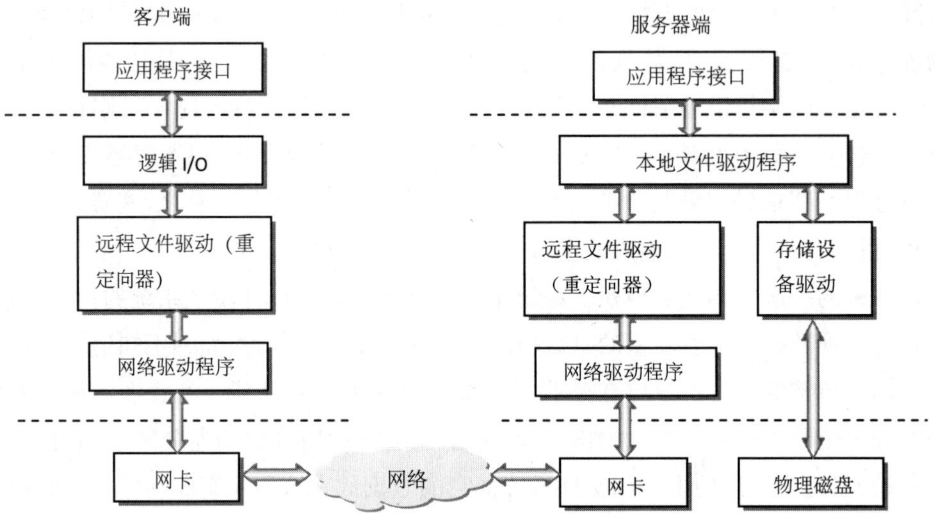

图 4-2 分布式文件系统的体系结构

从图 4-2 可见，分布式文件系统主要增加了远程文件驱动程序（FSD）。该程序使用户能够通过网络访问远程计算机上的数据。它又被称为重定向器，由两部分组成：客户端 FSD 和服务器端 FSD。

客户端 FSD 允许应用程序访问远程文件和目录。它首先接收来自应用程序的 I/O 请求，并将其转换为网络文件系统协议命令，然后通过网络发送给服务器端 FSD。因为客户端无法知道服务器使用的设备类型，因此由客户通过远程文件驱动程序发起的所有 I/O 操作和交换都在文件级，即重定向器的 I/O 操作通常不是数据块级。

服务器端 FSD 监听网络命令，接收网络文件系统协议命令并转交给本地 FSD 去执行。

网络驱动程序使它们能够通过底层的网络协议进行传输。按照所使用的不同网络环境，它可以分为多个协议层去实现，通常可以看成是一系列有序的设备驱动程序。

用于传输网络文件 I/O 的常见协议包括：通用 Internet 文件系统（CIFS），用于微软的 Windows 产品；网络文件系统（NFS），通常用于所有的系统，特别是 Unix 系统。

4.1.3 存储分配方法（文件物理组织）

前文已提到文件系统可分为文件管理和数据块操作两大部分。其中文件管理面向用户，为了便于用户使用，需要将文件按一定逻辑方式进行管理。文件管理常用的逻辑方式是目录方式。为了实现用户对文件按名存取，系统要对目录进行查询，找出该文件的文件控制块或索引节点，进而找到该文件的物理地址。对目录查询的技术有两种：线性检索法和哈希（Hash）法。数据块操作部分负责内存中的块与物理磁盘中的数据交换，这就涉及存储的分配方法问题。

目前，存储分配方法可分为以下几种：连续分配、链接分配、索引分配和混合分配，下面分别进行介绍。

1. 连续分配

连续分配方法可用于磁带、磁盘。它指创建文件时，分配一组连续的块。每个文件地址只需要说明起始块和文件的长度即可。它对顺序文件有利。如图 4-3 所示。

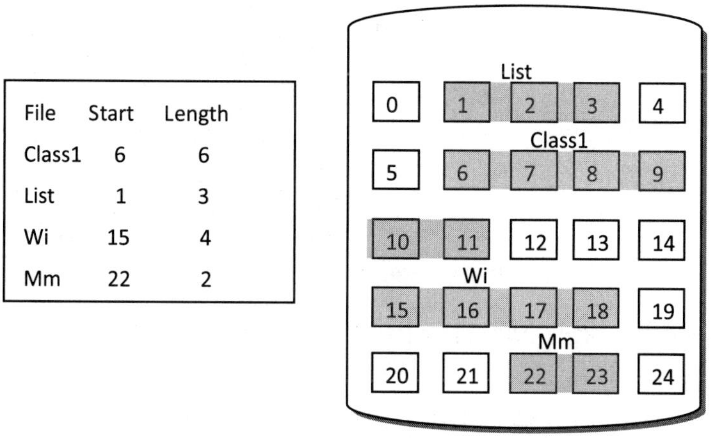

图 4-3　连续分配存储方法示意图

它具有以下优点：

- 简单，文件分配表数据量小。
- 顺序访问容易且速度快，因为所需的磁盘寻道次数和寻道时间最少。

它具有以下缺点：

- 文件不能动态增长(可能文件末尾处的空块已经分配给别的文件)。
- 不利于文件插入和删除，适用于一次性写入的操作。
- 外部碎片问题(反复增删文件后)使得很难找到空间大小足够的连续块。
- 需要在创建文件时声明文件的大小。

2. 链接分配

这种方式指一个文件离散地分布于各盘块中，通过上一个物理块(扇区)给出下一个物理块(扇区)的文件存储地址。每个文件的地址信息包括文件名、起始块号和最后块号。任何一个自由块都可以加入到链中。如图 4-4 所示。

与连续分配方式相比，它具有以下优点：

- 提高了磁盘空间利用率，不存在外部碎片问题。
- 有利于文件插入和删除。
- 有利于文件动态扩充。

它的缺点是：

- 存取速度慢，只适于文件的顺序存取，不适于随机存取，因为查找某一个块必须从头开始沿指针进行。
- 可靠性差，指针分布在整个磁盘上，数据可能失去或被损坏。

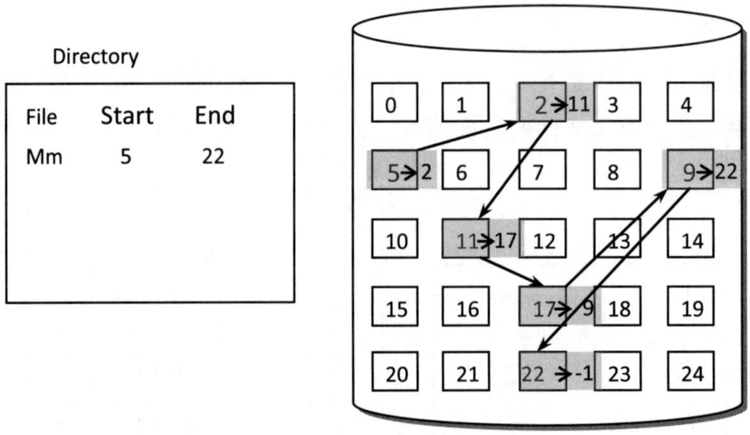

图 4-4　链接分配存储方法示意图

● 链接指针占用一定的空间；将多个块组成簇，按簇进行分配而不是按块进行分配，从而增加了磁盘碎片。

文件分配表(FAT)就是链接分配方法的一个变种，它是用于 MS-DOS 和 OS/2 的操作系统。

3. 索引分配

这种方式指每个文件在 FAT 中有一个一级索引，索引包含分配给文件的每个分区的入口。文件的索引保存在一个单独的块中。如图 4-5 所示。

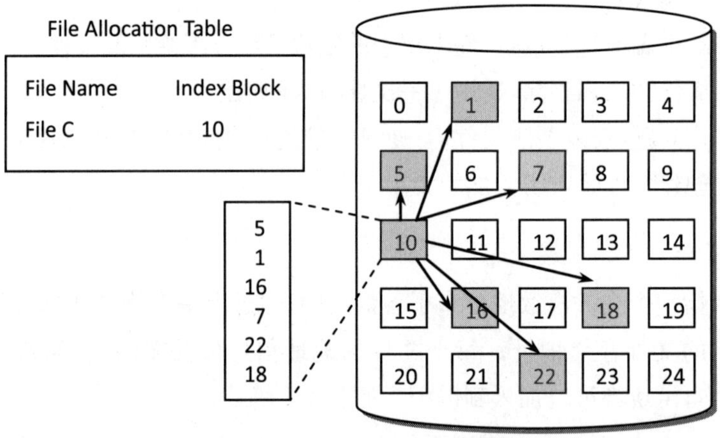

图 4-5　索引分配存储方法示意图

它具有以下优点：

● 支持顺序访问文件和随机访问文件，是普遍采用的一种方式。

● 满足了文件动态增长、插入、删除的要求(只要有空闲块)。

● 按块分配可消除外部碎片，还能充分利用外存空间。

它的缺点是：

- 较多的寻道次数和寻道时间。
- 索引表本身带来了系统开销，如内外存空间、存取时间，因此这种方式对文件较大时有利，文件较小时则浪费外存空间（还须为小文件建索引块）。

需要说明的是，当采用索引分配方法文件很大时，索引块太多，则须建立多级索引。多级索引指用第一级索引块指向一组第二级的索引块，第二级索引块再指向文件块。

4. 混合分配

混合分配指连续分配和索引分配相结合：对于小文件（3 块或者 4 块）则采用连续分配；当文件大时，自动切换到索引分配。UNIX、Linux 就是采用的这种混合分配方案。

4.1.4　数据库与文件系统的关系

数据库系统存取数据的方式有两种：一是通过向底层的文件系统发出 I/O 请求访问和存储数据；二是通过直接读/写硬盘原分区，来管理它们自己的块 I/O 操作。原分区是直接由数据库系统管理的磁盘存储，而无须文件系统参与，如 DB2 和 Oracle 这样的数据库。如图 4-6 所示。

图 4-6　数据库与文件系统关系示意图

从数据库存取数据的方式可见，有的数据库与文件系统是依存关系，而有的与数据库没有关联。因为计算机中的文件系统必须为多种应用和数据类型提供服务，所以，文件系统对数据库的 I/O 操作就很难达到最优的程度。

由于可以对原分区作彻底的优化和调整，直接读/写硬盘原分区的数据库能够满足特定数据库技术的独特需求，也能够提高数据库的性能。因为数据直接从数据库到硬盘进行读/写，没有经过文件系统，对于读/写频繁的数据库应用来说，可以极大地提高数据库系统的性能。这种方法使用原始分区，没有采用文件系统的管理方式，从而省去了维护文件系统的开销，提高了数据库的性能。

4.2　直连存储(DAS)

直连存储(Direct Attached Storage)又称服务器附属存储(Server Attached Storage，简称 SAS)，指将外置存储设备通过连接电缆直接连接到一台计算机上。如图 4-7 所示。

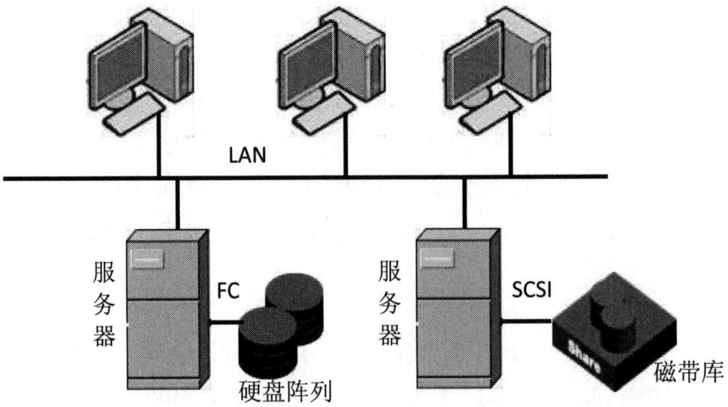

图 4-7 DAS 示意图

从图 4-7 可见，外部存储设备（如磁盘阵列或磁带库）采用 SCSI 或 FC 技术，直接挂接在服务器内部总线上。数据存储是整个服务器结构的一部分。这种直连存储方式从网络应用角度看，与一般的局域网没有区别。因此，它的优点是网络结构简单，而且解决了单台内置式存储服务器的存储空间扩展、高性能传输的需求。这是因为与内置式存储相比，外置存储设备的体积、容量以及性能都能够得到扩展。

使用这种方式存储设备只能被该服务器直接访问和控制，其他主机访问存储设备中的数据时，必须经该服务器的存储和转发，即直连存储依赖服务器操作系统进行数据的 I/O 读/写和存储维护管理，且数据备份和恢复都要占用服务器主机资源（包括 CPU、系统 I/O 等）。这种情况下，数据备份通常占用服务器主机资源的 20%～30%，所以导致直连存储的数据量越大，备份和恢复的时间就越长，对服务器硬件的依赖性和影响就越大，这也成为 DAS 发展最致命的瓶颈。

从网络角度看，在这种模式中，存储系统是服务器的一部分。服务器不仅承担工作站的应用程序服务，还要承担文件服务，即执行用户的应用程序和共享数据的管理、接收与发送均由同一服务器处理。服务器执行客户机的资料请求、读取资料，并通过网络以小数据包向客户机仲裁、分发文件和数据。在这种存储系统中，用户数量增加或服务器正在服务时，响应会变慢。网络带宽足够时，服务器成为瓶颈。

DAS 存储方式除了上述问题外，对于网络中采用多台服务器的 DAS 存储方式而言，由于数据分散存储在不同服务器中，因此存储数据管理困难，难以共享数据，降低了生产效率。有时为了使用方便，需要将数据备份在不同的服务器上，从而浪费存储空间。

4.3 附属于网络的存储结构(NAS)

4.3.1 NAS 基本概念

附属于网络的存储结构又称附网存储（Network Attached Storage，简称 NAS），指将存储设备通过标准的网络拓扑结构（如以太网）连接到一群计算机上。

NAS 实现的基本方法是：设计专用的存储服务器（NAS 设备），只让它负责存储设备的管理，同时简化该服务器的操作系统、网络协议、文件系统等设计，去除其中的冗余成分。该服务器连接在局域网上，使用 TCP/IP 等网络协议，通过网络实现数据的交换与管理。

NAS 设备与应用服务器均连接在局域网上，通过采用 NAS 设备，将常规的文件服务器与应用服务器分开，如图 4-8 所示。应用服务器不再管理文件的操作，当文件服务器的存储设备更新或出现故障时，应用服务器仍然可以工作，这就提高了系统的可靠性。

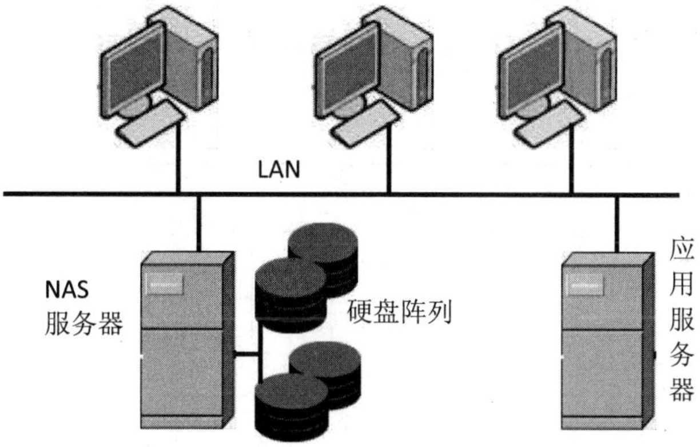

图 4-8　NAS 示意图

NAS 设备又称 NAS 头，当它与本地的、私有的存储设备组合在一起时被称为 NAS 服务器。

4.3.2　NAS 组成

NAS 将服务器与存储设备分开，将通用服务器的“存储、网络、用户工具和应用支持”四大功能中的“存储和网络”功能剥离出来，又称“瘦服务器”。虽然如此，从结构上讲它仍是一台电脑，只不过是精简型的，因此它的组成也与通用的电脑类似，可以分为硬件和软件。下面分别从以下两方面进行介绍。

1. NAS 的硬件结构

NAS 外观上像家电产品，没有普通服务器的键盘、鼠标、显示器、声卡等外设，只需要电源与简单的控制钮，通过一根网线连接到终端客户机上，就可以完成 NAS 的安装控制，如图 4-9 所示。因此，NAS 设备的硬件组成也相对简单，其硬件部分可分为核心控制部分、存储子系统和网络三部分，如图 4-10 所示。

图 4-9　NAS 设备外形

从图 4-10 可见，NAS 设备核心控制部分主要包括处理器(CPU)、内存、网络适配器和磁盘接口。其中处理器、内存根据 NAS 所带的磁盘、网络适配器的规模等进行配置。

磁盘接口一般选用 IDE 、SCSI 或光纤通道，理论上讲，只要能通过磁盘接口与主机相连的存储介质都可以组成存储子系统。实际上由于硬盘阵列性能较好，存储子系统一般采用硬盘阵列与 NAS 头相连。中低端采用 SCSI 接口盘阵，高端采用 FC 盘阵。

网络部分从理论上说可以是各种网络技术，支持多种网络拓扑。目前，一般采用千兆以太网卡接口。为了支持多用户访问，还采用多个网卡链路聚集 (Trunking) 乃至多台 NAS 设备集群等技术以优化数据传输，避免网络接口成为传输路径上的瓶颈。目前，还有部分 NAS 产品需要与 SAN(存储区域网络)产品连接，因此这部分 NAS 产品可能还会有 FC(Fiber Channel，光纤通道)接口。

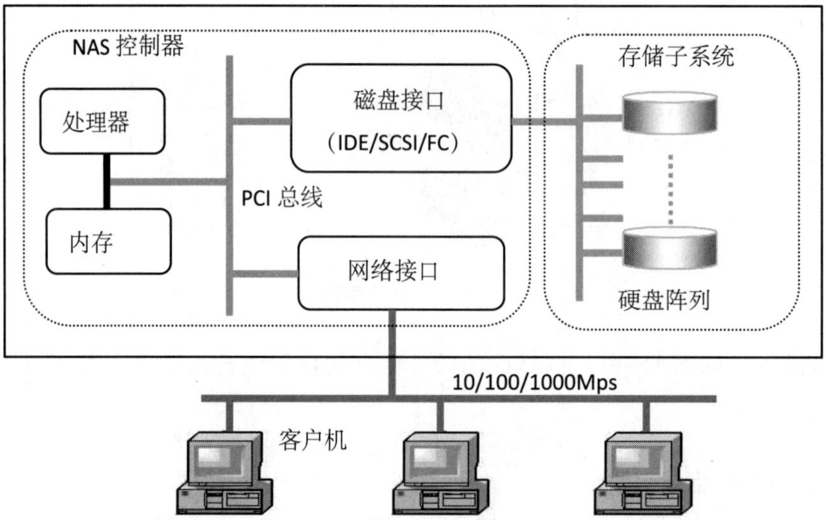

图 4-10　NAS 的基本硬件结构

2. NAS 的软件组成

NAS 系统软件设计的基本要求是较高的稳定性和 I/O 吞吐率，并能满足数据共享、数据备份、安全配置、设备管理等要求。它可划分为操作系统、卷管理器、文件系统、网络文件共享、Web 管理 5 个模块。如图 4-11 所示。

NAS 操作系统要求具有多线程、多任务的高稳定性内核，一般采取嵌入方式。它通常需要实现以下四个方面的功能：

- 设备驱动功能。
- 设备管理功能。
- 文件共享服务：主要是能够支持访问的客户端类型，至少应该包括对 CIFS 协议和 NFS 协议的支持。
- 应用系统：通常包括一个缩减的 Web 服务程序和备份引擎。

从上述功能可见，与通用的服务器相比，它专门针对文件请求，是瘦(剥离的)操作

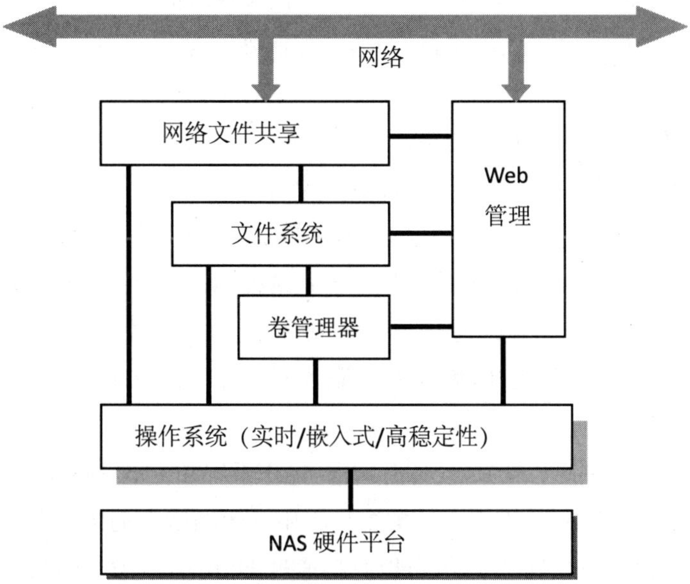

图 4-11　NAS 的软件系统组成

系统。

目前，NAS OS 的实现基础主要有三个途径：

- 以 FreeBSD/Linux 等通用网络 OS 为蓝本，进行系统重构而成，像联想的 SureNAS R 系列、Procom 和 NetApp 的产品都是这种系统。
- 以 Microsoft 的 SAK 为基础，定制开发而成，包括 IBM 和 Dell 的大部分 NAS 产品和联想的 SureNAS100 系列 NAS 产品等。
- 基于 VxWork 等高效嵌入式操作系统开发而成。只有少量高端产品才采用这种系统。

卷管理器的主要功能是磁盘和分区的管理，主要包括磁盘的监测与异常处理、逻辑卷的配置管理，一般应支持磁盘的热插拔、热替换等功能和 RAID0、RAID1、RAID5 类型的逻辑卷。

文件系统是与操作系统配套的，是经过优化的，要求 32 位或以上，并能支持多用户；应具备日志文件系统功能，以使系统在崩溃或断电重启后能迅速恢复文件系统的一般性和完整性。

网络文件共享一般要求支持以下文件传输和共享协议：FTP 和 HTTP 协议、Unix 系统的 NFS、Windows 系统的 CIFS、Novell 系统的 NCP 、Apple 系统的 AFP 等。

Web 管理用于远程监视和管理 NAS 设备的系统参数，如网络配置、用户与组管理、卷以及文件共享权限等。

4.3.3　NAS 的特点

NAS 是面向网络存储模式的标志性设备，主要特点有：

• 通过文件共享协议向网络用户提供跨平台的文件级数据共享。

• 存储设备(如磁盘、光驱、磁带机等)通过控制器直接与网络相连接，与应用服务器彻底分离。

• 能有效释放带宽，提高存储的整体性能。

在实际应用中，NAS 系统具有以下优点：

• NAS 系统简化了通用服务器不适用的计算功能，仅为数据存储而设计，降低了成本。另外，NAS 系统专门优化了系统硬软件体系结构，其多线程、多任务的网络操作内核特别适合于处理来自网络的 I/O 请求，不仅响应速度快，而且数据传输速率也更高。

• 由于独立于主服务器之外，因此对主服务器的存储需求降低，如此可大大降低主服务器的投资成本。

• 安装、使用更为方便。NAS 设备有网卡、操作系统和标准的网络协议，可以很方便地将其连接到网络环境中，只需很少的配置且不用关闭网络上的主服务器就可以投入运行，为网络增加存储设备。NAS 系统可以直接通过 Hub 或交换机连到网络上，是一种即插即用的网络设备。

• NAS 具有较好的扩展性和灵活性。存储设备不会受地理位置的拘束。

• 改善数据的可用性。即使相应的应用服务器不再工作了，仍可读出存储数据。而且，NAS 服务器本身不易崩溃，因为它剔除了引起服务器崩溃的首要因素，即应用软件引起的问题。

当然，NAS 也面临一些问题，主要有：

• 因存储设备连接在 NAS 头上，受 NAS 头性能限制，不能无限制地增加存储设备。

• NAS 的数据传输是通过诸如 TCP/IP 等协议在以太网、令牌网或 ATM 网络上传输的，传输通道的性能限制了数据传输的速度、效率和质量。

• NAS 系统中的数据共享是文件层以上的共享，降低了数据传输的效率。

4.4 NAS 中的文件共享协议

文件共享协议有两类：一是与操作系统相关的、主要由操作系统厂商定义的共享协议，如 Windows 系统的 CIFS/SMB、UNIX 的 NFS、苹果系统的 AFP、Novell 系统的 NCP。二是与系统平台无关的 Internet 服务协议，如 HTTP 和 FTP。后者主要用于交互式的存取，不便于对远程文件进行修改，而前者的优势正是对远程文件的修改。下面介绍常见的 NFS 和 CIFS 网络文件系统。

4.4.1 NFS

NFS(Network File System)由 SUN 公司于 1984 年推出，是基于 RPC(Remote Procedure Call)构建的，使 UNIX 网络用户可以通过网络连接来共享服务器上的文件和数据资源。至今为止，NFS 经历了 NFS、NFSv2、NFSv3 和 NFSv4 共 4 个版本。

NFS 作为一个文件系统，几乎具备了一个传统桌面文件系统最基本的结构特征和访问特征，区别在于它的数据不存储在本地设备上，而是在远端服务器上，所以不存在磁盘布局问题。NFS 需要将本地操作转换为网络操作，并在远端服务器上实现，最后返回操作的结果。因此，NFS 更像是远端服务器文件系统在本地的一个文件系统代理。用户或应用程序通过访问 NFS(文件系统代理)来访问真实的文件系统。

NFS 是在 UNIX 核心底层实现的。通过 NFS，服务器导出(export)一个或多个本机上可供远程客户端共享的目录；客户端则通过安装服务器上的目录来实现对服务器文件资源的共享。客户端通过 RPC 协议对服务器提出服务请求；服务器根据请求作相应的操作并返回结果。

服务器可以把远程的文件系统以本地文件系统的形式呈现给每一个客户端，让客户端只是多了一个共享的逻辑卷。因此，当多个客户机同时安装同一个目录时，它们可以通过共享公用目录者的文件来进行通信。

1. NFS 的体系结构

NFS 的基本思想是客户机和服务器的任何一个集合共享一个公用 FS，允许一台计算机既是客户机又是服务器，使每台服务器提供它的本地文件系统的标准化视图给客户机。每台 NFS 服务器支持相同的模型，这个模型带有一个通信协议，以实现客户访问存储在 NFS 服务器上的文件的功能。NFS 是利用 TCP/IP 协议传输的，具体的体系结构如图 4-12 所示。

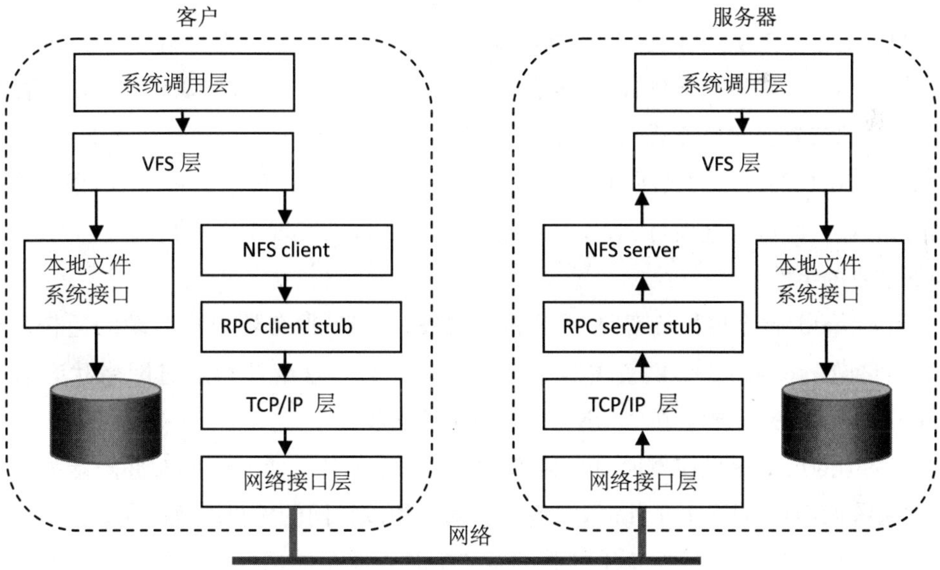

图 4-12 NFS 的体系结构

从图 4-12 可见，对于客户端，顶层是系统调用层（System Call Layer），处理 open、read、close 等调用；往下是 VFS（虚拟文件系统）层，解析、调用参数并检查错误；接下来分为两路，一路为本地操作系统，翻译和准备 VFS 相应部分的调用，并将相关的调用请求转化为对硬盘的操作处理，另一路是 NFS 客户的单独组件，该组件负责处理对存储在远程服务器上的文件的访问。在 NFS 中，所有客户——服务器通信都是通过 RPC 完成的。RPC 协议再经过 TCP/IP 层的网络协议封装，利用网络接口层传输到服务器端。

NFS 服务器负责处理输入的客户请求。当客户请求通过网络协议传输到服务器的 RPC 存根处时，RPC 存根对请求进行解编。NFS 服务器将它们转化成常规的 VFS 文件操作，随后这些操作被送到 VFS 层。VFS 再负责实现真实文件所在的本地文件系统的调用功能。

在上述系统中，虚拟文件系统 VFS 对每个文件系统的所有细节进行抽象，使不同的文件系统在操作系统核心以及系统中运行的其他进程看来都是相同的。VFS 并不是一种实际的文件系统。它只存在于内存中，不存在于任何外存空间。VFS 在系统启动时建立，在系统关闭时消亡。

2. NFS 通信

NFS 通信以 RPC 为基本操作方式，RPC（Remote Procedure Call，远程过程调用）指调用远处非本地数据的过程。在 NFS 层与 RPC 层之间还有 XDR（External Data Representation，外部数据表示）层，为 RPC 提供了一种不依赖于特定 CPU 类型的交换二进制数据的格式，以保证在不同设备之间进行正确的数据交换。

RPC 采用请求/应答工作方式，所以每个 RPC 都有一个交换识别号（Exchange Identifier，简称 XID），用以把 RPC 的请求和应答相对应。当客户端有 NFS 文件发出存取请求时，客户端首先会向服务器端的 RPC（port 111）发出 NFS 文件存取功能的询问请求；接着服务器端找到对应的已注册的 NFS daemon 端口后会汇报给客户端；当客户端了解正确的端口后，就可以直接与 NFS 守护进程联机。为了实现 RPC 协议通信，NFS 定义了如下主要的组件：

- rpc. statd：这个进程负责向 NFS 客户端发送 NFS 服务器再次启动的通告。当被查询时，它向 rpc. lockd 提供有关服务器的状态信息。这个过程通过网络状态监视器（NSM）RPC 协议来完成。在 NFSv4 中不使用该服务。
- rpc. rquotad：提供在 NFS 和配额管理器之间的接口。NFS 用户/客户端如果在本地文件系统而不是 NFS 上工作时，它们将会被应用以相同的磁盘配额限制。
- rpc. mountd：负责校验请求挂载的客户端是否有足够的权限来挂载该分区。这个进程被 NFS 服务器的 init 脚本自动启动，在 NFSv4 中将不使用该进程。
- rpc. nfsd：这是 NFS 系统的主要组件，与 Linux 内核一起工作，根据需要加载或不加载内核模块。它在服务器端后台运行，监听远程主机的 RPC 请求，根据 NFS 协议进行解释，利用 RPC 将响应返回客户机，并与 NFS 服务器上运行的其他组件如 rpc. locked 和

rpc. statd 等通信。

- rpc. lockd：守护进程，使用这个进程来处理系统崩溃时的锁定恢复，也可以被客户端用来锁定服务器上的文件。在 NFSv4 中不再使用。
- rpc. idmapd：是 NFSv4 的 ID 名称映射进程。它通过将用户 ID 和组 ID 转换成名称来向 NFSv4 核心客户端和服务器提供这种功能。
- portmap：主要功能是进行端口映射工作。当客户端尝试连接并使用 RPC 服务器提供的服务（如 NFS 服务）时，它会将所管理的与服务对应的端口提供给客户端，从而使客户可以通过该端口向服务器请求服务。新版本改为 rpcbind。
- rpc. svcgssd：这是服务器端的 rpcsec_gss 进程。rpcsec_gss 协议允许在 NFSv4 中使用 gss-api 通用安全 API 来提供高级的安全性。
- rpc. gssd：这个进程在 NFSv4 的认证机制中提供了客户端的传输机制。

根据上述 NFS 组件，下面分别简要介绍 NFS 安装文件系统和客户端写操作的通信过程。

图 4-13 为 NFS 客户端安装（mount）服务器文件系统的流程，可分为以下四步：

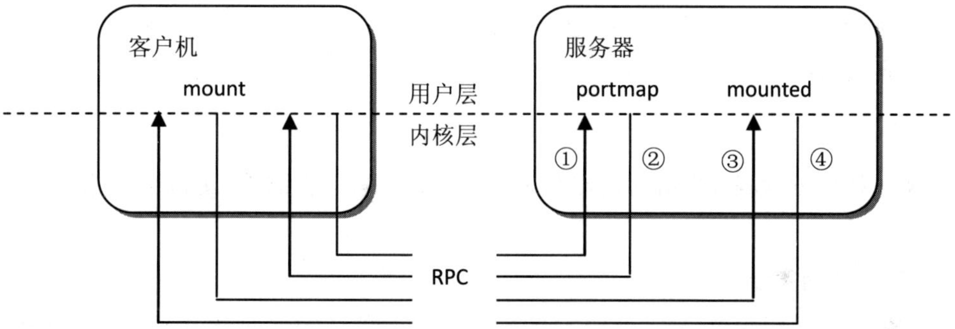

图 4-13　NFS 安装文件系统流程

① 客户端的 mount 进程给具有固定端口号的 portmap 守护进程发送一个消息，请求服务器传输 mounted 端口号的地址。

② 服务器 portmap 守护进程返回 mounted 端口号给客户端。

③ 客户端的 mount 进程给服务器的 mounted 进程发送它需要 mount 的文件系统的路径。

④ 服务器的 mounted 进程取得请求文件系统的 mount 点的文件句柄，如果请求成功，发送文件句柄给客户端的 mount 进程；否则，返回错误的信息给客户端。如果以上请求成功，客户端 mount 进程利用得到的文件句柄产生一个 mount 调用，整个 mount 过程结束。

图 4-14 为 NFS 客户端写操作流程，可分为以下五步：

① 客户端申请一个“write”的 I/O 系统调用。

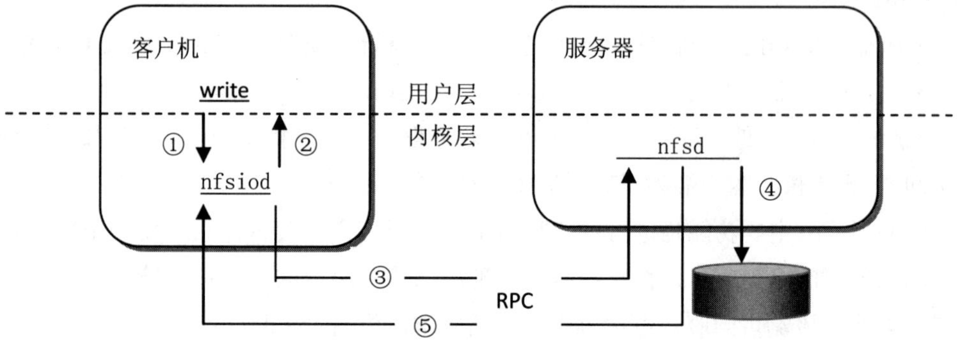

图 4-14　NFS 客户端写操作流程

② 数据被写入客户端内核层的缓冲区，标记为脏数据并返回，这样使得客户端不用等待较长写盘时间，提高了访问效率。

③ 客户端内核层的 nfsiod 守护进程被唤醒，把缓冲区的数据发送给运行在服务器内核层的 nfsd 守护进程。

④ 服务器端 nfsd 把接收到的数据写入系统的某个逻辑盘，然后等待 I/O 完成。

⑤ 服务器端 I/O 操作完成以后，nfsd 守护进程给客户端上的 nfsiod 守护进程发送任务完成的应答消息。

3. NFS 操作

NFS 操作分为服务器端的操作和客户端操作，具体的操作又可以分为系统安装、配置与使用。

(1)NFS 的安装

NFS 的安装很简单，只需要如下两个软件包即可。对于 Linux 系统作为系统的默认包安装。

nfs-utils-＊：包括基本的 NFS 命令与监控程序。

portmap-＊：支持安全 NFS RPC 服务的连接。

(2)NFS 服务器的配置

NFS 服务器的配置相对比较简单，只需要在相应的配置文件中进行设置，然后启动 NFS 服务器即可。

NFS 的常用目录：

/etc/exports	NFS 服务的主要配置文件
/usr/sbin/exportfs	NFS 服务的管理命令
/usr/sbin/showmount	客户端的查看命令
/var/lib/nfs/etab	记录 NFS 分享出来的目录的完整权限设定值
/var/lib/nfs/xtab	记录曾经登录过的客户端信息

NFS 服务的配置文件为 /etc/exports，这个文件是 NFS 的主要配置文件，不过系统

并没有默认值，所以这个文件不一定存在，可能要使用手动建立，然后在文件里面写入配置内容。

/etc/exports 文件内容格式：＜输出目录＞［客户端 1 选项（访问权限，用户映射，其他）］［客户端 2 选项（访问权限，用户映射，其他）］

其中，输出目录指 NFS 系统中需要共享给客户机使用的目录。客户端是指网络中可以访问这个 NFS 输出目录的计算机。

客户端常用的指定方式有：

- 指定 IP 地址的主机：192.168.0.200
- 指定子网中的所有主机：192.168.0.0/24 192.168.0.0/255.255.255.0
- 指定域名的主机：david.bsmart.cn
- 指定域中的所有主机：*.bsmart.cn
- 所有主机：*

选项用来设置输出目录的访问权限、用户映射等。NFS 主要有以下 3 类选项：

- 访问权限选项

设置输出目录只读：ro；设置输出目录读/写：rw

- 用户映射选项

all_squash：将远程访问的所有普通用户及所属组都映射为匿名用户或用户组（nfsnobody）。

no_all_squash：与 all_squash 取反（默认设置）。

root_squash：将 root 用户及所属组都映射为匿名用户或用户组（默认设置）。

anonuid＝＜UID＞：指定匿名访问用户的本地用户 UID，默认为 nfsnobody（65534）。

anongid＝＜GID＞：指定匿名访问用户的本地用户组 GID，默认为 nfsnobody（65534）。

- 其他选项

secure：限制客户端只能从小于 1024 的 tcp/ip 端口连接 nfs 服务器（默认设置）。

insecure：允许客户端从大于 1024 的 tcp/ip 端口连接服务器。

sync：将数据同步写入内存缓冲区与磁盘中，效率低，但可以保证数据的一致性。

async：将数据先保存在内存缓冲区中，必要时才写入磁盘。

例如：/opt/public 192.168.1.0/24（rw，insecure，sync，all_squash，anonuid＝65534，anongid＝65534）

（3）NFS 服务器的启动与停止

在对 exports 文件进行了正确的配置后，就可以启动 NFS 服务器了。

- 启动 NFS 服务器

为了使 NFS 服务器能正常工作，需要启动 portmap 和 nfs 两个服务，并且 portmap 一定要先于 nfs 启动。命令如下：

service portmap start

service nfs start

• 查询 NFS 服务器状态

利用"# service portmap status"和"# service nfs status"查询 NFS 服务器状态。

• 停止 NFS 服务器

要停止 NFS 运行，需要先停止 nfs 服务，再停止 portmap 服务。对于系统中有其他服务(如 NIS)需要使用时，不需要停止 portmap 服务。命令如下：

service nfs stop

service portmap stop

• 设置 NFS 服务器的自动启动状态

对于实际的应用系统，每次启动 LINUX 系统后都手工启动 nfs 服务器不现实，需要设置系统在指定的运行级别自动启动 portmap 和 nfs 服务。命令如下：

chkconfig——list portmap

chkconfig——list nfs

(4)客户端挂载

在客户端挂载远程主机的 NFS 目录到本机的操作过程如下：

• 查看远程主机共享目录信息，确定是否有足够的访问权限。客户端使用 showmount 命令查询 NFS 的共享状态。命令如下：

showmount -e NFS 服务器 IP

• 创建本机挂载点。命令如下：

mkdir

ls

• 将远程主机共享目录挂载到本机。命令如下：

mount NFS 服务器 IP：共享目录 本地挂载点目录，例如 # mount -t nfs 192.168.70.50:/opt /mnt/disk1。

• 查看是否挂载成功。命令如下：

df -h | grep /nfstest

需要说明的是，上述命令是基于 Linux 操作系统的，在 Windows 环境中有所区别，实际应用中可参考操作说明书。

(5)客户端读/写操作

要读/写 NFS 服务器上的文件，关键在于如何得到对这些文件的读/写权限。当把某个文件目录挂载到本地目录下之后，查看文件属性是否可读/写。如果没有读/写权限，可进行配置修改；修改成功以后，就可对该文件进行读/写操作了。

4.4.2 CIFS

CIFS(Common Internet File System，通用网际文件系统)是 SMB 通信协议(Server

Message Block,服务器消息块)的增强版本。SMB通信协议是微软和英特尔在1987年制定的协议,主要是作为Microsoft网络的通讯协议。从OSI模型角度看,SMB是在会话层和表示层以及小部分应用层的协议,它使用了NetBIOS的应用程序接口(Application Program Interface,简称API)。SMB协议是基于TCP-NetBIOS的,一般使用的端口为139、445。CIFS允许程序向Internet上的远程计算机发出文件请求。

CIFS使用客户/服务器编程模型。客户端程序向服务器程序(通常是其他计算机)发出请求,以获取文件或是向运行在服务器上的程序传送一个消息。之后,服务器响应请求,返回一个回复。

目前,大多数Windows客户端支持至少6种不同版本的CIFS协议,每个版本都比以前拥有更多的变化,相应的操作也不断增加,至今已有至少100个不同的CIFS操作。这些操作包括文件访问、文件和数据保护、安全文件缓存、文件更改通知、协议协商、扩展文件属性、批量请求和统一编码支持等。

归纳起来,CIFS具有以下主要特点:

- 文件访问的完整性:CIFS支持一套通用的文件操作,如打开、关闭、读、写以及搜索。CIFS也支持文件和记录的锁定和解锁。CIFS允许多个客户端访问和更新同一个文件,它通过提供文件共享和文件锁定功能来避免发生冲突。
- 为慢速链接优化:CIFS针对慢速链接进行了优化,使之能在慢速拨号线路上良好运行,从而为使用调制解调器的用户提供更优的性能。
- 安全性:CIFS服务器既支持匿名传输,也支持对于指定文件的安全的、需要验证的访问。同时,还具有易于管理文件和目录的安全策略。
- 高性能和可扩展性:CIFS服务器和操作系统高度集成,为最大化系统性能而优化。CIFS支持Windows 95之后的所有微软平台,也支持其他流行的操作系统,如UNIX、VMS、Macintosh、IBM LAN Server等。
- 使用统一码(Unicode)文件名:文件名可以使用任何字符集,而不局限于为英语或西欧语言设计的字符集。
- 全局文件名:用户不必挂载远程文件系统也能直接查阅到全局有效名称,而不是只有本地意义的那些名称。

1. CIFS的体系结构

CIFS的体系结构如图4-15所示,可分为客户端和服务器端。

对于客户端而言,最上层为用户请求,接下来的I/O管理器将用户请求传输到重定向器(Redirector)。重定向器选择适当的网络传输协议,以便通过网络发送至远端设备,而重定向器也利用CIFS向本地计算机的协议栈发出请求。重定向器往下为传输驱动接口层(Transport Driver Interface Layer,TDI Layer),它在网络协议与客户协议(如应用、网络重定向器或网络应用编程接口API)之间提供了一个标准接口。

在TDI之下的网络协议层,由于CIFS最早是基于NetBIOS的,所以它的网络协议

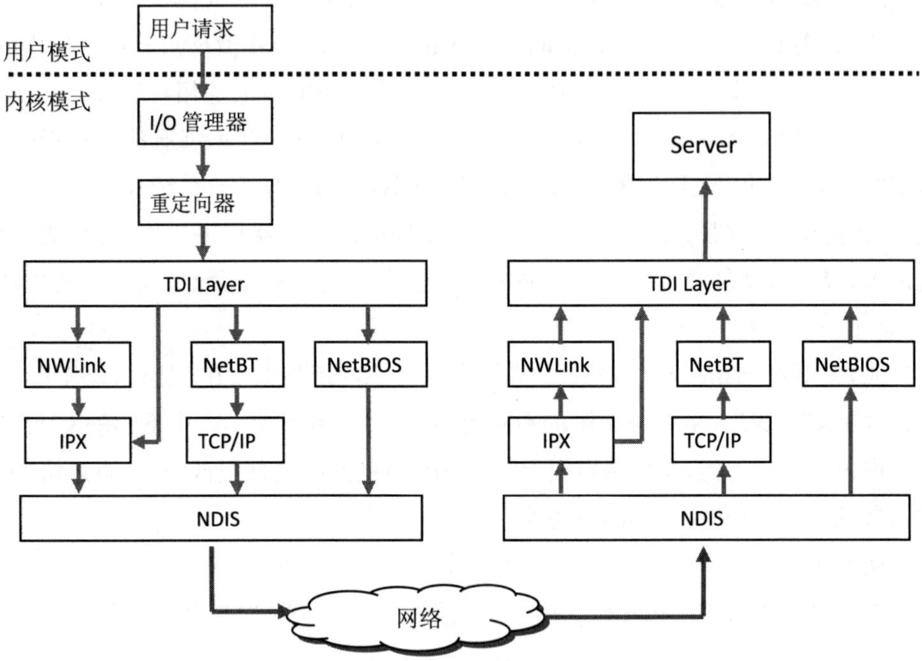

图 4-15　CIFS 的体系结构

层也以 NetBIOS 为主。NetBIOS 定义了一种软件接口以及在应用程序和连接介质之间提供通信接口的标准方法。NetBIOS 是一种会话层协议，应用于各种 LAN 和 WAN 环境，诸如 TCP/IP、PPP 和 X. 25 网络。按照 NetBIOS 的应用，CIFS 网络协议层可分为三类：一类是基于 TCP/IP 的 NetBIOS(简称 NetBT)；一类是基于网络包交换/顺序分组交换(Internetwork Packet Exchange/Sequenced Packet Exchange，IPX/SPX)的 NetBIOS(又称 NWLink)；还有一类是 NetBEUI(NetBIOS Extend User Interface)。NetBEUI 只能用在一个子网内部，没有网络层的路由功能，而 IPX/SPX 是 Novell 公司为它们自己的网络产品开发的网络层和传输层协议，它具有强大的路由功能，适用于大型网络，但使用范围有局限。除此之外，CIFS 还支持其他网络协议，如 ATM 等，因此 CIFS 应用范围比较广。

网络驱动接口规范(Network Driver Interface Specification，NDIS)层在网络协议层之下，提供了封装后的网络信息传输到物理设备(如网络适配器)的通信路径。它横跨传输层、网络层和数据链路层，定义了网卡或网卡驱动程序与上层协议驱动程序之间的通信接口规范，屏蔽了底层物理硬件的不同，使上层的协议驱动程序可以和底层任何型号的网卡通信。NDIS 为网络驱动程序创建了一个完整的开发环境，只需调用 NDIS 函数，而不用考虑操作系统的内核以及与其他驱动程序的接口问题，以便网络驱动程序与操作系统的复杂通讯分离，方便网络驱动程序的编写。NDIS 支持多种网络介质，如以太网、令牌环和光纤分布式数据接口(FDDI)等。

NDIS 支持三种类型的网络驱动程序：

- 网卡驱动程序(NIC Drivers)。它是网卡与上层驱动程序通信的接口,负责接收来自上层的数据包,或将数据包发送到上层相应的驱动程序,同时它还完成处理中断等工作。
- 中间驱动程序(InterMediate Protocol Drivers)。它位于网卡驱动程序和协议驱动程序之间,向上提供小端口(Minport)函数集,向下提供协议(Protocol)函数集。对于上层驱动程序而言,它是小端口驱动程序;对于底层的驱动程序,它是协议驱动程序。
- 协议驱动程序(Upper Level Protocol Drivers)。它执行具体的网络协议,如 IPX/SPX、TCP/IP 等。协议驱动程序为应用层客户程序提供服务,接收来自网卡或中间驱动程序的信息。

从图 4-16 可见,对于服务器端,同样有传输驱动接口层、网络协议层与网络驱动接口规范层,而且组成与客户端相同。值得一提的是,在实际工作中,服务器端也包含有重定向器,当服务器的数据传输到客户端时需要用到,但图中没有画出。还需要说明的是,在相同的 Windows 操作系统中,所有机器都是对等的,扮演双重角色,既可以作服务器,也可以是客户机。

2. CIFS 通信

CIFS 和 SMB 定义了许多客户端和服务器端的命令和消息,这些命令和消息大致可分为如下几类:

- 连接建立消息:包括开始或结束一个到服务器上共享资源的重定向连接的命令。
- 命名空间和文件处理消息:重定向器利用这个消息获得对服务器上文件的访问,并对其进行读/写操作。
- 打印消息:重定向器利用此消息向服务器上的打印队列发送数据和获得打印队列的状态信息。
- 其他消息:重定向器利用这些消息向邮槽和命名管道写入信息。

上述几种类型消息的传输需要用 CIFS 的交互通信模式。CIFS 交互模式类似于 3 次握手,过程如下:

- 协议选择:双方选择合适的协议进行交互。
- 身份验证:按选定的协议登录 Server,由 Server 对 Client 进行身份验证。
- 资源获取:认证通过后,Server 和 Client 进行交互、文件读/写等操作。

每个客户机与服务器具体通信过程如下:

- 建立 NETBIOS 会话。客户机发送其已编码的 NETBIOS 名字到 CIFS 服务器(在 139 端口监听连接请求)。服务器接收到 NETBIOS 名字后回复一个 NETBIOS 会话数据报给有效的会话连接。客户机在建立了 NETBIOS 连接之后才能开始下一步。
- 协议协商。客户机给服务器发送一个 negprot (negotiate protocol 的简写),列出它支持的所有 CIFS 协议版本。服务器接收到此命令后,选定一个双方都能接收的协议,然后通过 negprot 响应返回给客户机。具体命令为 SMB_COM_NEGOTIATE (ox72)。

● 建立连接。当SMB类型确认后，客户端会发送session setup指令数据报，提交用户名和密码，请求与服务器建立连接。如果客户端通过身份验证，服务器会对session setup报文作出回应，并为用户分配唯一的UID，以便客户机与其通信时使用。该过程中服务器执行的登录检查是CIFS安全设计的一部分。服务器可以使用身份验证、授权和计账等安全协议来完成该过程。具体命令为SMB_COM_SESSION_SETUP_ANDX(ox73)。

● 访问共享资源。客户机建立连接之后，并不能直接访问服务器上的所有文件，只能访问服务器用于共享(share)的文件。当客户机要访问某个文件时，就发送tree connect指令数据报，通知服务器需要访问的共享资源名。服务器接收后会发送一个tree connect应答数据报以表示此次连接接受或拒绝。如果服务器认证了客户机的访问，则返回给客户机一个TID(Tree ID，树标识号)。TID表示用于共享的目录/设备的ID。客户机得到这个TID以后就可以对服务器上的文件进行读/写操作。具体命令为SMB_COM_TREE_CONNECT_ANDX(ox75)。

● 文件操作。完成共享资源的连接后，客户机就可以对文件进行相关的操作，例如使用"SMB_COM_OPEN"报文打开一个文件，使用"SMB_COM_READ"报文读取一个已打开的文件，使用"SMB_COM_CLOSE"报文关闭一个文件等。

● 断开连接。共享使用完毕，客户端向服务器发送tree disconnect报文关闭共享，与服务器断开连接。具体命令为SMB_COM_TREE_DISCONNECT(ox71)。

3. CIFS的使用

CIFS是用于Microsoft操作系统的网络文件系统，在Windows系统中安装配置好CIFS就可以使用了。Samba是Linux系统上实现SMB通信协议的软件包。Linux系统借助Samba可以访问Microsoft操作系统上的共享目录或打印机，也可以建立自己的共享目录或打印机供其他操作系统访问，从而与基于CIFS的网络融合。关于CIFS的安装配置以及Samba的安装配置不在此介绍了，读者可参考相关资料。在此主要介绍有关CIFS使用的一些问题。

(1)资源列表

在一个网络中，计算机为了访问网络资源，就需要了解网络上存在的资源列表(例如在Windows下使用网络邻居查看可以访问的计算机)，这个机制就被称为浏览(Browsing)。虽然SMB通信协议中经常使用广播的方式，但如果每次都使用广播的方式了解当前的网络资源(包括提供服务的计算机和各个计算机上的服务资源)，一方面需要消耗大量的网络资源和浪费较长的查找时间，另一方面这种广播方式在TCP/IP网络中不能通过路由器。因此微软公司设计了浏览服务器(Browser)和WINS(Windows Internet Name Service)来解决这个问题。浏览服务器通过记录广播数据或查询名字服务器来记录网络上的各种资源列表；客户则可以通过它获知TCP/IP网中的各种服务器及其提供的共享资源。

浏览服务器是在普通计算机之间通过自动进行的推举产生的，而不是事先指定的。不同的计算机可以按照其提供服务的能力，设置在推举时具备的不同权重。为了保证一个浏览服务器停机时网络浏览仍然正常工作，网络中常常存在多个浏览服务器，一个为主浏览服务器，其他的为备浏览服务器。

(2)工作组和域

工作组是简单地连接到网络的计算机的逻辑组织，它可以共享资源，比如文件夹和文件。域是连接网络的计算机的逻辑组织，它们分享位于域控制器的目录数据库。域控制器集中地管理来自网络的用户访问。总之，工作组和域都是一种划分网络上计算机的逻辑方式。

工作组和域主要的区别在于认证方式。工作组中每台计算机基本上都是独立的，独立地对客户访问进行认证，而域中将存在一个(或几个)域控制器，保存对整个域中都有效的认证信息，包括用户的认证信息以及域内成员计算机的认证信息。

网络中有两种 Browser：一种为 Domain Master Browser ，用于维护整个工作组或域内的浏览数据；另一种为 Local Master Browser，用于维护本子网内的浏览数据，与 Domain Master Browser 通信以获得所有的可浏览数据。划分这两种 Browser 主要是因为一般只能通过本地网广播来获得资源列表；不同子网只能借助浏览器之间的交流才能互相交换资源列表。工作组和域都可以跨越多个子网。

为了浏览多个子网的资源，须使用 NBNS(NetBIOS Name Server，名字服务器)的解析方式。没有 NBNS 的帮助，计算机将不能获得子网外计算机的 NetBIOS 名称。NBNS 是在基于 NetBIOS 名称访问的网络上提供主机名和地址映射的方法，是动态 DNS 的一种。Microsoft 的 NBNS 实现被称为 WINS。Local Master Browser 也需要查询名字服务器以获得 Domain Master Browser 的名字，以相互交换网络资源信息。除了用 NBNS 或 WINS 交换网络资料信息外，还可以使用 DNS。目前一般建议使用 DNS 进行名字解析。

由于域控制器在域内的特殊性，域控制器常被用作 Browser，主域控制器被用作 Domain Master Browser。它们在推举时设置的权重较大。

(3)用户认证

目前，为有效管理和共享网络资源，通常采用用户认证方式。用户认证方式指区分并认证每个访问的用户，并通过对不同用户分配权限的方式共享资源。

对于工作组方式的计算机，认证用户是通过本机完成的。运用工作组用户认证的方式时，用户想要访问每台计算机，则必须在每台计算机上都有 ID；任何一个变化，比如密码，都必须在每台计算机上修改一遍；计算机加入或离开(关机)都需要广播一遍，还需要一定的延迟，只有这样才能全部更新完资源列表。

域中的计算机通过域控制器进行认证。当 Windows 计算机通过域控制器的认证时，它可以根据设置执行域控制器上的相应用户的登录。为了用户登录和用户会话认证，用户要被纳入域控制器的目录数据库。因此在配置 CIFS 系统时，就需要配置域控制器。

一个典型的 Windows 域环境有以下几类机器：

- 客户机：请求服务器提供服务。
- 成员服务器(Member Servers)：没有配置为域控制器的服务器是域成员之一，为客户端提供资源。
- 域控制器(DC)：通过 Windows 服务器配置，保存并维护一个目录数据库。它包含域内注册的机器名以及用于域用户认证的用户名和密码。
- 域里的名字解析服务器：解析机器名为 IP 地址。对于 Windows NT 4.0 的域采用 WINS 协议；Windows 2000(或以上)的操作系统采用 DNS 协议。

4. NFS 和 CIFS 比较

(1) 相同之处

CIFS/SMB 协议和 NFS 一样，采用客户/服务器模式：客户端给服务器发出请求，服务器响应客户端的请求，把自身的文件系统及打印机等资源呈现给网络上的用户，供其共享使用。

利用 CIFS 和 NFS 共享文件实际上都涉及两次文件系统转换。客户端从服务器端申请一个文件时，服务器端首先从本地读出文件(本地文件系统格式)，并以 NFS/CIFS 的格式封装成 IP 报文并发送给客户端。客户端收到 IP 报文以后，把文件存储于本地磁盘中(本地文件系统格式)。

(2) 不同之处

CIFS 是面向连接的网络共享协议，它需要一种可靠的网络传输机制，比如 TCP/IP；而 NFS 协议独立于传输层，通过一系列 RPC 调用来实现客户机对服务器的访问，可以在 TCP 层和 UDP 层实现，不过 NFSv4 仅使用 TCP。

NFS 需要在客户机安装软件才能实现共享，而 Windows 95/98/ME/NT/2000、OS/2、Linux 等系统均内置了 CIFS 协议。通常用户不需要安装任何客户端软件就可很方便地使用 CIFS 协议通过网上邻居访问其他机器上的文件。

NFS 和 CIFS 都存在不同操作系统之间文件系统格式的转换。NFS 保留了 UNIX 操作系统中文件的所有者、组等权限，而 CIFS 则完全忽略了服务器上文件系统中文件的权限，全部转换成 Windows 系列操作系统的文件规范。

从集成的方式来看，NFS 在 Windows 客户端上加载 NFS 客户端软件，使 Windows 客户端融入以 UNIX 为主导的网络；CIFS 在 UNIX 服务器上加载 CIFS 服务器端软件，使得 UNIX 服务器就像本地 Windows 服务器一样工作。

从网络管理角度看，CIFS 比 NFS 更加友好。

本章习题与思考题

1. 什么是文件系统？有哪些主要功能？
2. 简述本地文件系统的体系结构。
3. 有哪几种存储分配方法？它们的基本工作原理各是什么？

4. 什么是 DAS？它有什么特点？

5. 什么是 NAS？简述实现 NAS 的基本思路。

6. NAS 设备的硬件系统有什么特点？

7. NAS 设备的软件系统有什么特点？

8. 简述 NFS 的体系结构。

9. 简述 NFS 的写操作流程。

10. 简述 CIFS 的体系结构。

11. 简述 CIFS 文件系统中客户机与服务器通信过程。

12. 什么是工作组和域？它们有哪些区别？

主要参考文献

1. 鲁士文. 存储网络技术及应用. 北京：清华大学出版社，2010.

2. [MS-CIFS]：Common Internet File System（CIFS）Protocol. 2014.

第5章 光纤通道和存储区域网

光纤通道是当前存储网络使用的主流技术之一。光纤通道是构建光纤通道存储区域网的基础，是光纤通道存储区域网系统的硬件接口和通信接口，可以通过构建帧来传输SCSI的指令、数据和状态信息单元。本章先介绍光纤通道的基础知识，包括其体系结构的各个层次和关键技术，然后在此基础上，介绍存储区域网的相关知识。

5.1 光纤通道概述

光纤通道指基于光纤通道协议(Fiber Channel Protocol，简称FCP)的网络结构。光纤通道协议是美国国家标准委员会(ANSI)的X3 T11小组于1988年开始制定的高速串行协议，主要用来连接工作站、大型机、巨型机和存储设备。光纤通道技术的主要优点如下：

• 高速。光纤通道可以提供高速的全双工专有连接，目前运行速率可达16Gbps。其高速和低延迟特性使其非常适用于视音频数据的应用。在很早以前，光纤通道就被电影和视频应用公司作为后期制作服务器与编辑工作站之间的网络连接来使用。

• 长连接距离。标准光纤通道连接距离可以达到10公里，通过扩展器甚至可连接上千公里。当使用ATM等WAN连接技术时，最大连接距离可以达到3000公里，非常适于灾难恢复应用。

• 较低的传输误码率。光纤通道要求每传输10^{12}比特不超过1比特的误码率。

• 最多可以支持256种上层协议。光纤通道协议为上层协议(SCSI、IP等)提供了一个通用的硬件传输平台。

除此之外，光纤通道协议还具有如下优点：提供无阻塞数据传输；拥有先进的流控制系统，可以保证数据按顺序传输；高速串行数据传输；使用8b/10b编码方式，内置时钟信号；最多可以连接1600万个节点等。

像所有网络协议一样，光纤通道协议也按层次进行了标准规范，它定义了物理层的特性、传输控制方法以及与其他协议的上层接口。光纤通道协议栈分为5层，从FC-0到FC-4。我们可以将这5层分为两个部分：FC-0、FC-1、FC-2属于物理和信号层，FC-3和FC-4属于上层协议层。光纤通道与开放系统互联参考模型(OSI Reference Model)的对应关系如图5-1所示。光纤通道基本对应OSI的物理层、数据链路层、网络层及部分传输层。

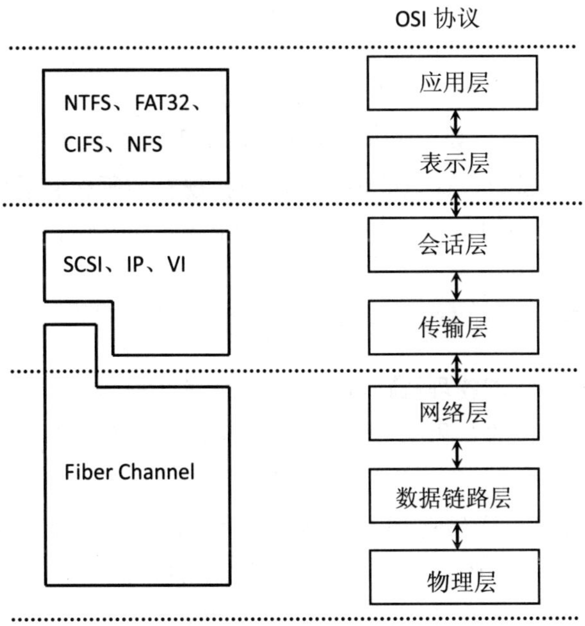

图 5-1　光纤通道与 OSI 参考模型的对应关系

光纤通道协议栈的分层体系结构图如图 5-2 所示。其中，FC-0 是物理层底层标准，定义了 FC 协议的链接链路和物理端口特性。FC-1 定义了字节同步和编码/解码体系。FC 协议采用交直流平衡的 8b/10b 编码方式和传输协议，包括串行编码/解码规则、特殊

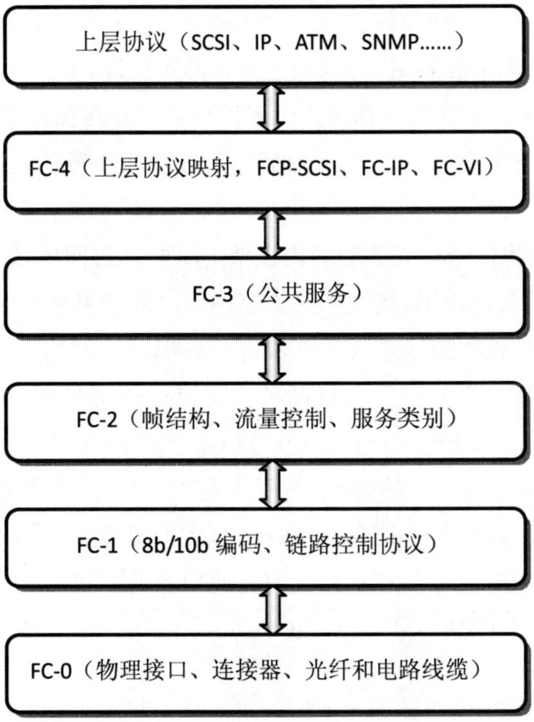

图 5-2　光纤通道协议栈分层体系结构图

字符和错误控制。FC-2 定义了传输机制，包括帧定位、帧头内容、使用内容以及流量控制等。FC-3 是公共服务层，提供高级特性的公共服务，即端口间的结构协议和流动控制，它定义了三种服务：条带化复用、组合端口地址绑定和多播。FC-4 上层协议映射层是光纤通道标准中定义的最高等级，规定了光纤通道的底层跟高层协议（ULP）之间的映射关系以及与现行标准的应用接口。这里的现行标准包括现有的所有通道标准和网络协议，如 SCSI 接口和 IP、ATM、HIPPI 等，于是就产生了 FCP-SCSI、FC-IP、FC-VI 等协议。

5.2 FC-0 物理接口和介质

FC-0 定义了 FC 协议的物理链路，包括线缆、插接件和光电参数，指定使用什么样的物理信号传输二进制数位的 0 和 1。不同于 SCSI 的并行传输，光纤通道是通过串行方式顺序地传送二进制数位的。

SCSI 并行接口很难让被分成 16 位的数据同时到达，而且数据传输的距离越长，数据不同步的可能性也就越大。因此，SCSI 存在传输距离的限制。此外，紧束在一起的 SCSI 并行电子线路也容易相互干扰，影响传输数据的完整性。光纤通道通过串行而非并行接口方式克服了连接距离的问题。串行传输的信息每次只能发送一位数据，因此，无论传输距离多远，数据都会按照发送的顺序抵达目的地，不会导致数据传输产生无序的问题。在数据传输时，数据的传输顺序对数据的完整性起着至关重要的作用。此外，与并行总线相比，串行总线简化了连线。光纤通道基于核心 SCSI 协议设计，将并行接口转换为串行接口，极大地提高了 SCSI 的性能。

光纤通道协议定义了两种传输介质：光缆和铜缆。光纤相比铜缆有很多优越性，比如对电磁干扰不敏感、无电磁辐射、可以到达更长的距离等。

光纤分为单模（传导长波长的激光）和多模（传导短波长的激光）两类。单模光纤（Single-mode Fiber）一次传送一个单一的信号，一般跳线用黄色表示，接头和保护套为蓝色，如图 5-3 所示。单模光纤的连接距离可达 10 公里，传输距离较长。多模光纤（Multi-mode Fiber）能够通过将信号在光缆玻璃内核壁上不断反射而传送多个信号，一般光纤跳线用橙色表示，也有用灰色表示，接头和保护套用米色或者黑色，如图 5-4 所示，其传输距离较短。多模光纤的连接距离通常为 300 米或 500 米。

光纤通道接口类型分为光口和电口两种。光口一般都是通过光纤线缆来进行数据传输的，接口模块一般为 SFP（Small Form Pluggable）和 GBIC（Giga Bitrate Interface Converter）。GBIC 是一种符合国际标准的可互换产品，是将千兆位电信号转换为光信号的接口器件，可以热插拔使用。SFP 模块体积比 GBIC 模块减少一半，可以在相同的面板上配置出一倍以上的端口数量。SFP 模块的其他功能基本和 GBIC 一致。有些交换机厂商称 SFP 模块为小型化 GBIC（MINI-GBIC）。

图 5-3　单模光纤

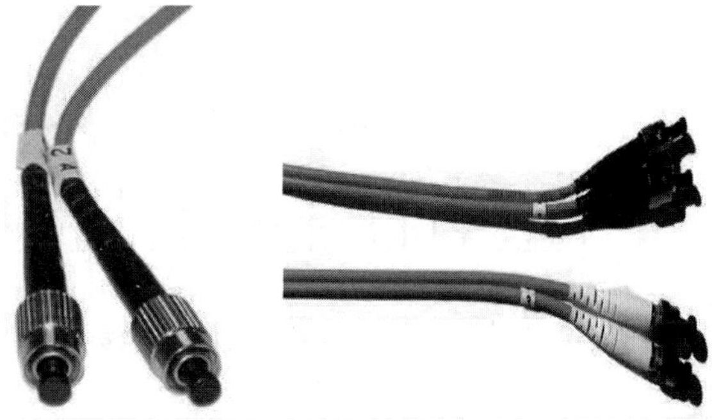

图 5-4　多模光纤

SFP 和 GBIC 对应的接口分别为 SC 接口和 LC 接口。SC 接口是标准方型接头，采用工程塑料，具有耐高温、不易氧化等优点，路由器、交换机使用较多。LC 接口与 SC 接口形状相似，较 SC 接口小一些。电口的接口类型一般为 DB9 针或同轴电缆插头。各种接口示意图如图 5-5 所示。

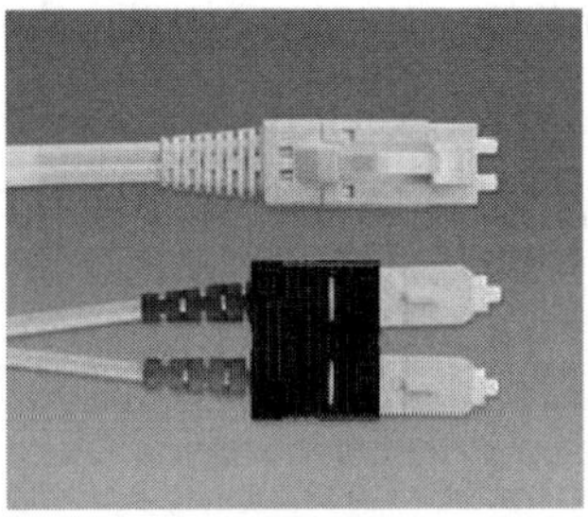

SC 接口

LC 接口

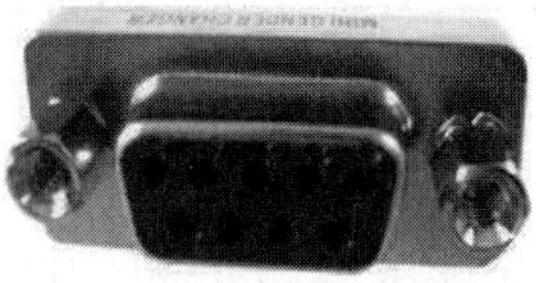

DB9 针接插口

图 5-5　光纤通道接口示意图

5.3　FC-1 字节同步和编码/解码体系

FC-1 定义了字节同步和编码/解码体系。FC 协议采用交直流平衡的 8b/10b 编码方式和传输协议，包括串行编码/解码规则、特殊字符和错误控制。

数字传输技术中，发送器和接收器需要同步时钟脉冲速度。并行总线结构有专门的线路传输总线时钟，而光纤通道采用串行传输，要求接收器必须从数据流中再生传输时钟，接收方仅能在有信号跳变的点上同步速率。普通的二进制编码不能保证数据流有足够多的跳变。例如，十六进制字节 oxFF，在传输线上将表现为一个持续的 DC 正电压。一种解决方法是采用曼彻斯特编码，如图 5-6 所示。这种编码传送的每一比特都有一个跳变，但这无疑增加了信号的传送速率，使它所需的传输速率是二进制编码的两倍。光纤通道协议采用交直流平衡的 8b/10b 编码方式，是介于曼彻斯特编码和二进制编码之间的一种折中方案。

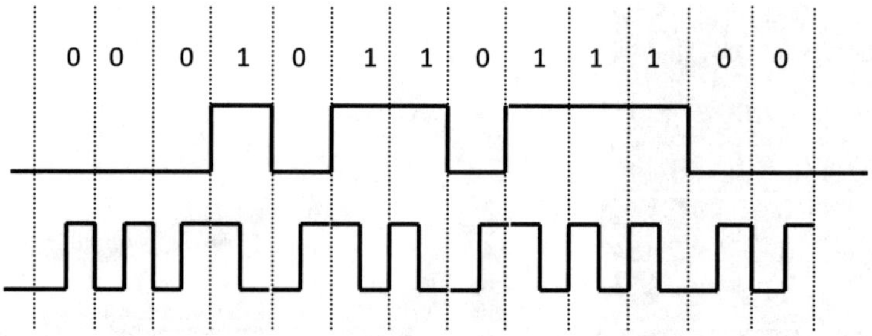

图 5-6 二进制编码和曼彻斯特编码

8b/10b 编码技术是将 8 个比特经过某种映射的机制转化为 10 个比特的字码。转换后的每一个 10 位都不会超过 6 个 1 或者 6 个 0，并且其中一半都包含同样数目的 0 和 1。

FC-1 层定义了传输字。每 4 个 10 位的传输字符形成一个 40 位的传输字。传输字又分为数据(D 字符集)和有序集(K 字符集)两种。K 字符集为光纤通道的命令语法，用于特殊字符。D 字符集用于传输所有其他的数据。所有的 D 字符集的字符都不允许超过 4 个相同的连续位出现，例如十六进制的 8 比特字符 oxFF 被映射为 10 位的 101011 0001 或 010100 1110，都是最多只有 3 个连续位，且包含同样数目的 0 和 1。所有的有序集第一个字节均为 K28. 5，其对应的 10 比特字符为 001111 1010 或 110000 0101，是唯一一个包含 5 个相同的连续位的字符，因而接收设备可以很容易地将数据传输字和有序集传输字区分开来。

8b/10b 编码方式的有效数据传输率为 80%。除了光纤通道，千兆以太网也采用这种方式。

5.4 FC-2 成帧和信令协议

FC-2 层利用 FC-1 层提供的发送和接收传输字的基本功能来执行更复杂的任务，这些任务又作为基本功能提供给 FC-3。FC-2 指定独立于上层协议的数据传输机制，包括帧定位、帧头内容、使用内容和流量控制以及适合于各种应用需求的服务类别等。

5.4.1 光纤通道帧

帧是光纤通道的基本单位，通过帧起始(Start of Frame，简称 SOF)、帧结束(End of Frame，简称 EOF)进行标识，还包含帧头(Frame Header)、数据载荷和可选帧头，如图 5-7 所示。

帧头在 SOF 之后，大小为 24 字节，包含了目标地址和源地址信息以及该帧内容的控制字段和该帧在一串连续帧中的位置。光纤通道基于帧头内信息硬件识别并采取响应行动，例如将收到的数据传输到相应的缓冲之中。

帧头之后是数据单元部分，长度为 0 到 2112 字节。光纤通道通过可变长的数据组帧技术来满足不同的应用。光纤通道帧的总字节数为传输字大小的倍数，即 4 字节的倍数，如果不满足，需要额外的填充字节来填充。可选帧头主要用于传输高层协议的数据。光纤通道帧的大小限制在 2148 字节，如果包含可选帧头，则数据单元部分的最大长度需要相应地减少。

作为 8b/10b 编码错误检测能力的补充，光纤通道帧还提供 4 字节的循环冗余校验(Cyclic Redundancy Check，简称 CRC)，其计算范围包括帧头、可选帧头(如果存在)和数据载荷。

图 5-7　光纤通道数据帧结构

与 TCP 协议不同，光纤通道是一种基于通讯的传输手段。光纤通道通过内存重定位方式完成命令、数据块和信息的传输，因此与其他传输方式相比，减少了数据拷贝和缓冲区管理等工作。

5.4.2　流量控制

流量控制保证发送方仅以接收方可接受的速度发送数据，从而确保没有端口会因为接收了超过其极限的数据而导致接收器的数据溢出。光纤通道使用信用量方式实施流控制，每个信用量表示接收方接受光纤通道帧的能力。

FC-2 定义了两种流控制机制：端到端流控制和缓冲区到缓冲区的流控制。前者在端点设备的主机总线适配卡上实现，后者通过两个通信端口协商缓冲区到缓冲区的信用量来取得。

端到端流控制(End-to-End Credit，EE_Credit)可以理解为是从数据源端到最终目的端之间的整体流量控制，中间交换机不参与。它是通过端到端的信用值与信用值计数器两个控制参数配合收到的链路响应帧实现的。两个节点机通过注册获取信用信息。该方法仅需在数据发送节点设置信用计数器就可实现节点之间的流量控制。其工作原理是：两个通信系统节点登录并交换信用值(Credit)，发送方每发送一个 FC 帧，信用值计数器加 1，当信用值计数等于信用值时，发送方不再发送信用值。同时，接收方接收到数据帧，信用值不变；接收方每向上层协议发送一个 FC 帧，就向发送方反馈应答信号(Ack)；收到应答信号后，发送方将信用值减 1，表示这时数据移走了，这个过程也被称为信用值更新。

缓冲区到缓冲区流控制(Buffer-to-Buffer Credit，BB_Credit)是在直接通信的两个设备之间(比如数据源端和数据经过的第一个交换机之间)进行的流量控制。该方式下，任何通信的参与方,无论是点到点结构,还是交换拓扑结构和仲裁拓扑结构中的发送端和接收端,均可参与流控。它是通过缓存到缓存的信用、信用计数器及 Ready 计数器 3 个控制参数配合收到的 Ready 原语实现的。缓冲区到缓冲区流控制与端到端流控制工作原理类似,只是前者流控策略需要两个端口都设置计数器,序列发送端更新信用计数器,序列接收端更新 Ready 计数器。其工作原理如图 5-8 所示。

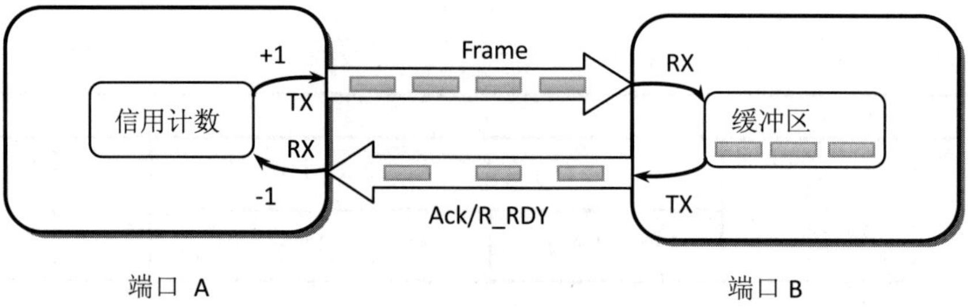

图 5-8 FC-2 流控制工作原理图

5.4.3 服务类别

在通信的不同设备之间,应用程序可能需要有不同类别的链接、带宽和传输保证。例如,向磁带备份数据时,要求有一个持续的专用的链接和全带宽的可用性,而在线事务处理所执行的是间歇性的操作,可能不需要专用的带宽,但要对每次传输进行确认。为了满足这种多样性的需求,光纤通道标准针对端到端的数据交换定义了 6 个不同的服务类别,常用的类别是类型 2 和类型 3,如表 5-1 所示。

表 5-1 Class1、Class2 和 Class3 服务类别的比较

	Class 1	Class 2	Class 3
通信类型	专用链接	非专用链接	非专用链接
流量控制	EE_Credit	EE_Credit 和 BB_Credit	BB_Credit
帧传输	顺序传输	不保证顺序	不保证顺序
帧确认	确认	确认	不确认
复用	不能	能	能
带宽利用	低	中	高

类型 1 服务是面向链接的服务,需要建立一个源节点和目的节点之间的专用链接,使数据帧按照顺序从源节点向目的节点发送,且与目的节点端口接收到的帧的顺序是一致的。它相当于提供了一个专用的物理通道。一旦通道建立起来,它就会被一直保持,直到被要求取消。该类服务常用在交换网络拓扑结构中,使用的是端到端的流量控制机制。类型 1 服务适合于持续的数据传输,例如数据备份、灾难恢复等。由于给交换增加了处理的负担和资源消耗,类型 1 服务一般不常用。

类型 2 服务是无链接的服务。通过多路复用和多点传送实现数据的传输,不同发送端发出的数据帧可能会共用一个通道。与类型 1 服务类似，类型 2 服务也需要响应 ACK 帧进行应答；如果帧不能被传送，则目的端口还要回复“BSY”（繁忙）或“RJT”（拒收）信号来指示。类型 2 服务的优点是共享通信带宽。但是，类型 2 的服务不能保证发送端和接收端之间固定的带宽，也不能保证接收的数据帧次序和发送次序一样，因此，在接收到数据帧之后要根据序列号对帧进行重排。

类型 3 类似于类型 2，但不必给发送端发送确认帧；丢失的数据帧也不会重发，若发生传输差错，依靠上层协议来恢复。由于端到端的流控制需要用到接收端给发送端的确认帧，所以类型 3 服务不能采用端到端的流控制，只能用缓冲区到缓冲区的流控制。类型 3 服务适合于实时的通信，如通话等，因为实时通信中没有必要重发丢失的数据；它也适用于上层协议实现了重发丢失的数据帧而不需要光纤通道保证数据不丢失的情况。

类型 4 服务类似于类型 1 服务，也是提供面向链接的服务，保证数据传输固定的带宽，而且保证接收端接收的数据帧次序和发送端发出的次序一样。与类型 1 不同的是，类型 4 服务是虚拟的链路服务，源节点端口与目的节点端口之间不是一条专用链接，而是将传送方向上的带宽分成了 254 条虚拟链路，允许给每条链接分配部分带宽和不同的 QoS 参数，所以它具有更好的灵活性。类型 4 服务给光纤通道体系引入了虚电话的概念。只有光纤通道交换机才能在两个 N 端口（5.6.2 节中有所介绍）之间建立不同带宽的虚拟线路，因此，类型 4 服务只能用于交换机结构的光纤通道网络中。

类型 5 的服务还没有完全定义好。

类型 6 的服务提供了多播的功能，是类型 1 服务的变种，为交换网络拓扑结构提供带有单向专用链接的多播服务，其数据帧只能由源节点传送到目的节点。当发送节点请求与多个目的节点建立链接时，发送节点的数据帧通过多播服务节点（或多播服务器）转发到多个目的节点；每个目的节点在接收到数据帧之后，都会响应一个应答帧发送至多播服务节点，再由多播服务节点产生一个应答帧发送给源节点，由此实现一个可靠的、单向的、从一个源节点到多个目的节点的多播服务。此类链接一旦建立，就会得到交换网的维持和运行保证，直至发送方终止连接为止。

还有一种特定的服务类，被称为 Class F，用于交换机到交换机之间的通信。与类型 2 服务类似，Class F 是无链接的，要求得到发送的应答或失败的消息。

5.5　FC-3 公共服务

公共服务层提供高级特性的公共服务（或通用服务），即端口间的结构协议和流动控制，通过公共服务将链接在光纤通道的设备连接起来。在光纤通道中，每个端口都有自己的 FC-0、FC-1 和 FC-2 层，这些端口之间要互相连接就需要利用 FC-3 层的服务功能。

FC-3 的服务功能包括：

- 条块化复用。此服务利用多个端点将多条 FC-2 链路并行连接来传输一个信息单元以增加带宽。

- 组合端口地址绑定。此服务将多个端口绑定到同一地址，使得这些端口响应同一个地址，又称搜索组(Hunt Group)。这种方式允许把搜索组内的任何帧发送到该组内的任意一个可用的端口，以减少等待一个忙端点变成可用端口产生的延迟。
- 多播。此服务发送一个信息到多个目的端口。这包括发送到交换机上的所有的节点(广播)或仅到一个交换机上节点的子集。

在公共服务层还包括为实现网络联通所需的登录服务、名字服务、管理服务和时间服务等，完成这些功能的模块对应地被称为登录服务器、名字服务器、管理服务器和时间服务器。

登录服务器是FC网络中各端口登录所使用的服务器，其端口地址是oxFFFFFE，每个端口在登录前都要向该端口发一个登录帧，之后登录服务器会向该端口回送一个登录应答帧。

名字服务器是一个用来保存连接到网络中的设备信息的数据库，它通过初始化时端口登录帧和随后的注册帧来获取设备信息。名字服务器的工作方式好像一个数据库树结构，能查看、添加和删除数据库中各项记录。通过名字服务器可以将各端口的固定地址与其动态地址(在随后两节中介绍)进行绑定，它也被用于主机寻找光纤网络中的SCSI磁盘。

管理服务器提供不受分区约束的交换信息。分区(Zone)是一组集中定义的节点的集合。在一个交换机中可以定义很多分区。一个分区的节点知道同区中其他节点的存在，却不知道分区之外的节点。例如，当使用名字服务器查询功能时就只能查询到本分区内节点的信息。管理服务器提供三项服务：第一个是网络配置服务，提供信息给想要掌握网络拓扑结构的管理实体；第二个是无区分名字服务器，向所有分区中的节点提供名字服务器；第三个是网络分区服务，允许管理实体参与分区控制与访问当前分区信息。

时间服务器使设备能相互保存系统时间，其端口地址是oxFFFFFB。当客户发送获取时间(Get_Time)帧给时间服务器后，时间服务器就会返回以秒为单位的获取时间响应帧(Get_Time_Response)。

还有其他通用服务器，如别名服务器是用于完成前面所述的多播功能的。一个多播组就是一组接收特定的多点广播地址的数据的节点。别名服务器保存属于一个多点广播地址的所有端点的注册信息，并处理多播组中端点的注册和注销。

5.6 光纤通道链路服务

5.6.1 光纤通道拓扑结构

光纤通道可以配置灵活的拓扑结构，主要有以下3种：点到点、仲裁环以及Fabric交换网。拓扑结构图如图5-9所示。

第一种光纤通道拓扑结构在两台设备之间建立专用的、点到点的连接。该种拓扑结构不需要地址解析，各个组成设备首先通过登录建立一个初始连接，然后就可以全带宽工作。第二种仲裁环拓扑结构，允许两台以上的设备通过一个共享的带宽进行通信和交流。这种环结构中一台设备在接收上游设备传输信号的同时将其发送给下游设备。它要求任意一个进程的创始者在发送一段报文以前，都必须与传输介质就如何存取信息达成协议。第三种 Fabric 交换网拓扑结构，通过链路层交换提供及时、多路的点到点连接，在物理配置和传输协议上都更为复杂。目前流行的存储区域网基本上都是 Fabric 交换网拓扑结构。

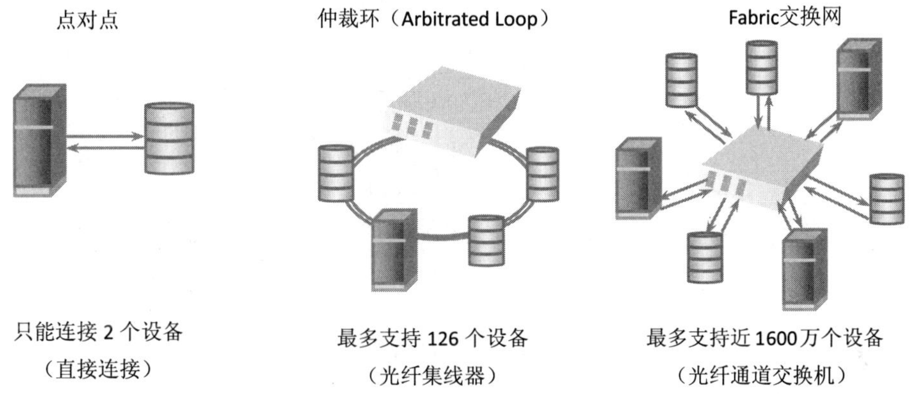

图 5-9　光纤通道的 3 种拓扑结构

5.6.2　光纤通道端口

光纤通道端口是构建光纤通道网络的基础。其端口共有 7 种类型，N、L 和 NL 端口被用于终端节点，F、FL、E 和 G 端口在交换机中实现。

N 端口(Node Port，N_Port)：Fabric 交换网拓扑结构中，终端节点(主机或存储设备)上使用的端口类型。

L 端口(Loop Port，L_Port)：仲裁环拓扑结构中，终端节点上使用的端口类型。

NL 端口(Node Loop Port，NL_Port)：具有 N 端口和 L 端口的双重功能，该端口支持 Fabric 交换网和仲裁环拓朴结构。

F 端口(Fabric Port，F_Port)：光纤通道交换机上的端口，用于到 N 端口的点到点的连接。

FL 端口(Fabric Loop Port，FL_Port)：光纤通道交换机上连接开放仲裁环结构的中介端口。

E 端口(Expansion Port，E_Port)：用于连接交换机和交换机的端口。

G 端口(General Port，G_Port)：通用光纤端口，它既可以当作 E_Port 端口使用，也可当作 F_Port 端口使用。这个通用端口的运行模式是在端口初始化时决定的。当与一个 N_Port 端口连接时，这个通用端口就是 F_Port；当与 E_Port 端口连接时，这个端口就是 E_Port。它一般用在交换设备上。图 5-10 给出了连接在交换机上的光纤通道端口类型。图 5-11 给出了光纤通道系统中的端口实例。

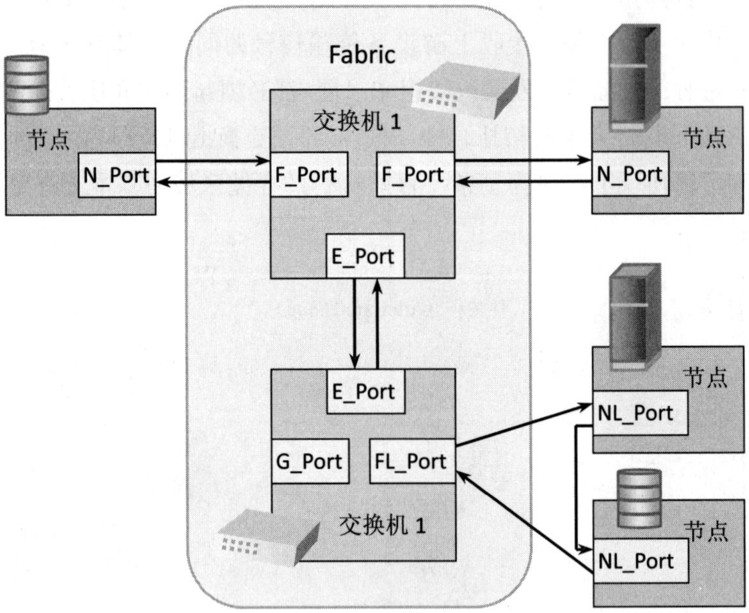

图 5-10 光纤通道的端口类型

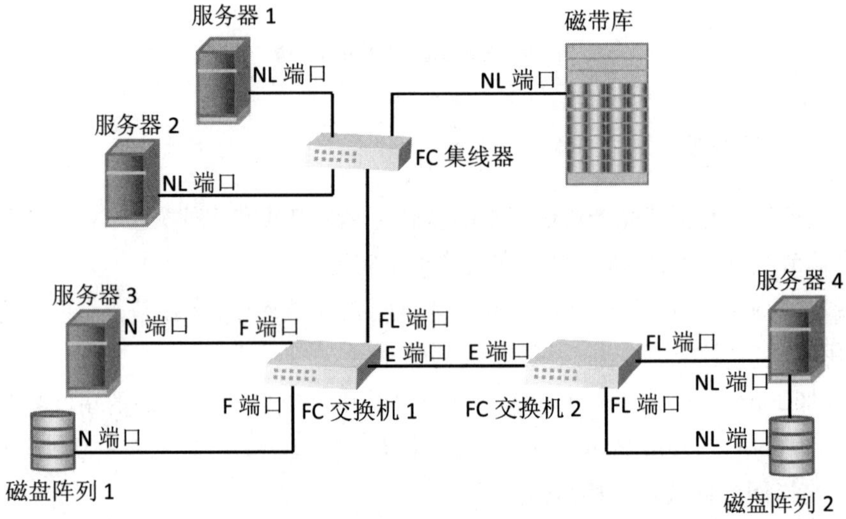

图 5-11 光纤通道系统中的端口实例

对于点对点连接来说，只是 N_Port 到 N_Port 的直接连接。对于 Fabric 交换网拓扑结构来说，表面上，Fabric 交换网只是将 N_Port 连接在一起而已。实际上，一个 Fabric 交换网中可能包含多个 Fabric 交换机。Fabric 交换网的主要功能是从源 N_Port 接收数据，并将其传向目标 N_Port。Fabric 的内部结构对于节点的 N_Port 而言是完全透明的。Fabric 需要进行路由选择，实现内部流控制和与其他交换机之间的通讯。光纤通道解除了工作站对每一端口的管理工作。每一端口只需要管理自己到 Fabric 简单的点对点连接，其他的 Fabric 功能由光纤通道交换机来完成。

5.6.3　光纤通道地址

每个光纤通道可识别设备都拥有固定的光纤通道地址，被称为全球名（World Wide Name，简称 WWN）。这与每块以太网卡都拥有唯一的 MAC 地址相似。WWN 全球唯一且不可改变，其他设备可以通过 WWN 对其进行访问。

光纤通道环境使用两种类型的 WWN：全球节点名（World Wide Node Name，简称 WWNN）和全球端口名（World Wide Port Name，简称 WWPN）。对应每一个光纤通道设备都有一个 WWNN，对应该设备的每一个端口都有一个 WWPN。WWNN 和 WWPN 均为 64 比特的标识符。WWN 被烧录进硬件中或通过软件分配，是存储区域网中存储设备、交换机和服务器主机总线适配卡的标识。

WWN 基于 IEEE 标准格式。在前两字节中，WWNN 只有前 4 位被占用，其余 12 位被保留并置为 0；WWPN 使用 IEEE 扩展标准，生产厂商可以选择使用前两字节的后 12 位，且一般被用于定义设备上的某个端口。中间的 3 字节是公司特有的公司 ID，已在 IEEE 标准登记注册的，可以在以下地址查询：http://standards.ieee.org/regauth/oui/oui.txt。例如，博科公司指派的数据是 00：60：69，最后的 3 字节是交换机主板的序列号。图 5-12 和 5-13 分别展示了 WWNN 和 WWPN 的结构。图 5-14 给出了一个应用实例。

1	0	0	0	8	1	6	4	5	0	C	9	2	1	B	1
	保留12比特			公司ID 24比特						公司指定 24比特					

图 5-12　WWNN 结构

2	0	0	8	0	0	0	5	1	E	0	0	6	0	2	0
	端口定义			公司ID 24比特						公司指定 24比特					

图 5-13　WWPN 结构

光纤网络传输时，如果把 WWNN 和 WWPN 两个地址都放到传送帧的帧头，那么目标地址和源位址一共需要占用 16 字节的数据位，显然这个在帧中占的位数就太多了。64 位的寻址方式不仅会增大帧头的开销，而且会带来更多的处理费用。为此，光纤通道网络采用了另外一种寻址方案。通信设备被动态地分配一个 24 位的端口地址。例如在 Fabric 交换网中，每一个 N_Port 都拥有一个在 Fabric 域内唯一的 24 位 N_Port 标识。N_Ports 既可以通过协议获得其预设定的 N_Port 标识，也可由 Fabric 在设备登录时动态分配。通过采用 24 位的地址方案，可以得到一个较小的帧头，能加速路由的处理。另外，这种 24 位的格式可以提供超过 1600 万个地址，足够存储区域网的使用。

24 位动态标识地址的空间分配如图 5-16 所示。第一字节表示域（Domain），第二字节表示区（Area），第三字节表示端口（Port）。这是所有 Fabric 设备之间进行通信的地址。

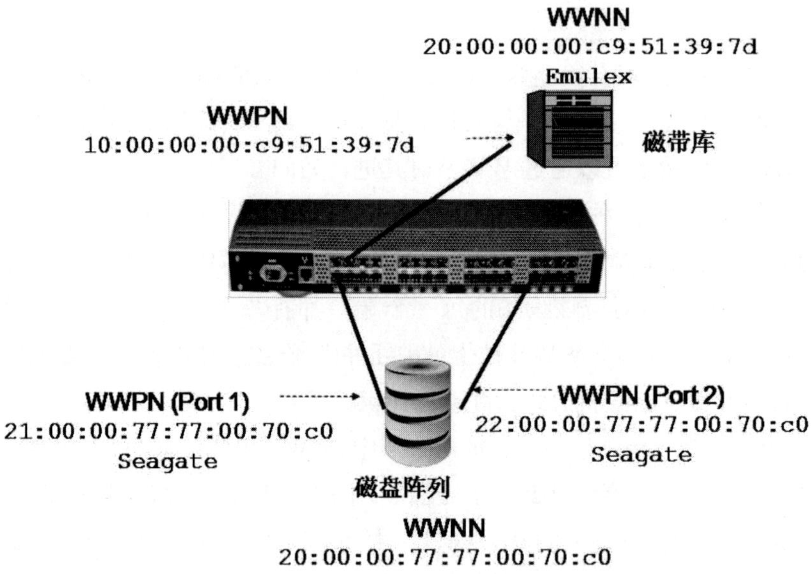

图 5-14 WWNN 和 WWPN 应用实例

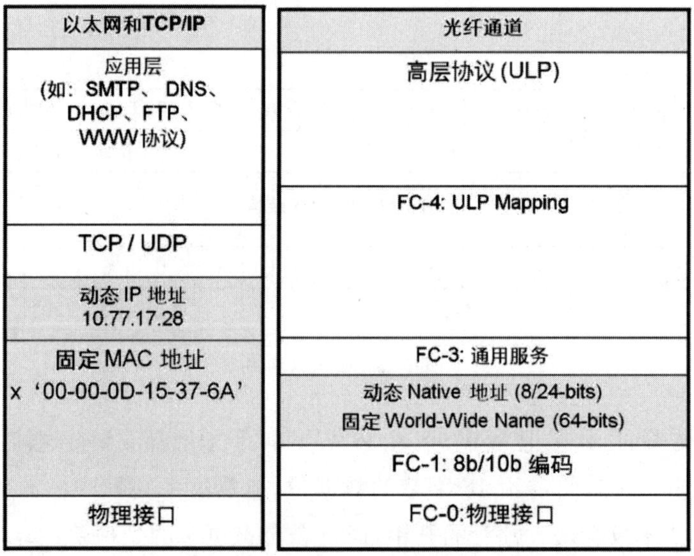

图 5-15 光纤通道与 TCP/IP 网络寻址的比较

24比特地址空间		
Domain ID 8 Bits	Area ID 8 Bits	Port ID 8 Bits

图 5-16 24 位动态标识地址的空间分配

Fabric 上不同类型的节点端口有不同格式的动态光纤通道地址。这些端口可以是在同一个公共环上的一个 N 端口和一个 NL 端口，或是私有环上的一个 NL 端口。

N 端口的光纤通道地址的第一字段包含了交换机的域 ID。这是一个 8 比特的字段。在 256 个可能的域 ID 中，只有 239 个可用，剩下的 17 个地址是作为特殊用途而保留的。例如，oxFFFFFC 保留作为名字服务器，oxFFFFFE 保留作为 Fabric 登录服务。在一个 Fabric 交换网中，N 端口的最大可能数为 239 个域×256 个分区×256 个端口＝15663104 个光纤通道地址。

NL 端口的光纤通道地址模型与其他端口不同。在一个私有环中，NL 端口的光纤通道地址的两个高位字节分配为全 0。但当一个仲裁环通过一个 FL 端口连接到 Fabric 上时，它就变成了公共环。这时，NL 端口支持 Fabric 登录，于是两个高位字节就被交换机设成正数值，并被称为环标识(Loop Identifier)。在同一个环里面，所有 NL 端口的环标识都是一致的。NL 端口的光纤通道地址的最后一个字段(包括公共环和私有环)都用来标识仲裁环物理地址 AL_PA。理论上，AL_PA 可用地址为 2^8＝256 个。但是，由于一半的 AL_PA 被保留作为将来使用，还有一个地址保留给交换机的 FL 端口，所以实际上，只有 126 个可用的物理地址。图 5-17 展示了 N 端口、公共环 NL 端口和私有环 NL 端口的光纤通道地址格式。

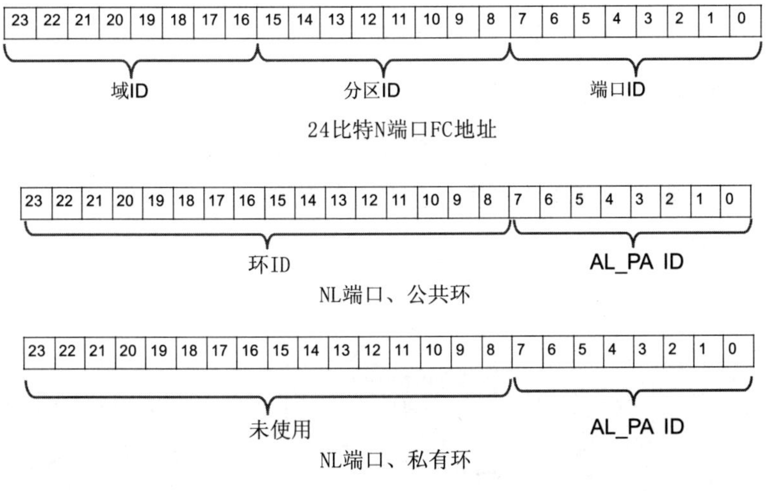

图 5-17　N 端口、公共环 NL 端口和私有环 NL 端口的光纤通道地址格式

在基于交换的光纤网络中，交换机本身负责分配和维持动态端口地址。当含有某 WWN 的装置通过某一个特定的端口登录到交换机时，交换机将会给相应的端口分配一个动态的端口地址。同时，交换机也会维护动态端口地址和相应端口连接设备的 64 位 WWN 地址之间的映射关系。这个功能就是通过上文介绍的名字服务器来实现的。光纤通道的动态地址分配方案允许拓扑结构自己分配地址，从而减少了手工管理地址空间的开销，这消除了手工维护地址出错的潜在可能性，而且在移动和改变存储区域网方面也提供了更多的灵活性。

5.6.4 光纤通道 Fabric 登录

光纤通道在连接建立时通常有一个登录过程，如图 5-18 所示。登录是指两个端口连接时，互相交换一些参数，以用于双方之间随后的通信。光纤通道 Fabric 网登录遵从以下 3 个步骤，如图 5-18 所示。

1. 交换机登录(Fabric Login，FLOGI)

交换机登录在一个 N 端口和一个 F 端口之间进行，即在一个光纤通道设备和光纤网交换机之间。

要登录交换网，设备 N 端口向一个已知地址 oxFFFFFE 发送一个 FLOGI 帧，其中包含全球节点名 WWNN 和全球端口名 WWPN 作为参数。然后，交换机接受登录并且返回一个 Accept(Acc)帧，包含一个分配好的光纤通道地址给该设备。完成 FLOGI 之后，N 端口将自己注册到交换机的本地名字服务器上，指明其 WWNN、WWPN 和分配的光纤通道地址。

2. 端口登录(Port Login，PLOGI)

端口登录在一个 N 端口和另一个 N 端口之间进行，并建立一个会话。发起方的 N 端口发送一个 PLOGI 请求帧到目标方 N 端口，然后目标方 N 端口接收，并返回一个 Acc 给发起方 N 端口。接下来 N 端口就会进行会话相关服务参数的交换。

3. 程序登录(Process Login，PRLI)

程序登录也在 N 端口和另一个端口之间进行。这种登录与 FC-4 高层协议相关，例如 SCSI。N 端口交换 SCSI-3 相关的服务参数和共享信息，包括正在使用的 FC-4 类型、SCSI 发起方或目标方等。

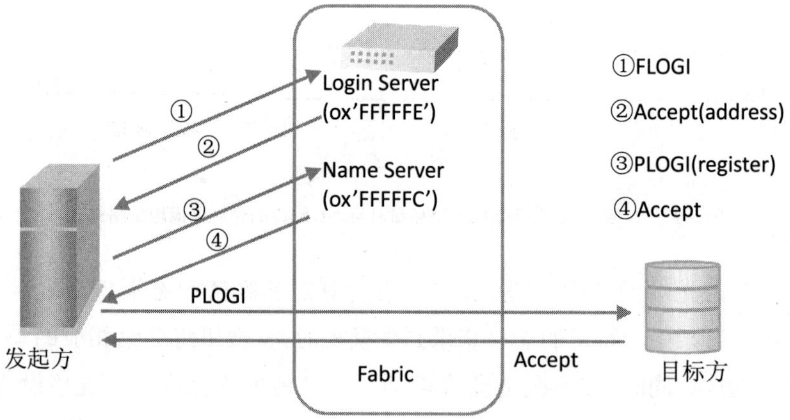

图 5-18　光纤网登录过程

5.7　FC-4 上层协议映射

在光纤通道体系结构中，有很大一部分工作集中于建立一个能够高效传输并分发现有多种高层协议(ULP)的机制。FC-4 是光纤通道的高层协议映射层，主要完成高层协议与光纤传输层数据的映射。由于现有操作系统的投资大部分集中于设备驱动层，接口与原有系统越相似，光纤数据通讯层的成本就越可能得到缩减。

FC-4 将高层协议与底层光纤 Fabric 完全隔离，将高层协议映射到光纤传输层，同样也把从光纤通道接收到的帧序列映射成应用协议的信息单元，然后交给应用协议。光纤通道平等地传输网络与通道信息，允许两种协议同时在同一物理层上进行传输。

FC-4 层现在可支持的协议包括存储协议、网络协议和服务器集群协议三类。支持的存储协议包括小型计算机系统接口(SCSI)命令集、单字节命令编码集(SBCCS)、高性能并行接口(HIPPI)和智能外设接口(IPI)等；支持的网络协议包括 IP、ATM 计算机数据传输层 (AAL5)、IEEE 802.2、连接封装 (FC-LW)等；支持的服务器集群协议包括 VI (虚拟接口)等。图 5-19 清楚地展示了 FC 层的作用。

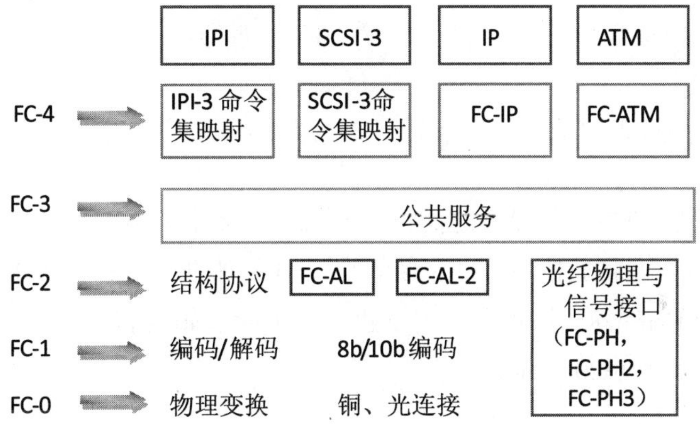

图 5-19　FC 不同层在光纤通道协议中的作用示意图

通过光纤通道协议层传输 SCSI 命令和数据是目前光纤通道的主要用途。FCP-SCSI 协议(Fiber Channel Protocol for SCSI，Fourth Version)是一个串行协议，将 FC 设备映射为可以被操作系统访问的逻辑驱动器。在这个协议基础上，以前的基于 SCSI 的应用程序可以不作任何修改就能使用光纤通道。通过这样的方式，存储设备与服务器之间的 SCSI 电缆就被一个光纤通道网络所取代。因此，下面以 FCP 数据传输过程为例说明上层协议与 FC 协议的映射关系。

5.8　FCP 数据传输过程

SCSI 域中的 I/O 操作被映射为一个 FC 交换，一个携带着 SCSI I/O 操作信息的 FC 交换就是一个 FCP 交换。I/O 操作的请求和响应将如下表 5-2 所示被映射为信息单元(Information Unit,简称 IU)。在 FC 中,交换(Exchange)表示传输数据的基本机制,由一个或多个相关序列组成。同一交换的序列不能同时出现,方向可能相同或相反。序列(Sequence)是光纤通道网络中两台设备数据交换的最小单位,与信息单元(IU)相映射,由一个或多个拥有相同序列 ID 的帧组成,最大长度为 128MB。帧是在光纤通道连接中数据包的最小单位。

在表 5-2 中,FCP_CMND 表示向目标方发送的包含 SCSI 命令的光纤通道信息单元(序列),FCP_XFER_RDY 表示包含相对偏移和传送数据长度等信息命令的光纤通道信息单元,FCP_DATA 表示包含传送数据的光纤通道信息单元,FCP_RSP 表示包含 SCSI 命令执行状况和反馈信息的光纤通道信息单元。不同信息单元有不同的使用和格式要求,它们将 SCSI 域中的指令或数据映射到 FC 网络中的序列中,再通过 FC 网络进行传输。

表 5-2 SCSI 与 FCP 功能对应

SCSI 术语	FCP 术语
I/O 操作	交换(Exchange)
请求和响应	序列(Sequence)
命令服务请求	FCP_CMND
数据传送请求	FCP_XFER_RDY
数据传送行为	FCP_DATA
命令服务响应	FCP_RSP

在 FC 网络中,两个通信设备之间可以同时建立多个交换。每个交换具有唯一的交换 ID 和序列 ID,以便将通信流分开。帧的交换和序列的这种嵌套结构最大限度地利用了两个设备之间的链路资源,并且其用于建立和拆除逻辑连接的开销是最小的。交换、序列和帧的关系如图 5-20 所示。

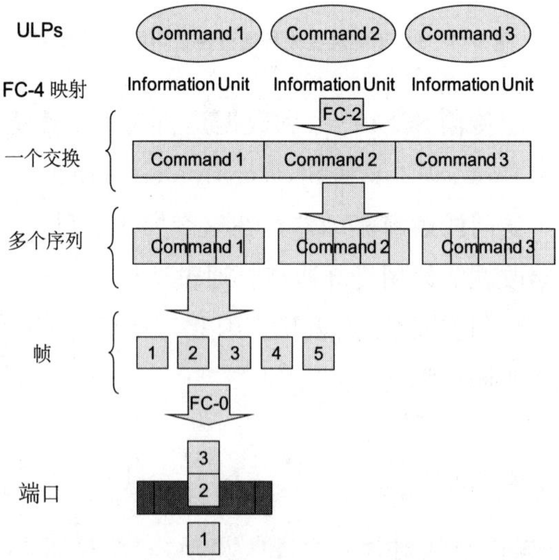

图 5-20 交换、序列和帧的关系

FCP 数据传输过程中，数据的发起方被称作 Initiator，数据的接收方被称作 Target。当连接建立好后，数据的传输过程如图 5-21 所示，包括如下步骤：

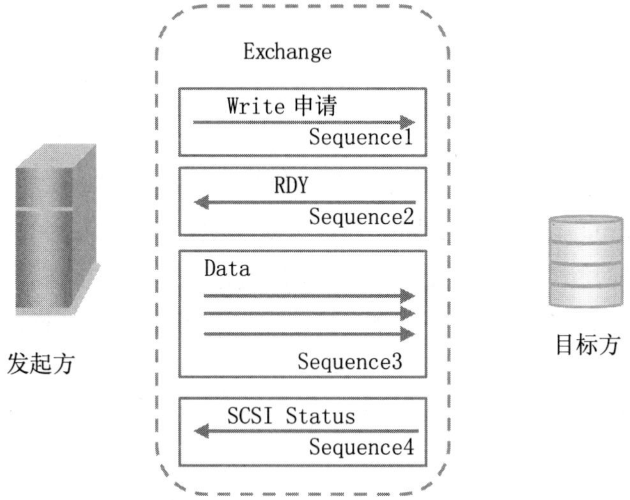

图 5-21　FCP 数据的传输过程

1. 主机发起一个 SCSI 的写申请

该命令被封装在一个序列的一个帧里。

2. 设备准备好

存储设备收到写申请后，给发送者发送一个设备准备好的 SCSI 的回应命令 RDY。该命令同样被封装在一个序列的一个帧中，并进行网络传输。

3. 写数据

主机收到设备准备好的消息后，开始向存储发送 SCSI 的写数据命令。数据被封装在一个序列的多个帧中。

4. 完成

存储返回写成功的 SCSI 命令。

在上面的传输过程中，第一步、第二步和第四步传输的都是一个具体的 SCSI 指令，内容容量都不大，可以被装到一个序列的一个帧中，传输到目标主机上。第三步是传输数据。数据很大，一个帧装不下，需要分块后装在多个帧中。而这些帧同属于一个序列，被传输到目标设备中。上面的 4 个步骤完成了一个向硬盘写数据的过程，这个完整的过程就是一个交换。

5.9　光纤通道主要设备

光纤通道中主要用到的设备包括 FC HBA 和光纤通道交换机。

5.9.1 FC HBA

HBA 的全称为 Host Bus Adapter，即主机总线适配器，是主机内部的总线与外部 I/O设备之间连接的桥梁。FC HBA(光纤通道卡)的作用就是实现内部通道协议(如 PCI 或S-BUS)与光纤通道协议之间的转换。服务器或工作站只有安装了 FC HBA 才具有构成光纤通道网络的功能。

HBA 卡对于主机来说只是一个用于存储的设备。主机将其认为是一块存储卡，通过它可以访问存储设备。存储区域网络的细节对于主机来说是透明的。任何设备在与存储区域网相连接时都需要拥有光纤通道接口或接口板。HBA 可以为包括 PCI 和 S-BUS 在内的多种内部总线提供相应接口。目前的 FC HBA 接口卡产品可以支持很多特性，例如，即插即用、支持铜/光接口、支持 SNMP(简单网络管理协议)和 MIB(信息管理基础)以及支持仲裁环路和 Fabric 交换拓扑结构等。图 5-22 给出了一些 FC HBA 接口卡实例。

图 5-22 FC HBA 接口卡实例

以太网卡可以提供数据打包处理、提供物理地址和链路连接错误检测的功能。而 FC HBA 除了以上 3 个功能之外，还可以提供序列级错误检测、管理流控制、为 I/O 和包提供连接、操作多个请求队列、管理多个并发 I/O、数据的分析和管理以及存储虚拟化运行的功能。这些在以太网卡中由 CPU 负责。因此，光纤通道 HBA 比以太网卡更贵，但可以减轻 CPU 的负担。

5.9.2 光纤通道交换机

光纤通道交换机(FC-SW)是一个连接节点、设备和其他光纤通道交换机的智能设备，其外形和端口如图 5-23 所示。光纤通道交换机的智能意味着其具有完全的即插即用功能，并且它只要连接到正确的收发器上，就可以检测出连入设备的种类。同时，光纤通道交换机还支持多种管理标准。

图 5-23 光纤通道交换机

与基于第一代光纤通道仲裁环路技术设计的光纤通道集线器相比，光纤通道交换机是唯一具有所有光纤通道优点和速度优势的解决方案。目前光纤通道交换机内置的软件已经能够同时支持光纤通道环路和 Fabric 设备。

光纤通道交换机的工作原理如下：FC-SW 也被称作 Fabric 连接。一个 Fabric 是一个逻辑空间，所有节点都可以在其中互相通信。交换机在整个 Fabric 中发布连接到 Fabric 设备的数据，以提供分布式服务。在 FC-SW 中，节点并不共享一个环；相反，数据是通过一个专用的路径在节点间进行传输，传输的数据通道带宽为一个光纤通道的带宽。每个 Fabric 上的端口都有一个唯一的 24 比特的光纤通道地址用于通信。FC-SW 可以通过交换端口将数据流量从一个发送方节点直接转发到另一个目标方节点。Fabric 所做的就是在源和目标之间进行帧的路由转发。FC-SW 拓扑上的数据传输如图5-24所示。如果节点 B 需要与节点 C 通信，节点首先应该单独登录，然后通过 FC-SW 发送数据。这条链路被看作一条发起方和目标方之间专用的链接。

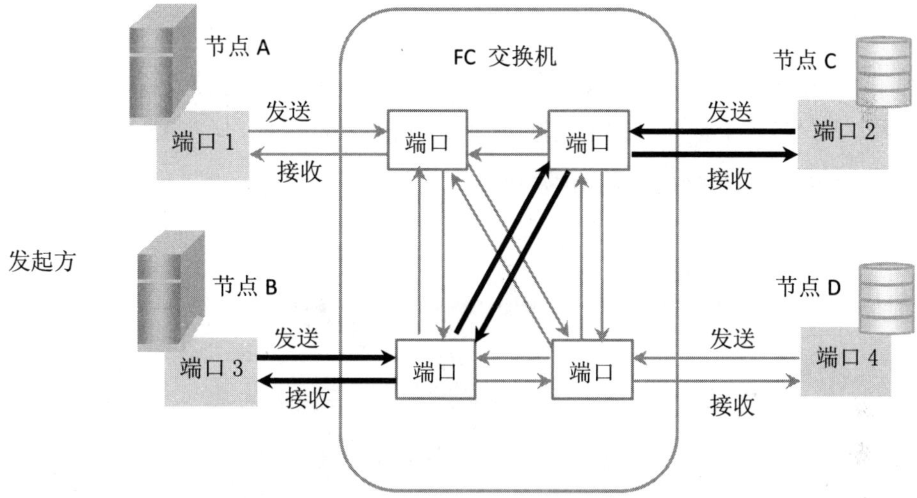

图 5-24　FC-SW 拓扑上的数据传输

光纤通道交换机具有诸多特点，包括提供多个端口（如 8、16、32、64、128 口等），支持交换 Fabric 和传统 Loop 设备，保证 2Gbit/s、4Gbit/s、8Gbit/s 等多种传输速率，全双工性能，交换机间提供逻辑干线合并功能，拓扑结构自动协调和自动配置（自恢复）以及端到端性能监控。一些交换机产品还可以提供以下特性：集成 SNMP 和 MIB 兼容协议以支持远程管理（类似 Telnet）、配置管理工具提供监控能力（基于 Web 的图形用户界面）以及自动端口隔离和设备故障切换以实现容错功能并提供 N+1 热交换部件等。

通常根据系统的需要来选择光纤通道交换机。大型交换机较小型交换机更为昂贵。有些系统设计会先选择小型交换机，随系统增加而逐渐扩充。例如，许多 IT 部门一开始只使用两个 8 端口交换机构成存储区域网孤岛。当认可新技术的可靠性后，就可以购买大一些的交换机（例如 16 端口）。64 和 128 端口的核心交换机主要用于多个存储区域网孤岛之间的连接。

5.10 存储区域网 SAN(Storage Area Network)

5.10.1 SAN 的基本概念

存储区域网(Storage Area Network,简称 SAN)是一种利用 FC 等互联协议连接起来、可以在服务器与存储设备之间以及存储设备与存储设备之间直接传送数据的网络,进一步说,是一种在服务器和外部存储资源或独立的存储资源之间实现高速、可靠访问的专用网络。SAN 采用可扩展的网络拓扑结构连接服务器和存储设备。每个存储设备不隶属于任何一台服务器,所有的存储设备都可以在全部的网络服务器之间作为对等资源共享。

存储区域网将计算(主机)、传输(交换机)和存储(RAID/Tape)分离,如图 5-25 所示。存储区域网中,主机可以访问任何存储设备,存储设备之间也可以互访。而且,主机和存储设备均可以独立扩展。SAN 是 SCSI 技术与网络技术相结合的产物,它将 SCSI 存储设备与主机的连线用网络替代,解决了 SCSI 允许连接设备数量较少和连接设备距离非常有限的问题,并且实现了存储资源的共享。SAN 网中的存储设备通过接口直接连接到网络。在 SAN 中被共享的不是数据,而是存储系统本身。与 NAS 提供文件级的服务不一样,SAN 向用户提供块数据级的服务。

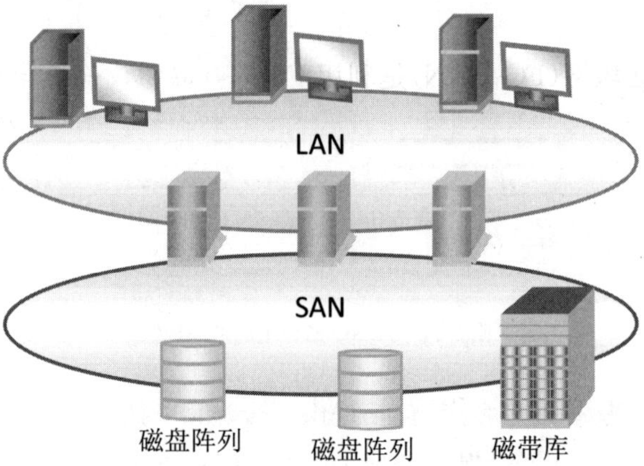

图 5-25　SAN 网络简单示意图

5.10.2 SAN 的两种主要形式

将 SCSI 命令和数据通过网络传输,可选择 FC 协议和 IP 协议两种传输方式,相应地就存在基于光纤通道技术(Fiber Channel)的 FC-SAN 和基于 IP 存储(IP Storage)的 IP-SAN,如图 5-26 所示。图中左边的图为磁盘阵列等存储设备通过电缆和 SCSI 卡直接与主机相连;中间的图为利用 FC 协议网络将磁盘阵列等存储设备通过光纤连接设备、FC 交换机以及 FC HBA 卡与主机相连;右边的图为利用 IP 协议将磁盘阵列等存储设备通过网络连接设备、以太网交换机以及 iSCSI 卡与主机相连。本节将基于这两种协议的 SAN 进行介绍。

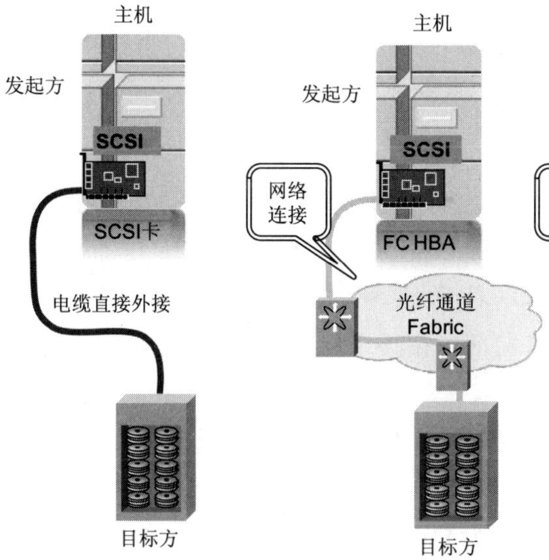

图 5-26　FC-SAN 和 IP-SAN

1. FC-SAN

FC-SAN 于 1997 年发布，其通过光纤网络进行连接，选用 FCP 作为传输协议。

光纤通道存储区域网(FC- SAN)是利用 FC 等互联协议连接起来、可以在服务器与存储设备之间以及存储设备与存储设备之间直接传送数据的网络。FC-SAN 由光纤通道网络和以太网络两个网络共同构成，通常被称为双网结构。在这个双网结构中，以太网络负责工作站与元数据服务器之间、工作站与工作站之间的元数据信息传输和交换；光纤通道网络负责实际数据的高带宽传输。如图 5-27 所示，图中第一网和第二网分别对应以太网 LAN 和 FC 网。

FC-SAN 中，服务器上通常配置两个网络接口适配器(两种网卡)：与以太网连接的

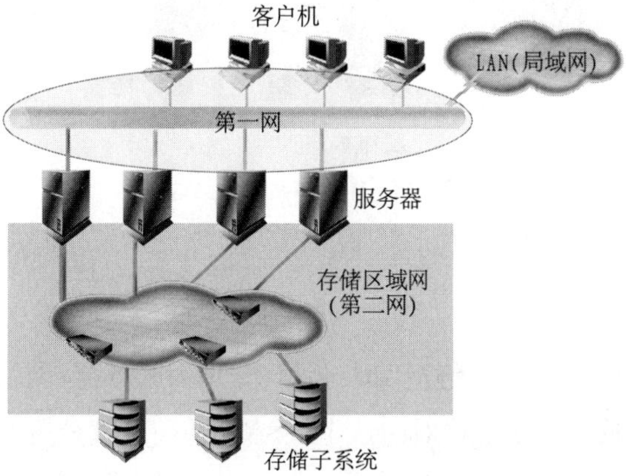

图 5-27　FC-SAN 的双网结构

普通网卡，服务器通过该网卡与客户机交互；与 SAN 连接的 FC HBA 卡，服务器通过该卡与存储设备交互。通过光纤通道使网络中的设备直接与中心存储体相连，具有高速存取和共享存储体等特点。FC 网络可提供的速度较快，而且采用 FC 可避免大流量数据传输时发生阻塞和冲突，非常适合高速和不间断视频数据流的传送。用户能在网上任一工作站访问共享存储体以得到素材，避免了服务器方式的瓶颈效应。

2. IP-SAN

IP-SAN 于 2003 年发布，数据链路层和物理层通过以太网络进行连接。IP-SAN 是采用 iSCSI 协议构建的 SAN 存储区域网。iSCSI，即 Internet-SCSI，是将 SCSI 指令和数据经 TCP/IP、以太网进行传送的协议（对于 iSCSI 的详细介绍见第 6 章）。IP 网络相较 FC 网络应用范围更广、成本更低，有灵活的拓扑结构，而且 iSCSI 协议本身没有距离限制，使得 IP-SAN 易于使用和扩展。

IP 存储区域网（IP -SAN）通常被称为单网结构。元数据服务器与工作站之间的元数据、实体文件数据都是通过以太网络来进行传输和交换的。这种单网结构如图5-28所示，它以 iSCSI 设备为核心存储，可以充分利用现有设备加以扩展，系统建设时对现在系统修改较小，并且管理维护很方便。不同于传统存储结构中的服务器与存储设备之间的主从关系，在 IP-SAN 中，多台工作站、服务器以及多个存储器配置在同一个 SAN 上；任何一台工作站或服务器均可对网络中的任何一个存储设备进行读/写操作。

IP-SAN 这种单网结构也存在很大弊端。因为网络的带宽是有限的，大量的数据在网上传输占用局域网开销较大，造成网络响应时间过长、影响网络的性能等问题。

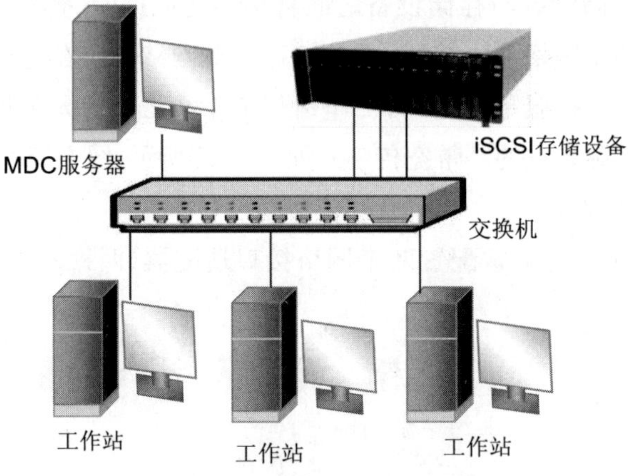

图 5-28　IP-SAN 的单网结构

5.10.3　FC-SAN 的组成

一个完整的 FC-SAN 的组成包括四大部分，分别为服务器、网络互联部件或设备、存储设备以及存储管理软件。本节将对组成 FC-SAN 的前三部分进行介绍，存储管理软件将在下一节中进行阐述。

1. 服务器

服务器基础结构是所有 FC- SAN 解决方案的前提。在 FC-SAN 中服务器平台可以是不同的操作系统，包括 Windows、UNIX 和 OS 等。为了与 FC 交换机相连，服务器必须配置 FC HBA 卡。

2. 网络互联部件或设备

网络互联部件或设备包括线缆和连接器、集线器、交换机、路由器等，下面分别进行介绍。

线缆和连接器就是遵循 FC-0 层标准的物理器件，前文中已介绍主要有 SFP 和 GBIC 模块，除此之外常用的连接器还有介质接口适配器（Media Interface Adapter，简称 MIA）。MIA 可将 FC 铜缆转换到多模光纤，通过 DB-9 连接器从设备上接受电源。MIA 使用标准双 SC 接口。当设备距离超过 30m 铜缆限制时，MIA 将一个铜缆接口连接到光纤通道集线器或交换器上，从而扩展了从 HBA 到集线器或交换机的连接距离。

集线器（Hub）与局域网中的集线器类似，所有的设备都被连接到作为中心的集线器端口上，之后集线器内部将这些设备连接成环。光纤通道集线器将设备连接成仲裁环；所有设备共享一个光纤通道的带宽；在同一时刻只允许两个设备使用环通信。一个逻辑环路上可以连接多达 126 个节点。

交换机（Switch）是用于连接大量设备、增加带宽、减少阻塞和提供高吞吐量的一种高性能设备，详细的介绍见前文。

一个或两个以上的 FC 交换机通过 E 端口连接到一起，形成一个 SAN Fabric。两个或以上 SAN Fabric 相连，则可以通过 FC 路由器（Router），由 FC Router 相连形成的 SAN 被称为 Meta SAN。FC Router 与网络路由器的不同在于 FC Router 数据的路由选择使用的是 FCP(SCSI)之类的存储协议，而不是 TCP/IP 之类的通信协议。

3. 存储设备

存储设备可以直接接入存储网络。目前的存储设备包括 RAID、JBOD、磁带存储设备和光存储设备。RAID 和 JBOD 如第 3 章所述，为磁盘阵列。磁带存储设备主要有磁带库，它能够同时管理多个磁带。通常在需要非常大存储容量的系统中使用磁带库。磁带不是随机存取的媒体，因此，磁带库难以采用一个磁带驱动器对多个磁带并行访问的方式来提高读/写速度，而是主要用于备份和恢复数据。光介质设备的读/写性能也比较差，主要用于数据冗余备份或归档存储。

5.10.4　SAN 构架的文件管理

SAN 的文件管理系统是实现 SAN 网络的核心。

1. SAN 软件功能

SAN 中的软件负责网络管理和网络存储资源的共享。由于许多服务器、磁盘阵列及带库等设备都共享同一个存储网络，共享网络的高带宽和灵活性，重要数据都在存储网络之中，所以大中型存储网络的管理是非常必要的。

管理软件的功能分为几个层次，包括网络设备的操作管理(如 Switch 端口的分区和参数设置)、网络设备监控管理、网络故障侦测管理、网络故障恢复管理及网络性能分析管理等。

在实际应用中存储资源管理共享软件需要考虑，包括相同平台共享存储资源、多种不同平台共享存储资源、同一时间共享存储资源上的同一磁盘分区上的同一文件、同一时间共享磁盘上不同分区上的不同文件以及不同时间访问同一磁盘分区上的同一文件等问题。不管哪种级别的共享，它们的关键都在于存储网络系统中各种设备及相互间的通信。

SAN 提供的是块接口，使用不方便，因此，若缺乏统一的管理系统，SAN 的用户之间很难共享存储设备中的数据。为防止多个 SAN 用户同时存取一个数据块而造成该数据块的损坏，简单的做法是预先划分好并被用户独占，显然这种方法的存储空间不能在用户之间共享。为了实现共享，就需要建立统一的存储管理机制，以便统一管理 SAN 中的所有存储资源和数据。目前，常用的 SAN 管理软件有 StorNext FS、SANergy 或 image-SAN 等。

2. SAN 文件系统结构

在介绍 SAN 文件系统结构之前，先介绍一下存储虚拟化(Storage Virtualization，简称 SV)。存储虚拟化就是把多个存储介质模块(如磁盘阵列、RAID、JBOD 等)通过一定的手段集中管理，使所有的存储模块在一个存储池中得到统一管理。存储虚拟化可以将实际的物理存储实体与存储的逻辑表示分离开来，可以简化存储管理。应用服务器只与分配给它们的逻辑卷打交道，而不用关心其数据实际是在哪个物体存储实体上。同时，存储虚拟化还可以提高存储效率。虚拟存储化技术把系统中各个分散的存储空间整合起来，形成一个连续编址的逻辑存储空间，且存储池扩展时能自动重新分配数据，从而极大地提高了存储利用率。因此，SAN 系统一般都采用存储虚拟化技术来管理存储设备。

存储虚拟化又分为带内虚拟化(In-band Virtualization)和带外虚拟化(Out-of-band Virtualization)两种，如图 5-29 所示。带内虚拟化是指虚拟化操作在服务器和存储设备之间交换数据的通道中执行，即数据和控制信息使用相同的传输通道。在带内虚拟化方式中，虚拟化层可以在交换机或路由器中实现，也可以用一个专用的服务器作为虚拟化平台。带内虚拟化方式的优势在于服务器使用方便，无须通过 SAN 去发现多个存储目标，而只要看到由虚拟化设备提供的单个巨大的存储资源；不足之处是虚拟化引擎位于服务器和存储设备之间，所以当更多服务器和存储设备加入到 SAN 时，它可能成为系统性能瓶颈。

带外虚拟化指虚拟化引擎在存储数据传输通道之外的一个设备上实现，即控制信息与数据在不同通道上传输。在这种方式中，使用一台或多台专用的元数据服务器，用于存放整个虚拟存储池的全局数据视图，处理元数据的访问。虚拟化软件一部分位于元数据服务器，另一部分位于应用服务器或用户主机上。位于应用服务器的虚拟化软件被称为虚拟代理，它的作用是 I/O 重定向。当应用服务器所需的数据不在本地的数据视图中时，虚拟代理将把 I/O 命令发往元数据服务器，后者则把所需的元数据返回给应用服务器来指示数据存储位置。这种结构比较复杂，但是因为它具有存储性能和可扩展方面的优势，因而成为 SAN 虚拟化的主要方式。为防止带外设备失效引起系统中断，常采用同步 I/O 控制的冗余的带外设备，以提高系统的可用性。

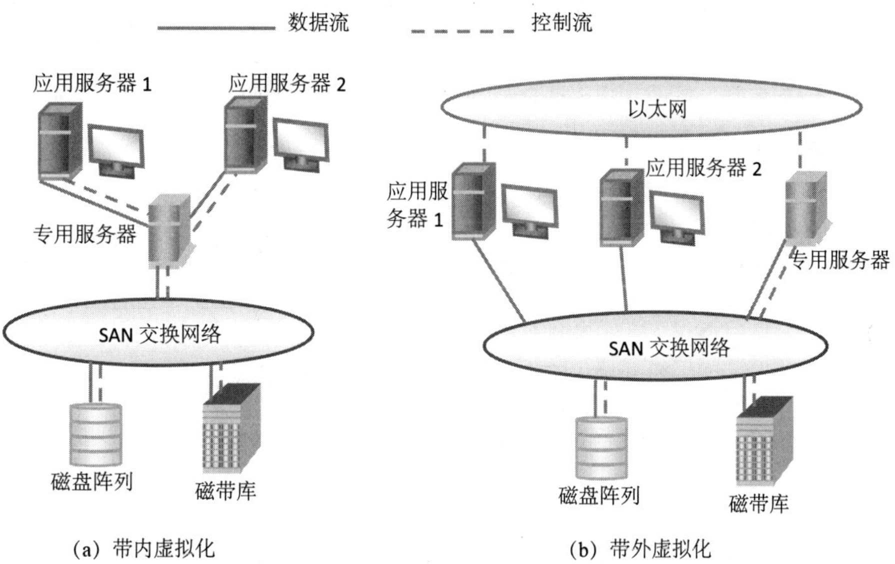

图 5-29　带内虚拟化和带外虚拟化原理示意图

在 SAN 中建立文件系统大致有 3 种方法：全集中式文件系统、半集中式文件系统和全分布式文件系统。全集中式文件系统原理如图 5-30 所示，该系统中的文件服务器负责 SAN 上所有存储资源的管理，并为用户提供统一的文件操作介绍。此文件服务器实际上就是一个 NAS 头，用户对 SAN 存储设备中数据的访问都要经过它的存储和转发，因此

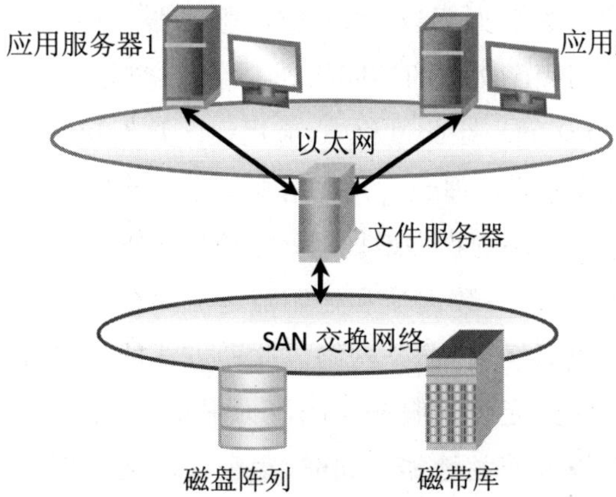

图 5-30　全集中式文件系统工作原理示意图

也通常被看作 NAS 和 SAN 的结合。带内虚拟化方式一般采取这种方式。这种方式的优点是文件系统比较简单,但文件服务器容易成为系统瓶颈,而且事实上与 NAS 系统差别不是太大,因此并不算是 SAN 的主流方式。

全分布式文件系统是将全集中式文件系统中的文件服务器去掉,让系统中的应用服务器自己协商对存储资源和数据的共享,是将文件服务器的工作分布到所有应用服务器上,如图 5-31 所示。应用服务器在访问 SAN 上的存储设备之前,先通过 LAN 互相协商,在取得访问权限之后,直接通过 SAN 存取其上的存储块。每个应用服务器都拥有完整的存储管理信息,能看见所有的存储资源。这种方式应用服务器负担较大,而且当网络规模较大时,应用服务器之间的协商也是一项耗时的工作;另外,要保持整个文件系统的一致性也比较困难。目前,GFS 是全分布式 SAN 文件系统的典型代表,不过在电视台内这种系统还鲜有案例。

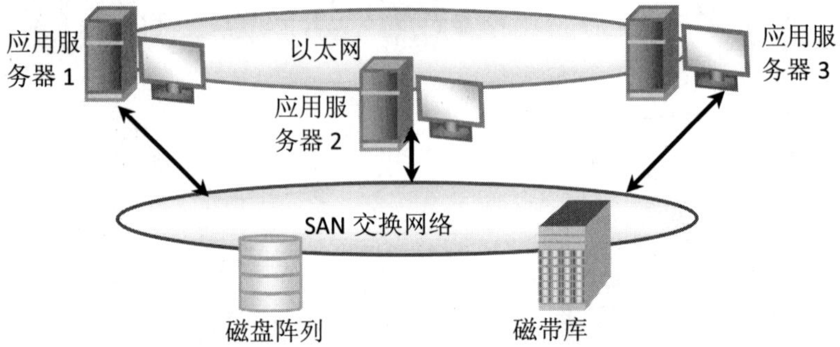

图 5-31　全分布式文件系统工作原理示意图

目前常用的是半集中式文件系统,这种文件系统工作原理与图 5-29(b)相似,应用服务器与 SAN 直接相连,可以直接访问 SAN 中的存储设备。专用服务器(即元数据服务器)也直接连在 SAN 网络中。SAN 应用服务器侦听应用程序发出的"打开文件"请求,通过网卡(Network Interface Card,简称 NIC)发送给元数据服务器。元数据服务器响应"打开文件"请求,首先验证访问权限,并从 SAN 中相应位置获取文件的元数据信息(包括文件位置、权限和属性等),之后返回给 SAN 应用服务器。然后,SAN 应用服务器验证安全性权限,并提供给应用程序文件的访问操作。在这之后,应用程序就可以与 SAN 存储设备直接进行数据 I/O 访问。在此过程中,应用程序并不知道"打开文件"请求是由 SAN 应用服务器和元数据服务器处理的。元数据服务器为其解析文件路径名,并完成文件到存储块的转换,而后把存储块的物理地址返回给应用服务器。

在半集中式 SAN 文件系统中,数据流和控制流是分离传输的。控制流只经过以太网和元数据服务器,而数据流只经过 SAN 网络。这种方式的主要优点是消除了服务器瓶颈。控制流数据量很小,因此元数据服务器的压力很小,这使得数据访问速度大大提高,可以拥有与本地文件系统同等的性能。同时,集中式的元数据管理使得异构多平台数据共享成为可能,还可以提高存储空间的利用效率。通过分离文件元数据和数据,使得元数据服务器和存储设备都可以根据需要进行扩展，从而提高系统的可扩展能力。

半集中式 SAN 文件系统的数据访问模型可以被称为客户/元数据服务器模型，即元数据服务器仅向客户提供元数据服务，使客户可以直接访问存储设备获取所需的普通数据。

元数据是记录存储设备空间分配情况和目录/文件定位的信息的集合，包括文件名、文件属性（如文件创建或修改时间、文件的存取控制信息等）、文件在磁盘上的存储位置（逻辑块到逻辑块的映射关系）、各目录文件的内容以及目录之间的层次关系，是保持文件系统完整性和一致性的依据。

SAN 文件系统一般由三个物理要素构成：元数据服务器、客户机和存储设备。元数据服务器的主要功能包括提供全局的单一命名空间、存储空间的分配和释放、并发访问控制、元数据的登记/提供（给文件系统客户）/更新以及数据完整性保证等。除此之外，元数据服务器还应该提供存储管理、数据管理和管理员服务。存储管理服务包括监控存储池的状态、存储故障报警、拆除磁盘等；数据管理服务包括为文件选定服务级别、管理数据在存储设备上的分配方式和存储位置、在存储池之间迁移数据、建立文件数据和元数据快照等，其上安装有 SAN 文件系统的服务器端软件。

客户机的主要功能包括接受应用层文件访问请求、通过控制网络从元数据服务器获得元数据和通过光纤通道直接访问存储设备上的数据。客户机上运行的客户端软件由文件系统接口、客户状态管理器和操作系统服务组成。

元数据服务器和客户机之间通过以太网互联。同时，元数据服务器、客户机同存储设备之间通过 SAN（FC-SAN 或 IP-SAN）互联，构成 SAN 网络系统。数据 I/O 访问操作和元数据操作是 SAN 文件系统的两类操作。数据 I/O 访问操作主要是读和写等，而元数据操作包括文件打开/关闭/创建/删除、目录创建/删除、文件空间分配/释放及文件属性设置/修改等。

在 SAN 文件系统中首要的任务是考虑如何实现数据的共享。为了实现共享，首先需要命名的唯一性，即在所有的应用服务器上，用户都可以用相同的名字来访问该文件或者目录，而无须关心文件的实际存储位置和为其提供服务的元数据服务器的位置，因此，SAN 文件系统需要提供单一的全局名字空间。另外还需要考虑数据一致性问题。为了提高客户机读/写数据的速度，客户端普遍使用缓存元数据的技术，这使得一个文件数据可能在多个客户机上都有一个缓存副本，从而可能导致多节点对数据的改动或删除不一致，破坏数据的完整性和一致性。为避免该类情况发生，有多种解决方案，目前最常用的是锁机制与租约协议。只有拥有写锁的客户才能无条件地对文件进行修改，否则就无法进行修改。为方便锁及时回收和管理，一般会采用租约方式。当租约到期或网络出现故障，锁将及时回收。当然，这些策略在具体实现时还有更多细节需要考虑，在此不再赘述。

5.11 DAS、NAS和SAN剖析

直接附接存储DAS是最原始的存储结构。存储设备只用于与独立的一台主机服务器连接,其他主机不能使用这个存储设备。而NAS和SAN为共享存储体系结构。对于SAN来说,网络基础设施可能是光纤通道(FC-SAN)或千兆位以太网(IP-SAN),其上传输的存储数据类型为SCSI块数据,通常具有更高的性能,花费较高的总体成本。对于NAS来说,典型的网络基础设施为以太网,其上传输的存储数据类型是基于文件的。NAS使用共享的IP网络,具有适中的性能,花费较低的总体成本。图5-32给出了DAS、NAS和FC-SAN在实现方式上的比较。

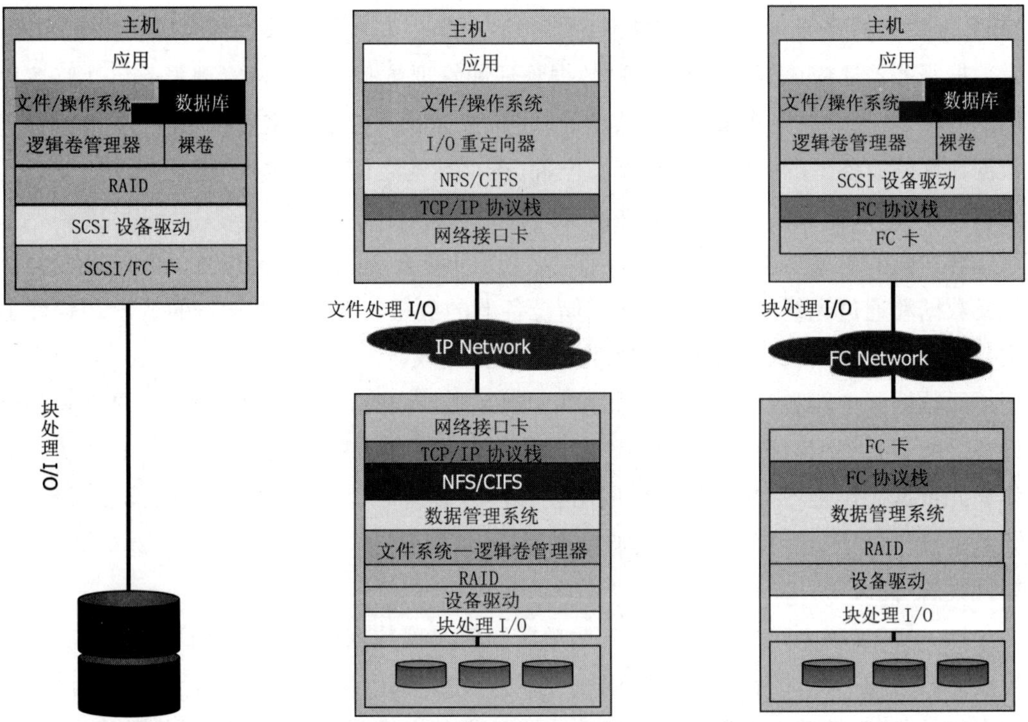

图5-32 DAS、NAS和FC-SAN的比较

实际应用中,可以根据网络规模、扩展性和成本等因素构建存储结构。

当客户只有几台服务器时,可能使用直接附接存储是最好的实施方案。

NAS前端只使用以太网接口,因为以太网卡和以太网交换机比FC适配卡和交换机成本低很多,所以通常其成本比SAN低。NAS基于以太网的TCP/IP传输数据,可扩展性很强,其设备一般都可以提供多种协议访问数据,除了网络文件系统,还有HTTP、FTP等协议方式,而SAN只能使用SCSI协议访问。

NAS部署适用于经济、高效的共享IP网络以及基于文件的共享应用程序。SAN部署适用于基于数据块的环境,而且要求网络提供较高性能的应用。系统之间存储的共享能力,可扩展的网络结构,高性能、强大的数据完整性与可靠性保证以及快速数据备份能

力为 SAN 的可靠性和弹性提供了保证。SAN 系统拥有更快的性能、更高的可靠性和更长的连接距离，允许将存储设备置于远离服务器的地方。在使用存储机群、数据共享和灾难计划等应用的同时，SAN 也提供了系统的集中管理能力。通过基于 SAN 的技术，可以跨区域建立大型 SAN 系统。

SAN＋NAS 的全台网存储架构在电视台被广泛使用。通过 SAN 存储高码率的视频和音频文件，可以充分发挥 SAN 存储的高性能和大容量特性，而低码率视音频文件、关键帧图片、时间线文件或工程文件、远程非编笔记本回传的文件及其他文件可以用 NAS 进行存储。

本章习题与思考题

1. 简述光纤通道的流量控制机制。

2. 光纤通道中适合于各种应用需求的服务类别有哪几种？简述前三种的特点。

3. 什么是 N 端口、NL 端口、F 端口、E 端口？

4. 简述光纤通道中名字服务器和登录服务器的主要功能。

5. 说明 N 端口的 FC 地址构成，并分析它可共有多少个地址。

6. 画图说明光纤通道登录的 3 个步骤。

7. 简述 FCP 数据传输过程。

8. 什么是 SAN？SAN 有什么特点？

9. 画出一个简单的 FC-SAN 网络系统，说明元数据服务器的作用。

10. SAN 文件系统的一般模型是什么？其元数据服务器和文件系统客户机的主要功能各是什么？

11. 试分析比较 DAS、NAS 和 SAN3 种网络结构。

主要参考文献

1. 鲁士文. 存储网络技术及应用. 北京：清华大学出版社，2010.

2. A Practical Guide to Tivoli SANergy. IBM Redbooks，2001.

3. 郭玉东、尹青. 基于对象的网络存储. 北京：电子工业出版社，2007.

4. 曹素芝、张善从. 光纤通道基于信用的流控机制与性能评价. 半导体光电，2009(6).

5. 蔡昭权、秦磊华. 光纤通道流量控制协议性能分析与应用. 通信技术，2008(5).

6. 赵凤. 基于光纤通道的 SCSI 目标器的设计与实现. 成都：电子科技大学硕士论文，2011.

7. 刘勇. 基于 FC SAN 的存储虚拟化研究和设计. 武汉：华中科技大学硕士论文，2006.

第 6 章　iSCSI 协议和 IP 存储区域网

如上章所述，SAN 设计人员在实现共享存储上可以选择 FC-SAN 和 IP-SAN 两种方式。FC-SAN 通过光纤通道协议传输 SCSI 命令和数据，而 IP-SAN 是采用 iSCSI（Internet-SCSI）协议来构建 SAN 存储区域网，如图 5-26 所示。iSCSI 是将 SCSI 指令和数据经 TCP/IP/以太网进行传送的协议，该协议本身没有距离限制。在 IP-SAN 中，元数据服务器与工作站之间的元数据、实体文件数据都通过以太网来进行传输和交换。传输网络为以太网，具有非常灵活的拓扑结构，使得 IP-SAN 易于使用和扩展。IP-SAN 相比 FC-SAN，花费更低的成本。本章将主要介绍 iSCSI 协议，为理解 IP-SAN 奠定基础。

6.1　iSCSI 协议概述

iSCSI 是 Internet 工程任务组（Internet Engineering Task Force，简称 IETF）提出的经 TCP/IP/以太网传送 SCSI 指令的协议，是网络化存储的一种新标准，也是开放系统用于服务器和存储设备通讯的主要协议，如图 6-1 所示。

图 6-1　iSCSI 协议层

iSCSI 协议经由 TCP/IP 协议栈传送本地 SCSI 命令及数据。通过 iSCSI 协议，标准的 SCSI 命令和数据将被封装成一个以 iSCSI 头在先的连续字节串。该字节串被送到 TCP/IP 层，并被分解成适合网络传输的数据组，之后交给主机和适用于 iSCSI 协议的存储设备。如果发出一个读数据的请求，则从物理磁盘中检索出数据，将其重新封装成

iSCSI 字节串后送到提出请求的主机。整个过程对用户和文件系统是透明的。

简言之，iSCSI 协议在 SCSI 基础上扩展了网络功能，即可以让 SCSI 命令通过网络传送到远程 SCSI 设备上。iSCSI 是传输层之上的协议，使用 TCP 连接建立会话。与 SCSI 协议类似，对发出 SCSI 请求的一方为启动器(Initiator)，接收并响应请求的一方为目标器(Target)。启动器通常指用户主机，它产生 SCSI 请求，并将 SCSI 命令和数据封装到 TCP/IP 包中发送到 IP 网络中。目标器通常在存储设备上用于转换 TCP/IP 包中的 SCSI 命令和数据。由于 iSCSI 协议是在 TCP 层运行的，因此启动器和目标器在建立会话时需要考虑端口号，即在 Initiator 端的 TCP 端口号随机选取，Target 的端口号默认是 3260。

在 iSCSI 协议中经常提及一些概念，下面分别介绍。

网络实体(Network Entity)：通过 IP 网络可到达的某个设备或者网关。一个网络实体必须有一个或多个网络端口点(Network Portals)，每个端点都可以通过网络中的 iSCSI 节点(iSCSI Nodes)访问 IP 网络。

iSCSI 节点(iSCSI Nodes)：单个 iSCSI 启动器或目标器。一个网络实体中可以有一个或多个 iSCSI 节点。通过一个或者多个网络端口点可以访问 iSCSI 节点。iSCSI 节点由其 iSCSl 名称来区分。由于 iSCSl 名称和其具体地址信息分离，因此允许多个 iSCSI 节点使用同一个地址，而同一个 iSCSI 节点也可以有多个地址。

网络端口(Network Portal)：是拥有 TCP/IP 地址的网络实体的一部分，被用来在 iSCSI 会话中建立 iSCSI 节点之间的连接。对启动器而言，网络端口就是其 IP 地址，而对目标器来说，需要用 IP 地址和 TCP 端口号来标识网络端口。前面已提到默认的端口号是 3260。

端口组(Portal Groups)：定义了 iSCSI 节点的一组端口，共同支持会话中多个连接。iSCSI 会话不但支持多连接，还可以实现会话中的多个端口之间的连接组合，这个连接组合就是由端口组来完成的。在 iSCSI 中并不要求端口组中的每一个端口都必须参与会话。一个 iSCSI 节点的每个网络端口都属于该节点的某个端口组。端口组由端口组标签(Portal Group Tag)唯一标记。端口组标签是一个在 0～65535 之间的无符号整数。拥有相同端口组标签的所有端口都属于同一个端口组，它们支持相似的会话参数。

基于上述定义，iSCSI 体系结构模型如图 6-2 所示。从图中可以看出，在 iSCSI 结构模型中的网络实体可以包含多个 iSCSI 节点(Initiator 或者 Target)，而网络实体之间又通过网络端口连接。

6.2　iSCSI 的命名和编址

iSCSI 协议的目的是为了实现 iSCSI 设备之间的通信，为此首先需要对 iSCSI 设备进行命名。iSCSI 名称的主要作用是使目标器和启动器之间相互确认身份，并且便于管理存储资源。

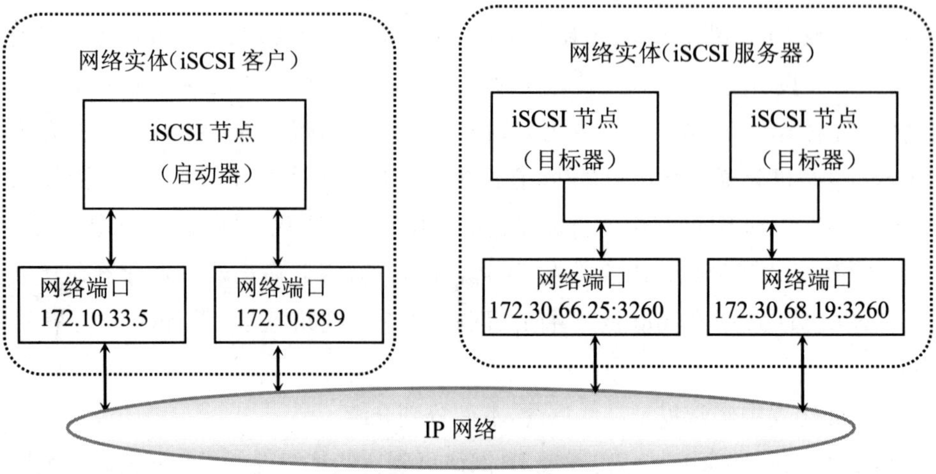

图 6-2 iSCSI 体系结构模型示例

iSCSI 使用类似 URL 的 iSCSI 名字来唯一鉴别启动设备和目标设备。iSCSI 设备的名称与地址没有关联,后者会随着启动设备和目标设备的移动而改变,但前者始终是不变的。启动器的命名其实是命名了一个 iSCSI 节点,而不是特定的网络接口卡(NIC)或网络适配器(HBA),因此当 NIC 或 HBA 被替换时,不需要重新配置 iSCSI 的资源分配信息。

iSCSl 协议支持三种现存的命名授权方式:使用域名区分命名授权的 iSCSI 规范命名方式(iqn)、IEEE 注册授权的 EUI 格式以及 naa 格式。这三种格式的命名方式都可分为两部分:类型指示符和唯一的名称字符串。

1. iqn 格式名

iqn(iSCSI Qualified Name,iSCSI 规范名称格式)是一种基于域名的命名方式,必须使用用户已注册的域名,由于域名有时效性,所以在域名中必须加入有效期。格式如下:

"iqn. "+"年月"+". "+"域名的颠倒"+":"+"设备的具体名称"

iqn 格式名由以下几部分组成:

- 字符串"iqn. ":这是类型指示符,用以区别 EUI 等其他格式名称。
- 日期编码:以"yyyy-mm"格式,指该节点所属域名的有效期。
- 点号". ":表示创建该 iSCSl 名称的命名机构的域名(颠倒的域名),为了避免可能的冲突。
- 冒号":":前缀加域名所有者自定义字符串是可选的,包括产品类型、序列号、主机标识符或者软件关键字。

下面为一些合法的 iSCSI 名称:

iqn. 2008-07. com. h3c. rd:test

iqn. 2009-05. com. example

iqn. 2009-05. com. example:storage. disk1. sys2. www

2. eui 格式名

eui 格式是由 IEEE 注册机构提供的一种命名格式。如果用户向 IEEE 注册机构申请注册，并使用 EUI-64 格式为其产品命名，则可以使用 eui 格式的 iSCSI 名。

eui 格式如下：

“eui.”+“64bits 的唯一标识(16 个字符)”

- 字符串“eui.”：这是类型指示符，用以区别 iqn 等其他格式名称。
- “64bits 的唯一标识(16 个字符)”：是全局标识符，用 ACSII 译码的十六进制表示。64bits 中，前 24bits(6 个字符)是公司的唯一标识，后 40bits(10 个字符)是设备的标识。

合法的 eui 格式名举例如下：

eui. bcde59234667ebcd

eui. 050823a4667eb9da

3. naa 格式名

naa(Network Address Authority)格式名是 SAS 协议和 FC 协议都支持的命名格式，因此在 iSCSI 协议中也支持这种名字结构。

naa 的格式如下：

“naa.”+“64bits(16 个字符)或者 128bits(32 个字符)的唯一标识”

字符串“naa.”表示类型指示符，以便与 iqn 等其他格式名称区别；“64bits(16 个字符)或者 128bits(32 个字符)的唯一标识”用 ACSII 译码的十六进制表示。

合法的 naa 格式名举例如下：

naa. 52004567BA64678D

naa. 62004567BA64678D0123456789ABCDEF

6.3　iSCSI 会话过程

iSCSI 与 SCSI 一样都是面向数据块的。

iSCSI 磁盘对网络另一端的主设备来说是可见的。启动器和目标器之间的通讯被称为会话(Session)。会话由启动器和目标器之间的一个或多个 TCP 连接形成。会话通过 iSCSI 登录过程建立，登录成功后，会话进入工作阶段；会话中的所有 TCP 连接关闭后，会话中止。一次会话可能包含一个或多个 TCP 连接，这样可以充分利用网络的带宽。启动器和目标器之间可能有多个会话。

iSCSI 启动器和目标器均用它们的 IP 地址来进行认证。iSCSI 从启动器到目标器的 I/O 路径如下：iSCSI 启动器和目标器建立 TCP 连接后，应用程序发出一个 I/O 请求到文件系统，文件系统将其转换为存储 I/O 的 SCSI 命令，之后，iSCSI 启动器驱动程序就会感知这个存储 I/O 请求，并将 SCSI 命令封装到 TCP/IP 协议栈中。然后，TCP/IP 存取网络设备驱动程序，并通过 I/O 将包含 SCSI 命令的数据包传输到网络上。iSCSI 目标器的网卡接收到这个数据包后，将它从网络设备驱动程序送到 TCP 协议栈。iSCSI 目标器驱动程序从 TCP 协议栈中取得 I/O 请求数据，并将它分解成 SCSI 命令，再将 SCSI 命令发送给 SCSI 设备驱动程序，最后 SCSI 设备将处理这个 I/O 请求。如图 6-3 所示。

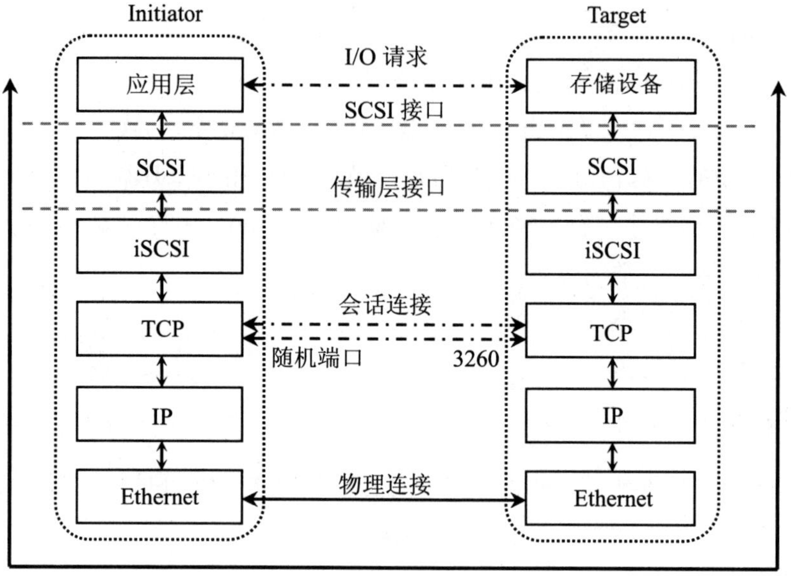

图 6-3 iSCSI 从启动器到目标器的 I/O 路径

6.3.1 iSCSI 会话类型

iSCSI 会话是启动器与目标器之间的最高通信等级。iSCSI 定义了两种会话类型：启动器用于识别可用目标器的发现会话（Discovery Session）和正常操作会话（Normal Operational Session）。每种会话又分为三个阶段。

会话由会话 ID(SSID)区分，SSID 则由启动器 SID(ISID)和目标器 SID(TSID) 组成。所有连接都必须建立在同一源 iSCSI 节点和目标 iSCSI 节点之间，会话中的每条连接都有唯一的连接 ID(CID)。

1. 两种会话类型

发现会话的目的是为了让 iSCSI 启动器获取一条到 iSCSI 目标器的通路。如果启动器只有目标器网关的地址，而没有目标器的名字，就需要使用发现会话来发起会话、建立请求。

正常操作会话是指没有任何限制的会话类型。启动器与目标器会话建立成功后使用的会话类型就是正常操作类型。

2. 三个会话阶段

每种会话的三个阶段包括安全协商阶段 ox00(Security Negotiation Phase)、操作协商阶段 ox01(Login Operational Negotiation Phase)、全功能阶段 ox03(Full Feature

Phase)。

安全协商阶段和操作协商阶段统称为登录阶段。启动器和目标器只有到达全功能阶段后,才能进行数据读/写操作。

下面将分别介绍会话的三个阶段以及两种会话类型。

6.3.2 iSCSI 登录和协商

iSCSI 登录是用于在启动器和目标器之间建立 TCP 连接的机制。登录阶段要建立启动器到目标器之间的 TCP 连接,进行双方的身份认证,协商会话参数,并且将这个 TCP 连接标记到这个 iSCSI 会话。

iSCSI 登录阶段由登录请求和登录应答的交互执行构成。目标器在一个或者一组 TCP 端口监听来自启动器的连接请求,默认的端口号是 3260。当启动器发出连接请求,成功建立了与目标器的 TCP 连接并且分配了 CID 之后,登录过程开始。

iSCSI 登录过程如图 6-4 所示。启动器首先发送登录请求,请求中包含了启动器支持的协议版本、SSID、CID 以及启动器准备进入的协商阶段,同时请求还可以包含安全参数和 iSCSI 运行参数。认证成功后,启动器可以继续进行参数协商。参数可以随登录请求发送,也可以作为文本数据发送。当启动器从目标器收到最终的登录应答后,登录过程结束。如果应答为"拒绝登录",则登录过程失败,启动器应该关闭由 CID 标识的 TCP 连接。如果应答是"接受登录",而且相互验证了身份并且设置好了操作参数,会话将进入全功能阶段。

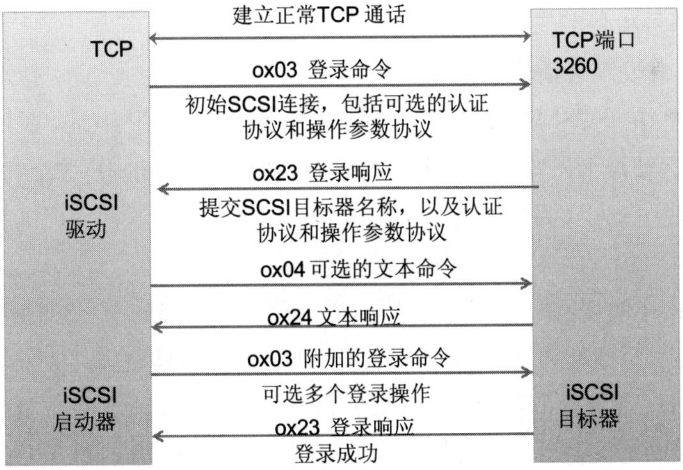

图 6-4 iSCSI 登录过程

6.3.3 iSCSI 全功能阶段

全功能阶段是指连接所属的会话进入全功能阶段且该连接上的登录成功完成。

若某个 iSCSI 连接包含多条 TCP 连接,则对于在一个 TCP 连接上处理的任何 iSCSI

请求，其对应的应答 PDU 和其他相关 PDU 都必须在与该请求相同的 TCP 连接上被发送，这个概念被称为“连接忠诚”。如果初始的 TCP 连接失败了，由错误恢复机制重新建立连接。

对于由连续的 SCSI 命令组成的组合命令任务，可以允许任务中的命令使用不同的连接。

在全功能阶段，启动器和目标器之间可以交错执行不相关的 SCSI 命令以及命令所涉及的 SCSI 数据和应答。

6.3.4 连接和会话的终止

iSCSI 连接可以由 TCP 传输层的断开连接而终止，也可以通过 TCP 传输层的复位而终止。当会话中所有连接都关闭后，会话也随之终止且关闭。

友好断开 TCP 连接是指一方在所有数据发送完毕后，再发送 TCP Fin，指示对方要关闭连接，这样的好处是连接关闭时可以保证所有数据的可靠性。当连接不处于全功能阶段的时候，可允许任意一方进行友好关闭连接。当连接处于全功能阶段的时候，允许目标器在内部发生异常的情况下关闭连接，但是应该事先通过异步消息 PDU 通知启动器。当有命令处理的时候，如果要关闭连接，则需要进行错误恢复。

6.4 发现会话

iSCSI 启动器为了和 iSCSI 目标器建立 iSCSI 会话，它需要知道 iSCSI 目标器的 IP 地址、TCP 端口号和名字三个信息。

iSCSI 有三种发现会话机制：

- 静态配置：在 iSCSI 启动器已经知道 iSCSI 目标器的 IP 地址、TCP 端口号和名字信息时，iSCSI 启动器不需要执行发现。iSCSI 启动器直接通过 IP 地址和 TCP 端口来建立 TCP 连接，使用 iSCSI 目标器的名字来建立 iSCSI 会话。这种发现机制适合比较小的 iSCSI 体系结构。
- SendTarget 发现：在 iSCSI 启动器知道 iSCSI 目标器的 IP 地址和 TCP 端口的情况下，iSCSI 使用 IP 地址和 TCP 端口号建立 TCP 连接后建立发现对话。iSCSI 发起端发送 Send Target 命令查询网络中存在的 iSCSI 信息。这种方法主要用于网关设备。iSCSI 启动器被静态配置连接到指定的 iSCSI 设备。iSCSI 启动器和 iSCSI 网关设备建立对话并发送 Send Target 请求给 iSCSI 网关设备。iSCSI 网关设备返回一系列和它相连的 iSCSI 目标器的信息。iSCSI 启动器选择一个目标器来建立对话。
- 零配置发现：这种机制用于 iSCSI 发送设备完全不知道 iSCSI 目标器的信息的情况下。iSCSI 启动器利用现有的 IP 网络协议 SLP(Service Location Protocol for Discovery，服务定位协议)或 iSNS(Internet Storage Name Server，因特网存储名字服务器)。当 iSCSI 目标器加入到网络中时，拓扑结构也随之改变。虽然这种方法增加了实现的复杂性，但它不需要重新配置启动器即可找到新的目标器。

SLP 是一种简单的发现协议，适用于小型网络中的 iSCSI 目标器的发现。它定义了 iSCSI 目标器如何使用 SLP 来注册，iSCSI 启动器如何通过查询 SLP 代理来获得注册的 iSCSI 目标器的信息。SLP 的使用方法与 IP 协议集中的 ARP 类似。使用时，iSCSI 启动器广播一个包含要查询的目标器名字的 SLP 报文，收到报文的目标器检查其中的名字；若报文的名字与自己的名字相同，则应答。

iSNS 服务器运行 iSNS 协议，负责各存储设备的发现和管理，将各存储设备在注册请求中提交的经过验证的信息存储于 iSNS 数据库中，响应 iSNS 协议查询请求，发起 iSNS 协议状态变化通知。其中，iSNS 数据库是为 iSNS 服务器提供的信息库，维护 iSNS 客户机的属性信息。当 iSCSI 目标器启动时，向 iSNS 服务器注册并登记自己的信息，如地址、名称等。iSNS 服务器将这些信息保存在 iSNS 数据库中。在此之后，当 iSCSI 启动器向 iSNS 服务器查询时，即可通过 iSNS 服务器得到 iSNS 服务器列表。

图 6-5 给出了发现会话的流程，该流程适用于除静态配置之外的另外两种发现会话机制。从该图可见，“询问目标端口组标签”之前是登录阶段。需要说明的是，发现会话是为正常会话服务的。通过发现会话，启动器可以获得目标器的名称和 IP 地址，从而与目标器建立正常会话。发现会话进入全功能阶段时，仅能传输 Text Command 和 Logout Command，其他类型的报文会 Reject；而正常操作会话进入全功能阶段后，则开始对包含 SCSI 指令的数据进行传输。

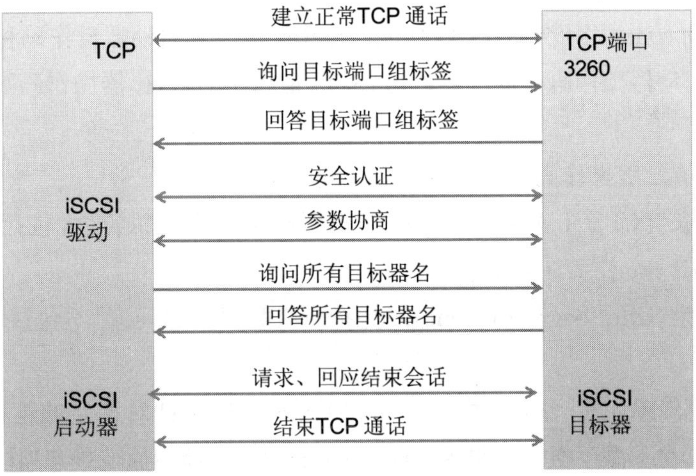

图 6-5　发现会话流程

6.5　iSCSI PDU 格式

为了便于通信，iSCSI 与其他网络协议类似，也将启动器和目标器之间的通信进行分段，并通过协议数据单元(Protocol Data Unit，简称 PDU)传输。PDU 既可以传送请求和应答，也可以传送数据。

6.5.1 iSCSI PDU 基本格式

iSCSI PDU 基本框架如图 6-6 所示，包括基本头部(BHS)、可选的附加头部(AHS)和可能的数据段部分。每个报头段和数据段都可以跟随一个摘要(Digest)部分。摘要其实就是校验和，用于保护头部或数据。基本头部是 iSCSI PDU 的开始部分，它是固定长度，为 48 字节，其余的部分都是可选的。iSCSI PDU 中，每一部分都是 4 字节的倍数，不够 4 字节倍数长的部分将被填充至 4 字节倍数长，填充值是 0。

基本头部（48 字节）
附加头部 1（可选）
附加头部 2（可选）
……
附加头部 n（可选）
头部摘要（可选）
数据段（可选）
数据摘要（可选）

图 6-6 iSCSI PDU 基本框架

PDU 基本头部格式如图 6-7 所示。I 字段为立即传输标记，1 表示立即传送；F 字段为 1，则表明该 PDU 是序列中的最后一个 PDU。

操作码(Opcode)用于分辨 PDU 功能。操作码可分为启动器操作码和目标器操作码两类。显然，启动器操作码是启动器传送 iSCSI 请求用的，目标器操作码则用于传送目标器的应答。

操作码特有域随操作码的不同而具有不同含义。

附加头段长度(Total AHS Length)是指所有附加头的总长度，包括填充的数据长度，单位为长字(1 个长字有 4 个字节)。

数据段长度(Data Segment Length)是指所有数据的总长度，不包括填充数据，单位为字节。

LUN 即逻辑单元号。PDU 中有 LUN 时表示操作是针对特定的逻辑单元进行的，共 64 比特长。在不需要指定逻辑单元时，该域被用于其他用途或被忽略。

启动器任务标签(Initiator Task Tag，简称 ITT)是启动器用于标识一个任务的标签。对于相同的任务，这些标签应该相同，而且 I 标志也应该相同。

图 6-8 给出了 iSCSI 主要的操作码。

6.5.2 登录请求和应答的 iSCSI PDU 格式

在 iSCSI 协议中有不同用途的 PDU，根据传输有效载荷的类型，iSCSI PDU 可分为传输 SCSI 有效载荷的 PDU、传输 iSCSI 有效载荷的 PDU 以及同时传输 SCSI 和 iSCSI

<table>
<tr><td rowspan="2">字节</td><td colspan="8">1</td><td colspan="8">2</td><td colspan="8">3</td><td colspan="8">4</td></tr>
<tr><td>0</td><td>1</td><td>2</td><td>3</td><td>4</td><td>5</td><td>6</td><td>7</td><td>0</td><td>1</td><td>2</td><td>3</td><td>4</td><td>5</td><td>6</td><td>7</td><td>0</td><td>1</td><td>2</td><td>3</td><td>4</td><td>5</td><td>6</td><td>7</td><td>0</td><td>1</td><td>2</td><td>3</td><td>4</td><td>5</td><td>6</td><td>7</td></tr>
<tr><td>0</td><td>.</td><td>I</td><td colspan="6">操作码</td><td>F</td><td colspan="23">操作码特有域</td></tr>
<tr><td>4</td><td colspan="8">附加头段长度</td><td colspan="24">数据段长度</td></tr>
<tr><td>8</td><td colspan="32">LUN 或操作码特有域</td></tr>
<tr><td>16</td><td colspan="32">启动器任务标签（ITT）</td></tr>
<tr><td>20</td><td colspan="32">操作码特有域</td></tr>
<tr><td>44</td><td colspan="32">操作码特有域</td></tr>
</table>

图 6-7　PDU 基本头格式

启动器	意义	目标器	意义
ox00	空操作输出	ox20	空操作输入
ox01	SCSI 命令	ox21	SCSI 应答
ox02	SCSI 任务管理请求	ox22	SCSI 任务管理应答
ox03	登录请求	ox23	登录应答
ox04	文本请求	ox24	文本应答
ox05	SCSI 数据输出	ox25	SCSI 数据输入
ox06	注销请求	ox31	传输就绪（R2T）
ox10	SNACK 请求	ox32	异步消息

图 6-8　iSCSI 主要操作码

有效载荷的 PDU。它们除了操作码不同之外，具体的格式也不相同。图 6-9 和图6-10分别为仅传输 iSCSI 有效载荷的登录请求和登录应答的 PDU 格式。

<table>
<tr><td rowspan="2">字节</td><td colspan="8">1</td><td colspan="8">2</td><td colspan="8">3</td><td colspan="8">4</td></tr>
<tr><td>0</td><td>1</td><td>2</td><td>3</td><td>4</td><td>5</td><td>6</td><td>7</td><td>0</td><td>1</td><td>2</td><td>3</td><td>4</td><td>5</td><td>6</td><td>7</td><td>0</td><td>1</td><td>2</td><td>3</td><td>4</td><td>5</td><td>6</td><td>7</td><td>0</td><td>1</td><td>2</td><td>3</td><td>4</td><td>5</td><td>6</td><td>7</td></tr>
<tr><td>0</td><td>.</td><td>1</td><td colspan="6">ox03</td><td>T</td><td>C</td><td colspan="2">..</td><td colspan="2">CSG</td><td colspan="2">NSG</td><td colspan="8">最大版本号</td><td colspan="8">最小版本号</td></tr>
<tr><td>4</td><td colspan="8">附加头段长度</td><td colspan="24">数据段长度</td></tr>
<tr><td>8</td><td colspan="32">ISID</td></tr>
<tr><td>12</td><td colspan="16"></td><td colspan="16">TSIH</td></tr>
<tr><td>16</td><td colspan="32">启动器任务标签（ITT）</td></tr>
<tr><td>20</td><td colspan="16">CID</td><td colspan="16">保留</td></tr>
<tr><td>24</td><td colspan="32">命令序号（CmdSN）</td></tr>
<tr><td>28</td><td colspan="32">期望状态序号（ExpStatSN）/保留</td></tr>
<tr><td>32</td><td colspan="32">保留</td></tr>
<tr><td>48</td><td colspan="32">协商参数（数据段，文本请求格式）</td></tr>
</table>

图 6-9　登录请求的 iSCSI PDU 格式

字节	1	2	3	4
	0 1 2 3 4 5 6 7	0 1 2 3 4 5 6 7	0 1 2 3 4 5 6 7	0 1 2 3 4 5 6 7
0	. 1 ox23	T C .. CSG NSG	最大版本号	现行版本号
4	附加头段长度	数据段长度		
8	ISID			
12			TSIH	
16	启动器任务标签（ITT）			
20	保留			
24	状态序号（StatSN）			
28	期望命令序号（ExpCmdSN）/保留			
32	最大命令序号（MaxCmdSN）			
36	状态类别	状态细节	保留	
40	保留			
48	登录参数（数据段，文本请求格式）			

图 6-10　登录应答的 iSCSI PDU 格式

登录请求和登录应答只在每个连接的登录阶段出现，目的是设置会话和连接的参数。登录阶段由一系列携带相同 ITT 的登录请求和登录应答的交互序列组成。登录阶段由若干个过程组成，这些阶段由报头中的两个二进制码来选择，这两个码分别为当前阶段(Current Stage，简称 CSG)和下一阶段(Next Stage，简称 NSG)，后一个选择码还要配合过渡标志位(Transit)“T”才有效。

阶段码(CSG 或 NSG)的值和含义为:“0”表示安全协商阶段;“1”表示登录操作参数协商阶段;“3”表示全功能阶段。安全协商的目的是使 iSCSI 目标器认证启动器;登录操作参数协商的作用是确认双方通信的参数;全功能阶段才是真正的通信阶段。

在登录协商时，iSCSI 启动器需要指出自己支持的最大和最小版本号，要求登录阶段的所有登录请求中必须携带相同的版本号。

ISID 指启动器会话标识符，由启动器指定，要求保持不变。TSIH(Target Session Identifying Handle)指目标器会话标识句柄，由目标器制定，初始值为 0，在第一个 TCP 连接成功登录后，由目标器告知启动器。在登录阶段所有 TSIH 也应该保持不变。

CID 表示连接的标识号，用于区分不同的 TCP 连接。登录请求和已存在的连接相同且 CID 也相同时，则该登录请求有可能意味着要注销这个连接上已存在的登录。

命令序号(CmdSN)指当前命令编号。iSCSI 启动器每传送一个命令该变量值就加 1(立即命令除外)。CmdSN 的值是下一个命令 PDU 中要使用的序号。对第一个连接上的登录请求而言，CmdSN 是初始序号。

期望状态序号(ExpStatSN)是对登录应答中的状态序号(StatSN)的确认，表示已收到 ExpStatSN 之前的应答，而连接的状态序号则在每个连接的登录阶段初始化。

期望命令序号(ExpCmdSN)指目标器期望接收的下一个命令的序号。目标器将该变量的值设为可向上传送的最大命令编号加 1(立即命令除外)。

最大命令序号(MaxCmdSN)指目标器可接收的最大命令序号。根据 ExpCmdSN 和 MaxCmdSN 可推算出目标器 iSCSI 层的接收队列容量是 MaxCmdSN-ExpCmdSN+1。

在登录应答 PDU 中的状态类别(Status-Class)和状态细节(Status-Detail)共同表示登录请求的执行情况。状态类别为 0,表示成功执行;当为其他值时,表示出现异常。具体的异常信息由状态细节进行说明。异常的原因大致分为启动器对资源无使用权、目标器移到了其他位置或目标器无法满足登录请求等。

6.5.3　SCSI 请求和应答的 iSCSI PDU 格式

图 6-11 给出了 SCSI 请求的 iSCSI PDU 格式。

<table>
<tr><td rowspan="2">字节</td><td colspan="8">1</td><td colspan="8">2</td><td colspan="8">3</td><td colspan="8">4</td></tr>
<tr><td>0</td><td>1</td><td>2</td><td>3</td><td>4</td><td>5</td><td>6</td><td>7</td><td>0</td><td>1</td><td>2</td><td>3</td><td>4</td><td>5</td><td>6</td><td>7</td><td>0</td><td>1</td><td>2</td><td>3</td><td>4</td><td>5</td><td>6</td><td>7</td><td>0</td><td>1</td><td>2</td><td>3</td><td>4</td><td>5</td><td>6</td><td>7</td></tr>
<tr><td>0</td><td>.</td><td>1</td><td colspan="6">ox01</td><td>F</td><td>R</td><td>W</td><td colspan="2">..</td><td colspan="3">ATTR</td><td colspan="16">保留</td></tr>
<tr><td>4</td><td colspan="8">附加头段长度</td><td colspan="24">数据段长度</td></tr>
<tr><td>8</td><td colspan="32" rowspan="2">逻辑单元号</td></tr>
<tr><td>12</td></tr>
<tr><td>16</td><td colspan="32">启动器任务标签（ITT）</td></tr>
<tr><td>20</td><td colspan="32">期望数据传输长度</td></tr>
<tr><td>24</td><td colspan="32">命令序号（CmdSN）</td></tr>
<tr><td>28</td><td colspan="32">期望状态序号（ExpStatSN）</td></tr>
<tr><td>32</td><td colspan="32">SCSI 命令描述块（CDB）</td></tr>
<tr><td>48</td><td colspan="32">附加头 AHS（可选）</td></tr>
<tr><td></td><td colspan="32">头部摘要（可选）</td></tr>
<tr><td></td><td colspan="32">命令数据或数据段（可选）</td></tr>
<tr><td></td><td colspan="32">数据摘要（可选）</td></tr>
</table>

图 6-11　SCSI 请求的 iSCSI PDU 格式

SCSI 命令请求是由启动器发往目标器的请求,它应根据 SCSI 命令请求的要求传送相关的信息,包括 SCSI 命令描述块(CDB)和相关参数,如任务属性、任务标签、期望传送的数据长度等,同时还要满足 iSCSI PDU 格式的要求传输必要的信息,如命令序号(CmdSN)、期望状态序号(ExpStatSN)等。

在图 6-11 中,R 和 W 分别表示读入数据和写数据。当命令希望读入数据时,R 应置为 1;当命令希望写出数据时,W 应置为 1。R 和 W 可以同时为 1,但 W 和 F 不能同时为 0。

ATTR 表示 SCSI 的任务属性,其任务属性包括:“0”表示无属性;“1”表示“Simple”;“2”表示“Ordered”;“3”表示“Head of Queue”;“4”表示“ACA”。

iSCSI 的命令 PDU 可以将全部或者部分相关的 SCSI 输出数据作为数据段随命令一起发送，所以该 PDU 还可以包含跟随数据段。通过 F 字段可以通知目标器是否跟随了非请求数据段，当 F=1 且期望数据传输长度字段的值超过数据段长度参数值时，目标器应该通过传输就绪(R2T)机制来请求启动器发送剩余数据。期望数据传输长度(Expected Data Transfer Length)单位是字节。当 R 或 W 分别为 1 时，它表示期望的写或读数据的长度；当 R 和 W 同时为 1 时，它表示期望的写数据的长度，而读数据长度则需要通过附加头给出。

在 PDU 的数据段部分可能是命令参数，也可能是立即数。

SCSI 应答是由目标器发往启动器的信息，它应根据 SCSI 应答的要求传送相关的信息，即携带所有 SCSI 命令执行过程调用的输出参数及命令的执行结果，同时还要满足 iSCSI PDU 格式的要求传输必要的信息，如状态序号(StatSN)、期望命令序号(ExpCmdSN)等。图 6-12 给出了 SCSI 应答的 iSCSI PDU 格式。

<table>
<tr><td rowspan="2">字节</td><td colspan="8">1</td><td colspan="8">2</td><td colspan="8">3</td><td colspan="8">4</td></tr>
<tr><td>0</td><td>1</td><td>2</td><td>3</td><td>4</td><td>5</td><td>6</td><td>7</td><td>0</td><td>1</td><td>2</td><td>3</td><td>4</td><td>5</td><td>6</td><td>7</td><td>0</td><td>1</td><td>2</td><td>3</td><td>4</td><td>5</td><td>6</td><td>7</td><td>0</td><td>1</td><td>2</td><td>3</td><td>4</td><td>5</td><td>6</td><td>7</td></tr>
<tr><td>0</td><td>.</td><td>.</td><td colspan="6">ox21</td><td>1</td><td colspan="2">..</td><td>o</td><td>u</td><td>O</td><td>U</td><td>.</td><td colspan="8">响应</td><td colspan="8">状态</td></tr>
<tr><td>4</td><td colspan="8">附加头段长度</td><td colspan="24">数据段长度</td></tr>
<tr><td>8</td><td colspan="32">保留</td></tr>
<tr><td>16</td><td colspan="32">启动器任务标签（ITT）</td></tr>
<tr><td>20</td><td colspan="32">SNACK 标签/保留</td></tr>
<tr><td>24</td><td colspan="32">状态序号（StatSN）</td></tr>
<tr><td>28</td><td colspan="32">期望命令序号（ExpCmdSN）</td></tr>
<tr><td>32</td><td colspan="32">最大命令序号（MaxCmdSN）</td></tr>
<tr><td>36</td><td colspan="32">期望数据序号（ExpDataSN）</td></tr>
<tr><td>40</td><td colspan="32">双向读剩余计数/保留</td></tr>
<tr><td>44</td><td colspan="32">剩余计数/保留</td></tr>
<tr><td>48</td><td colspan="32">附加头 AHS（可选）</td></tr>
<tr><td></td><td colspan="32">头部摘要（可选）</td></tr>
<tr><td></td><td colspan="32">数据段（可选）</td></tr>
<tr><td></td><td colspan="32">数据摘要（可选）</td></tr>
</table>

图 6-12　SCSI 应答的 iSCSI PDU 格式

在图 6-12 中的“响应”指目标器对 SCSI 命令的响应，ox00 表示命令已完成；ox01 表示目标器有故障等。“状态”表示目标器的工作状态，只有当响应为 ox00 时，状态的值才有意义。其中，ox00 表示 GOOD；ox02 表示 CHECK CONDITION；ox08 表示 BUSY；ox40 表示 TASK ABORTED。

SCSI 应答 PDU 中可能包含数据段，也可能没有数据段。当只有单向数据传输操作(输入或输出)时，如果期望数据传输长度为 EDTL，而实际上 SCSI 层提供的数据长度为

SPDTL(SCSI-Presented Data Transfer Length),那么可能出现以下三种情况:

- SPDTL= EDTL,实际传输的数据量与期望的一致,为正常情况。
- SPDTL > EDTL,实际传输的数据量大于期望的数据量,出现了数据传输上溢(Overflow)。
- SPDTL < EDTL,实际传输的数据量小于期望的数据量,出现了数据传输下溢(Underflow)。

当出现数据传输上溢或下溢时,iSCSI 目标器应该通知 SCSI 启动器。图 6-12 的 O 和 U 标志就是用于表示数据传输上溢和下溢的。设置 O 表示数据传输上溢,剩余的数据长度由剩余计数标明;设置 U 表示数据传输下溢,缺少的数据长度也由剩余计数标明。正常情况下,O 和 U 不设置,而且它们也不能同时设置。

对双向数据传输操作,请求 PDU 中的期望数据传输长度(EDTL)记录的是 iSCSI 启动器期待输出的数据长度;期望的读数据长度(ERDL,由附加头给出)记录的是 iSCSI 启动器期待输入的数据长度。如果 SCSI 启动器提供的输出数据长度大于 EDTL,则会出现输出数据上溢;反之,则会出现输出数据下溢。如果 SCSI 目标器提供的输入数据长度大于 ERDL,则会出现输入数据上溢;反之,则会出现输入数据下溢。这些数据上溢或下溢由应答 PDU 中的 O、U、o、u 来标织。

设置 O 表示数据输出上溢,剩余的数据长度记录在剩余计数域中;设置 U 表示数据输出下溢,缺少的数据长度也记录在剩余计数域中。设置 o 表示数据输入上溢,剩余的数据长度记录在双向读剩余计数域中;设置 u 表示数据输入下溢,缺少的数据长度也记录在双向读剩余计数域中。正常情况下,O、U、o、u 不设置,而且也必须在响应为“命令完成”时才能设置这些标志。

iSCSI 启动器可以使用 SNACK(序列号确认)请求 iSCSI 目标器按照新的数据段长度重传某些 Data-In(数据输入)PDU,这时 SNACK 请求中会带有 SNACK 标签,应答时也需要携带同样的 SNACK 标签。

iSCSI PDU 格式还有很多,如数据传送 PDU、任务管理请求和应答 PDU、准备接收(R2T)PDU、请求重传 PDU、报告错误 PDU 等。由于篇幅限制,除了下一节中介绍数据传送 PDU 外,其余 PDU 格式在此就不再介绍了。

6.6 正常操作会话

实际的数据传输是通过正常操作会话进行的。正常操作会话的建立过程与发现会话类似,下面着重介绍正常操作会话建立完毕后数据传输以及 SCSI 读/写过程。

6.6.1 数据传送的 iSCSI PDU 格式

数据传送的 iSCSI PDU 格式有两种:用于数据输出(写操作)的 Data-Out PDU 和用于数据输入(读操作)的 Data-In PDU,其格式分别如图 6-13 和 6-14 所示。

<table>
<tr><td rowspan="2">字节</td><td colspan="8">1</td><td colspan="8">2</td><td colspan="8">3</td><td colspan="8">4</td></tr>
<tr><td>0</td><td>1</td><td>2</td><td>3</td><td>4</td><td>5</td><td>6</td><td>7</td><td>0</td><td>1</td><td>2</td><td>3</td><td>4</td><td>5</td><td>6</td><td>7</td><td>0</td><td>1</td><td>2</td><td>3</td><td>4</td><td>5</td><td>6</td><td>7</td><td>0</td><td>1</td><td>2</td><td>3</td><td>4</td><td>5</td><td>6</td><td>7</td></tr>
<tr><td>0</td><td>.</td><td>I</td><td colspan="6">ox05</td><td>F</td><td colspan="23">保留</td></tr>
<tr><td>4</td><td colspan="8">附加头段长度</td><td colspan="24">数据段长度</td></tr>
<tr><td>8</td><td colspan="32">逻辑单元号/保留</td></tr>
<tr><td>16</td><td colspan="32">启动器任务标签（ITT）</td></tr>
<tr><td>20</td><td colspan="32">目标器传送标签/oxFFFFFFFF</td></tr>
<tr><td>24</td><td colspan="32">保留</td></tr>
<tr><td>28</td><td colspan="32">期望状态序号（ExpStatSN）</td></tr>
<tr><td>32</td><td colspan="32">保留</td></tr>
<tr><td>36</td><td colspan="32">数据序号（DataSN）</td></tr>
<tr><td>40</td><td colspan="32">缓存器偏置</td></tr>
<tr><td>44</td><td colspan="32">保留</td></tr>
<tr><td>48</td><td colspan="32">头部摘要（可选）</td></tr>
<tr><td></td><td colspan="32">数据段</td></tr>
<tr><td></td><td colspan="32">数据摘要（可选）</td></tr>
</table>

图 6-13　Data-Out PDU 格式

<table>
<tr><td rowspan="2">字节</td><td colspan="8">1</td><td colspan="8">2</td><td colspan="8">3</td><td colspan="8">4</td></tr>
<tr><td>0</td><td>1</td><td>2</td><td>3</td><td>4</td><td>5</td><td>6</td><td>7</td><td>0</td><td>1</td><td>2</td><td>3</td><td>4</td><td>5</td><td>6</td><td>7</td><td>0</td><td>1</td><td>2</td><td>3</td><td>4</td><td>5</td><td>6</td><td>7</td><td>0</td><td>1</td><td>2</td><td>3</td><td>4</td><td>5</td><td>6</td><td>7</td></tr>
<tr><td>0</td><td>.</td><td>.</td><td colspan="6">ox25</td><td>F</td><td>A</td><td>0</td><td>0</td><td>0</td><td>O</td><td>U</td><td>S</td><td colspan="8">保留</td><td colspan="8">状态/保留</td></tr>
<tr><td>4</td><td colspan="8">附加头段长度</td><td colspan="24">数据段长度</td></tr>
<tr><td>8</td><td colspan="32">逻辑单元号/保留</td></tr>
<tr><td>16</td><td colspan="32">启动器任务标签（ITT）</td></tr>
<tr><td>20</td><td colspan="32">目标器传送标签/oxFFFFFFFF</td></tr>
<tr><td>24</td><td colspan="32">状态序号（StatSN）/保留</td></tr>
<tr><td>28</td><td colspan="32">期望命令序号（ExpCmdSN）</td></tr>
<tr><td>32</td><td colspan="32">最大命令序号（MaxCmdSN）</td></tr>
<tr><td>36</td><td colspan="32">数据序号（DataSN）</td></tr>
<tr><td>40</td><td colspan="32">缓存器偏置</td></tr>
<tr><td>44</td><td colspan="32">剩余计数</td></tr>
<tr><td>48</td><td colspan="32">头部摘要（可选）</td></tr>
<tr><td></td><td colspan="32">数据段</td></tr>
<tr><td></td><td colspan="32">数据摘要（可选）</td></tr>
</table>

图 6-14　Data-In PDU 格式

前文已介绍，iSCSI 允许一次将数据分装在多个 PDU 中传输，被称为一个序列。序列最后一个 PDU 中 F 应设置为 1。单个 PDU 的数据段长度不能超过运行参数中的最大保留数据段长度（MaxRecvDataSegmentLength）；一个序列中的所有 PDU 的数据总长度不能超过运行参数中的数据传送最大长度(MaxBurstLength)或非请求性数据传送的最大长度(FirstBurstLength)。

Data-In PDU 中的 A 设置为 1,表示希望 iSCSI 启动器主动确认已经收到的数据,这时 iSCSI 启动器要检查已收到的数据。如果 iSCSI 启动器已收到之前的所有数据,则应向目标器发送确认。在 A 置为 1 的 Data-In PDU 中必须携带目标器传送标签(Target Transfer Tag)和 LUN,而应答的 PDU 也必须提供相同的目标器传送标签和 LUN。

最后一个 Data-In PDU 可以捎带命令的执行状态,这时 S 标志置为 1,但该状态必须为成功状态。因为错误状态需要通过专门的应答 PDU 传送。另外双向命令的执行状态也需要通过专门的应答 PDU 传送,不能让 Data-In PDU 捎带传输。

当 S 标志置为 1 时,StatSN 才有意义,且可以设置上溢(O)和下溢(U)标志。

在输入或双向操作的 Data-In PDU 中,数据序号是数据输入 PDU 的序号。这些数据输入 PDU 是启动器任务标签(ITT)执行的结果。在 Data-Out PDU 中,数据序号是当前输出序列的 PDU 号。

Data-Out PDU 或 Data-In PDU 中所传送的数据量为数据段长度(DataSegmentLength)。传输数据在整个要传送数据中的开始位置为缓存器偏置(Buffer Offset),因此数据段长度与缓存器偏置之和不应该超过命令期望传送数据的总长度。

6.6.2 数据传输顺序

输出数据可分为请求数据(Solicited Data)和非请求数据(Unsolicited Data)。请求数据是指响应 R2T PDU 而发送的数据,而非请求数据则不需要 R2T 应答。

非请求数据可以随 iSCSI 命令一起发送,也可称之为“立即数据”(Immediate Data)。传输立即数据的 iSCSI 命令的写缓冲区的偏移量为 0,而对于其他类型数据则须指明偏移量。iSCSI 允许使用非请求数据是为了减少网络上交互 PDU。由于不需要发送 R2T 来启动数据传送,这就可以提高网络数据吞吐量,同时立即数据可以简化协议,降低协议分析的开销。

启动器可发送最多 FirstBurstLength 个非请求数据 (长度也不能超过最大 PDU 长度)或者独立的 iSCSI 数据 PDU;超过这个长度的其他数据就必须作为请求数据发送,这些长度参数在登录阶段协商。

iSCSI 启动器和目标器必须采用某种排序规则来确保数据的正确传输。当采用非请求数据的时候,不同连接上数据包的次序必须与命令发送的次序相匹配,而同一个连接上的命令和非请求数据包可以交错传输。目标器如果收到次序颠倒的数据,可以结束会话。

iSCSI 协议使用命令序号(CmdSN)、状态序号(StatSN)和数据序号(DataSN)机制来实现数据的有序传输。

命令序号是以会话为单位,是某个会话范围内使用的一个唯一变量,目的是为了保证命令传送的顺序。由于会话包含多个连接,所以它可用于实现命令在多个连接上有序传输,同时也可被用作命令流控制。

状态序号是以 TCP 连接为单位,每一个 TCP 连接都有一个状态序号。在出现短暂或永久通讯错误的情况下,它可用来实现错误状态的检测和恢复。

数据序号以命令为单位,每一个 iSCSI 命令都拥有数据序号,或者命令的一部分也可有独立的数据编号,如 R2T 引起的数据序列。数据序号用来检测由于校验错误而丢失的数据 PDU 或者 R2T PDU。

从启动器到目标器 SCSI 层的命令由 iSCSI 编号,该号码由 iSCSI 协议数据单元中的命令序列号(CmdSN)携带。命令序号有启动器设置,起始于第一个连接上的第一个登录请求,此后,每发送一个命令其序号就累加 1,立即命令除外。立即命令指带有立即传送标志(I 标志)的命令,它携带当前的命令序号,且传送后序号也不累加。接收端的目标器 iSCSI 层必须按命令序列号的顺序把命令传递给 SCSI 层,目标器的 SCSI 层接收到命令后该命令序列号即失效。命令序号机制通过命令序号(CmdSN)、期望命令序号(ExpCmdSN)和最大命令序号(MaxCmdSN)共同实现。

从目标器到启动器的应答和状态报文也有 iSCSI 编号,即状态序号(StatSN)。状态序号开始于某个连接的第一个登录请求的应答,其初始值可以是任何值。启动器提供期望状态序号(ExpStatSN)来确认状态序号。如果状态序号和期望状态序号不同则意味着连接出现了错误。出于命令恢复的考虑,目标器应该维护足够的状态信息以便于连接失败后的数据和状态恢复。

任务执行过程中的 Data PDU 和 R2T PDU 都必须进行编号,分别记录在 Data PDU 中的 DataSN 字段和 R2T PDU 中的 R2TSN 字段。第一个 DataSN 为 0,此后每个 DataSN 加 1 递增。如果命令要求传输 R2T PDU,第一个 R2T PDU 的 R2TSN 为 0,此后每个 R2T PDU 的 R2TSN 加 1 递增。对于双向命令,目标器应该同时使用 DataSN/R2TSN 来保证 Data PDU 和 R2T PDU 的连续同步传输。DataSN/R2TSN 字段使得启动器可以发现丢失的 Data PDU 和 R2T PDU。与命令和状态序号不同的是,Data PDU 和 R2T PDU 需要接收者通过回复常规 PDU 中的某个字段来应答。Data PDU 可以根据需要用特殊形式的 SNACk PDU 来应答。而通常 Data PDU 和 R2T PDU 可以被命令的状态信息隐式地应答。

6.6.3 iSCSI 读/写过程

iSCSI 数据读/写之前,需要有一个读/写准备的过程,主要目的在于读/写前的设备状态、大小查询。这个过程如图 6-15 所示,可分为 4 个部分:

- 报告 LUN(Report LUN)命令与应答:报告 LUN 命令用于从启动器到目标器连接中获取逻辑单元(LUN)的目录,目标器返回 LUN 目录。
- 查询(Inquiry)命令与应答:查询命令用于请求逻辑单元和 SCSI 目标器发送信息给申请用户,目标器返回查询到的信息。
- SCSI 读容量(Read Capacity)命令与应答:SCSI 读容量命令属于 SCSI 块命令(SBC),该命令请求目标器向输入缓冲区传输 8 字节的参数数据,用于描述直接存取块设备存储介质的格式和容量；目标器将相关的信息返回给启动器。

● Mode Sense 命令与应答：该命令用于申请用户指定存储介质、逻辑单元或外围设备参数给目标器，之后目标器回应收到的信息。

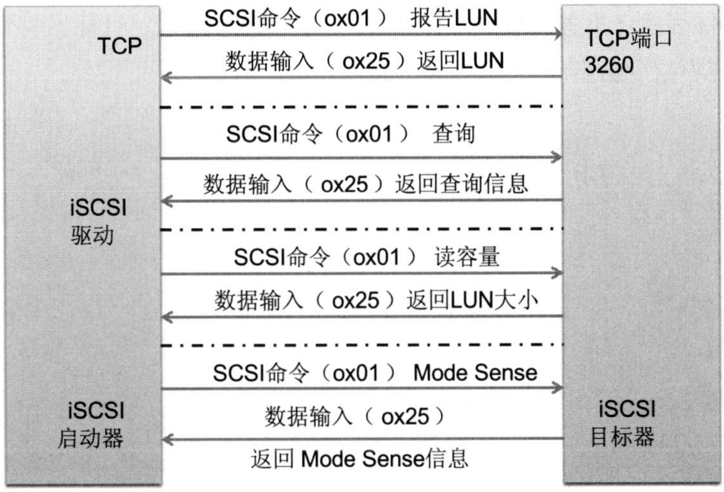

图 6-15　iSCSI 读/写准备流程

iSCSI 的读数据过程中如图 6-16 所示。启动器首先向目标器发送读请求，其中包含需要读的数据长度；目标器收到请求后，向目标器发送请求的数据，数据发送完之后目标器发出响应报文(该响应报文也可包含在最后一个数据输入报文中)，表示这个读数据过程完成。

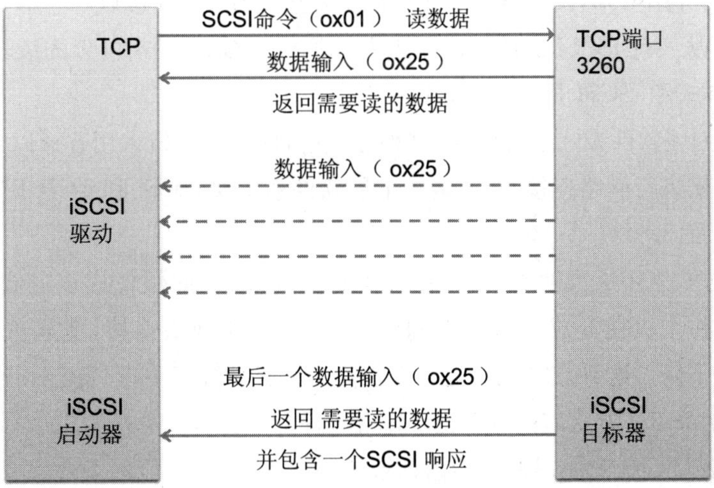

图 6-16　iSCSI 读数据流程

iSCSI 写数据分为两种情况：一种是需要目标器确认状态；另外一种是不需要目标器确认状态。对于不需要目标器确认状态的情况，当 iSCSI 读/写准备工作完成后，启动器就发出写命令，告知目标器是非请求数据以及期望的数据长度，并发送数据。目标器接收到数据后，发送“写成功”的应答指令给启动器，整个过程完成。需要目标器确认状态的写数据流程如图 6-17 所示。iSCSI 完成读/写前的设备状态查询和设置工作后，启动器就发出写命令，并告知目标器是请求数据以及期望的数据长度。目标器发送准备传送(R2T)的 PDU 表示已准备好接收，这时启动器才开始写数据。目标器收到数据后，发送“写成功”的应答指令给启动器，表示整个过程完成。

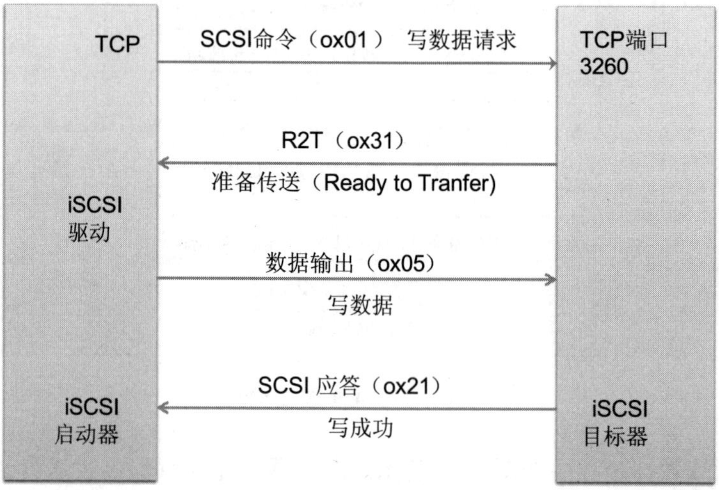

图 6-17 iSCSI 写数据流程

6.7 iSCSI 的实现方式

从前文的介绍可知，要实现 iSCSI 功能主要是要在 SCSI 协议与 TCP 协议之间增加 iSCSI 协议。从实现 iSCSI 协议的位置来看，iSCSI 的实现方式可分为纯软件方式、智能网卡 iSCSI 方式和 iSCSI HBA 卡方式。

图 6-18 为纯软件方式示意图，在这种方式中，计算机主机采用普通以太网卡(图 6-18 的下面部分)来进行网络连接，通过运行上层软件来实现 iSCSI 和 TCP/IP 协议栈功能层(图 6-18 的上面部分)。

纯软件方式采用标准网卡，无须额外配置适配器，因此硬件成本最低。但是在这种方式中，计算机主机在完成自身工作的同时，还要兼顾网络连接，造成主机运行时间加长、系统性能下降。这种方式比较适合于预算少并且计算机主机负担不是很大的用户。

智能网卡 iSCSI 方式如图 6-19 所示。在这种方式中，计算机主机采用特定的智能网卡来连接网络，TCP/IP 协议栈功能由该智能网卡完成，即智能网卡除完成普通网卡的数据链路层和物理层功能以外，还要完成 TCP/IP 协议的功能(见图 6-19 中的下面部分)。iSCSI 层的功能仍由计算机主机来完成(见图 6-19 中的上面部分)。

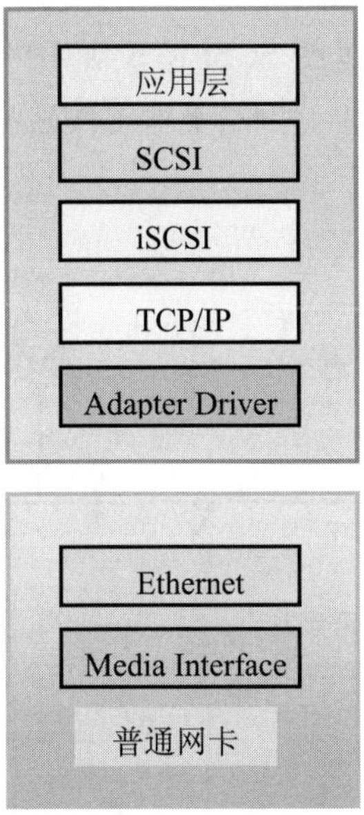

图 6-18　纯软件 iSCSI 实现方式

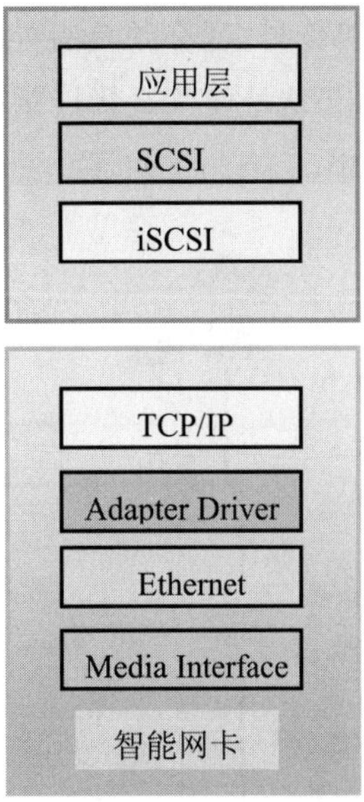

图 6-19　智能网卡 iSCSI 实现方式

与前一种方式相比，这种方式采用智能网卡，减少计算机主机在网络连接功能的开销、降低主机运行时间。但是它需要配置智能网卡，从而使硬件成本有一定的增加。这种方式适合于预算较少且计算机主机负担较重的用户。

iSCSI HBA 卡实现方式如图 6-20 所示。在这种方式中，计算机主机使用 iSCSI HBA（存储适配器）来完成 iSCSI 层和 TCP/IP 协议栈（见图 6-20 中的下面部分）。这种方式使计算机主机 CPU 无须考虑 iSCSI 以及网络配置。对计算机主机而言，iSCSI 存储器适配器是一个 HBA 设备，与服务器采用何种操作系统无关。

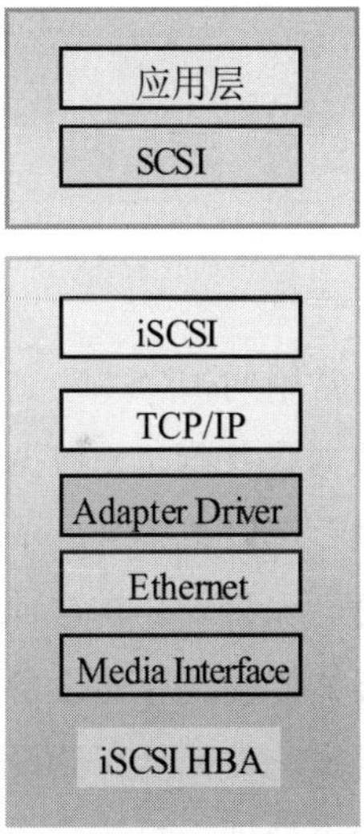

图 6-20　iSCSI HBA 卡实现方式

这种方式的计算机主机在网络连接功能的开销最小，主机性能最好，但是价格也最为昂贵。这种方式适合于预算多且计算机主机负担重的用户。

6.8　IP-SAN 系统组成

图 5-28 给出了 IP-SAN 的网络组成，主要包括存储设备、工作站、服务器和交换机。网络结构上看，IP-SAN 只有一个网，但因为是 SAN 系统，因此实际应用中它分为存域网和用户网。存域网和用户网都是通过 TCP/IP 协议连接的，在物理上这两类不同功能的网属于同一网络。图 6-21 给出了 IP-SAN 的架构。

在图 6-21 中存储设备通过 IP 磁盘控制器连接到 IP 网络。IP 磁盘控制器除了能完成对磁盘的管理工作外，还必须具有能实现低时延的 SCSI 协议和 IP 协议的转换功能，为存储设备提供 IP 地址使其直接连接在 IP 网络上。网络上的工作站和服务器都应具有 iSCSI HBA 的功能。

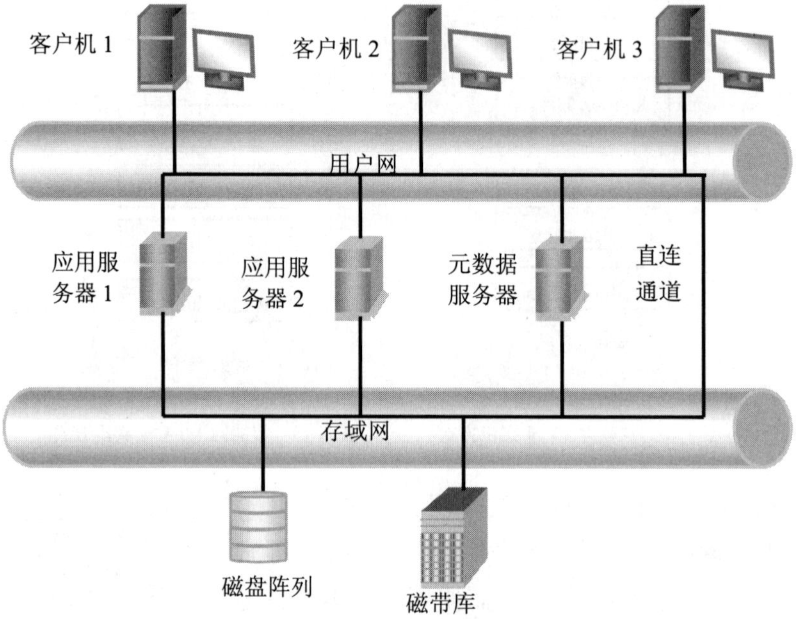

图 6-21 IP-SAN 架构

常用的 IP-SAN 文件系统与 FC-SAN 一样，也是采用半集中式文件系统，即需要用元数据服务器。元数据服务器用于对 SAN 中的存储设备进行集中管理，将整个存储网络中存储设备整合成单一的存储池，负责用户的授权和存储器的读/写控制，同时负责锁的分配和管理。在这种方式中，控制通道和数据通道分离，用户的 I/O 命令通过元数据服务器传输到存储设备。用户与存储设备之间的数据通道又分为应用服务器通道和直连通道。数据从存储设备读出之后，对于需要由应用服务器处理的数据，则由应用服务器通道处理后再转发；对于不需要应用服务器处理的数据，则由直连通道直接返回客户，从而真正实现客户与存储设备之间的直接数据传送。

从图 6-21 也可以看到，虽然 IP-SAN 是单网结构，但实际工作原理与第 5 章介绍的 FC-SAN 类似，文件系统也与 FC-SAN 类似，其文件系统的数据访问模型也为客户/元数据服务器模型。在这个系统中，核心的物理要素是元数据服务器、客户机（或应用服务器）和存储设备。

它们的工作流程是：客户（或应用服务器）需要数据输入/输出时，将 I/O 请求发给元数据服务器，以便得到相应的元数据等相关消息。元数据服务器认证客户 I/O 请求后，返回客户（或应用服务器）元数据等相关消息。元数据服务器在进行上述过程的同时向存储设备发送控制信息及相应的安全认证等信息。客户（或应用服务器）取得元数据等相关消息之后，向存储设备发出 I/O 命令。写命令时，被写的数据发往存储设备；读命令时，要读的数据返回客户（或应用服务器）。数据 I/O 完成后，客户（或应用服务器）向元数据服务器发送应答信息；元数据服务器再向存储设备（或客户）发送应答信息，终止 I/O 权限。

6.9 FC-SAN 与 IP-SAN 的分析比较

通过第 5 章对 FC-SAN 和 IP-SAN 概念的介绍，不难理解二者的异同。由于它们都属于存储区域网，因此其工作原理基本相同，对用户而言，对应用层的操作也相同。二者的区别主要是 SCSI 协议映射传输的传输层、网络层以及网络接口层不同。图 6-22 给出了 FC-SAN 和 IP-SAN 在实现方式上的比较，显然左边基于 FC 网络实现的是 FC-SAN，右边基于 TCP/IP 协议实现的是 IP-SAN。

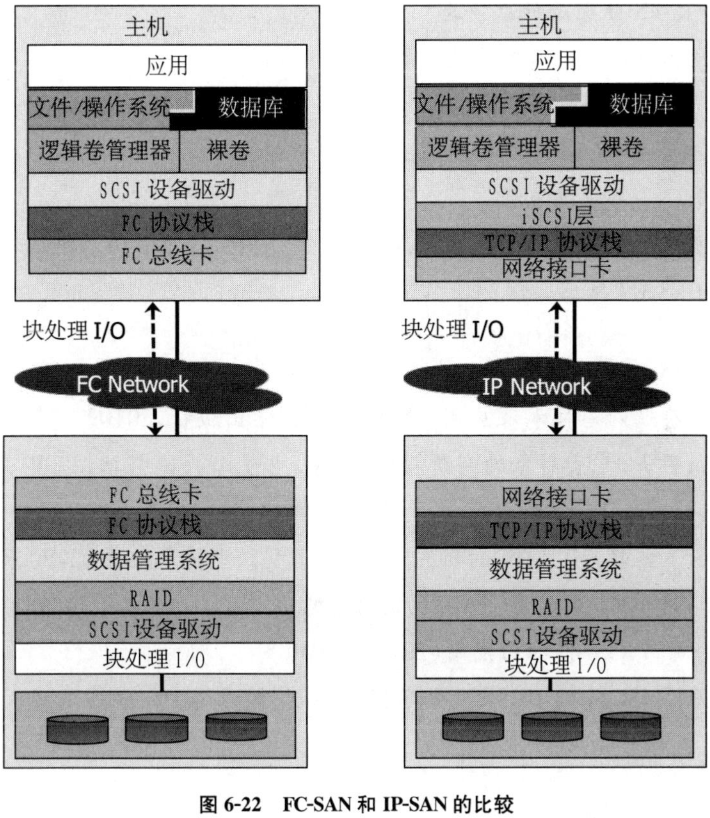

图 6-22 FC-SAN 和 IP-SAN 的比较

FC-SAN 是基于光纤通道协议，其优势在于传输速率高、数据延时小、在需要时可以实现数据通道带宽的独享，是目前解决要求高码率、低延时以及低误码率的最佳方案。缺点是成本高、设备的互操作性较差、不同厂商的 FC 具体实现不完全相同，这在客观上造成不同厂商的产品之间难以相互操作，使整个系统的操作维护比较复杂。

IP-SAN 基于现有以太网、TCP/IP 网络架构，可连接性能超群，扩展性能好，容易自然扩充到 LAN、MAN、WAN，是远程数据传输的最佳方案。同时，它又采用了 SAN 的系统架构、虚拟存储与集中管理，易于进行系统整合，使系统的可用性增强。与 FC-SAN 相比，它还有一个主要的优势是成本低，系统的操作维护也比较简单，与普通的计算机网络区别不是太大。它的缺陷是采用基于包交换机制的 IP 网，传输带宽不如FC-SAN。

在实际的网络建设中，可以根据成本预算与工作需求选择具体的网络架构。

本章习题与思考题

1. 说明 iSCSI 协议与 SCSI 协议和 TCP/IP 协议之间的关系。
2. 简述 iSCSl 协议支持的三种命名授权方式。
3. iSCSI 协议的会话分为哪两种类型？
4. iSCSI 协议的会话可分为哪三个阶段？
5. 简述 iSCSI 的登录过程。
6. iSCSI 有哪三种发现会话机制？
7. SLP 和 iSNS 分别是什么意思？
8. 简述 iSCSI PDU 基本头格式。
9. 简述 iSCSI 读/写准备流程。
10. 画图并简述 iSCSI 读数据流程。
11. 简述 iSCSI 写数据流程。
12. 简述实现 iSCSl 协议的三种方式。
13. 简述 IP-SAN 网络系统的工作流程。

主要参考文献

1. 鲁士文. 存储网络技术及应用. 北京：清华大学出版社，2010.
2. 郭玉东、尹青. 基于对象的网络存储. 北京：电子工业出版社，2007.
3. 韩德志、钟铭. iSCSl 协议探析. 计算机工程，2004(3).
4. 谢长生、罗益辉. IP-SAN 的研究与设计. 小型微型计算机系统，2005(6).
5. 赖剑锋、何华灿. 基于 IP-SAN 的文件管理系统设计. 微电子学与计算机，2005(4).
6. H3C 公司. iSCSl 技术白皮书(2010). 2010.
7. 高静. 基于 iSCSl 的 IP SAN 的研究与实现. 哈尔滨：哈尔滨工程大学硕士学位论文，2007.

第 7 章　网络制播系统架构

在第 1 章已经提到，要求传输稳定的高码率信号、网络存储容量大是电视台网的特点之一。为了满足这个要求，存储方面应尽量采用高速硬盘接口以及大容量硬盘阵列技术，网络方面则采用前几章介绍的存域网技术，即 NAS、IP-SAN 和 FC-SAN 网络。基于电视台制播网络的特点，常用的网络架构是双网结构。本章将介绍电视台所用的双网结构，并探讨网络制播系统的基本组成和全台网架构。

7.1　双网结构

7.1.1　双网结构的基本概念

前文介绍的 NAS、IP-SAN 和 FC-SAN 网络中，NAS 的网络结构简单，对传统的局域网改动小，投资成本低，但其数据共享是文件层以上的共享，从而降低了数据传输的效率；又由于基本上采用传输的局域网架构，传输带宽受限制，因此只适用于小型网络以及要求不高的中型网络。IP-SAN 与 NAS 网比较类似，都是基于 IP 技术的单网结构，两者的区别在于 IP-SAN 的数据共享是数据块的共享，数据传输效率理论上比 NAS 网要高，但还是受 IP 网结构影响，传输带宽目前还难以满足大型网络的需要。FC-SAN 网是双网结构，传输码率高且性能稳定，往往用于大型、中型网络，但是投资成本较高。

为了降低 FC-SAN 网的投资成本，同时又能在 FC-SAN 网上挂载更多的工作站，采用双码率的双网结构网络被提出并得以推广，成为目前大型电视台网的主要架构。

这种双码率的双网结构网络(简称双网结构)是指由广播级非线性编辑工作站组成的存域网 FC-SAN 以及基于以太网技术的、由无卡非线性编辑工作站组成的局域网 LAN 两个网络。这两个网络分别对应高码率和低码率的视音频数据流。双网结构与 FC-SAN 网的区别在于：

- 从网络结构看，FC-SAN 网络中所有工作站都与 FC 交换机及以太网交换机相连，而双网结构中无卡非线性编辑工作站只与以太网交换机相连，并不与 FC 交换机连接，如图 7-1 所示。
- 从工作站的功能来说，FC-SAN 网络中所有工作站都是有卡工作站，这里的有卡指有非线性编辑功能的板卡或具有视音频输入输出功能的板卡。当然，有卡工作站还需要

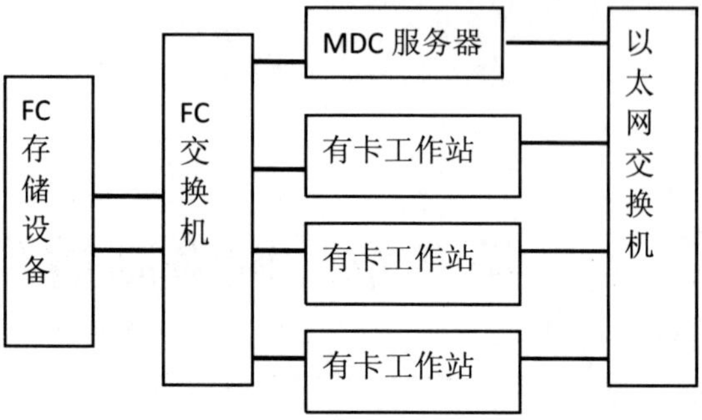

（a） FC-SAN 网络组成

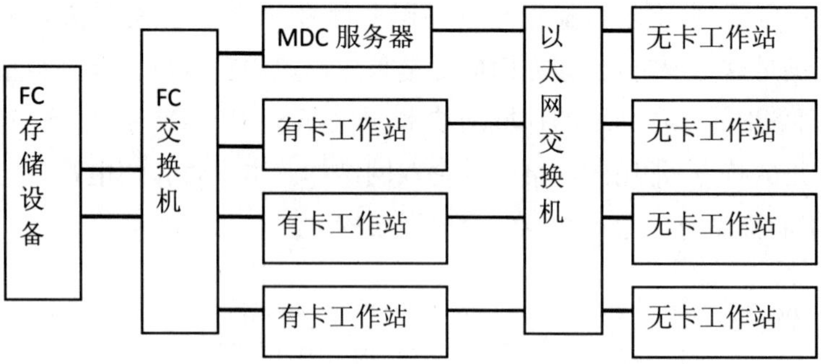

（b） 双网结构网络组成

图 7-1 FC-SAN 网络与双网结构网络比较

有光纤卡和以太网卡，而双网结构中除了有卡工作站外，还有无卡工作站。无卡工作站中没有非线性编辑功能的板卡或具有视音频输入输出功能的板卡，也没有光纤卡，只有以太网卡。

● 从可实现功能来说，FC-SAN 网络中 FC 光纤通道网络负责实际视音频数据的高码率传输，以太网络只负责管理数据的传输与交换；双网结构中 FC-SAN 网络负责实时的高质量广播级视频数据流的传送、存储、共享和管理，以太网负责系统管理信息、低质量的视频数据流、音频数据流及文稿数据等的传送、存储和共享。也就是说以太网除了负责管理数据外，还增加了低码率的视音频数据流的传送、存储和共享。

这种双网结构一方面利用了 FC-SAN 网的优势，使各实时视音频工作站与共享存储媒体间建立直接、高速的连接，无须通过中间的媒体服务器就可实现视频素材数据在网络中的最直接的同时共享，并保证工作站和共享存储媒体之间直接进行稳定、高速的数据传输；另一方面也利用了以太网在系统管理方面的优势，弥补了 FC 网在管理方面的不足，通过将低码率节目在以太网上进行编辑制作，降低了整个网络的建设成本。总之，这种双网结构使得 FC 和以太网不同类型的网能够互联互通、取长补短。

7.1.2 双网结构的网络工作原理

前文已提到，双网结构网络采用高、低双码率，显然低码率的视音频质量较差，直接下载转换成视音频信号会影响节目的播出质量，这种方法显然并不可取。因此，双网结构网络采用了如图 7-2 所示的工作方式，即采用双路采集技术。

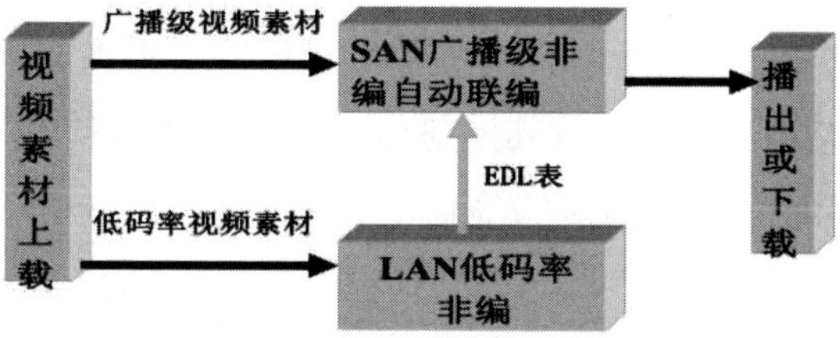

图 7-2 双网结构网络双路采集工作原理

从图 7-2 可见，待制作的视频节目先由 FC-SAN 中广播级非编进行素材上载，可以同时采集两路视频素材，一路为广播级素材（如标清信号 50Mbps，高清信号 100Mbps）；另一路为低码率素材（如标清信号 700Kbps）；也可以只采用一路广播级素材，然后再转码成相应的低码率素材，关键是保证这两种码率素材的时码要一一对应。这两种码率素材可以分别上载至中央共享存储体的不同存放区域；在某些应用环境下，低画质素材也可以经以太网连接存放在以太网数据库服务器的本地共享 SCSI 磁盘上。这两种存放低画质素材的方式各有利弊，前一种方式可以充分利用中央共享存储体的存储空间和安全性能，但一般需要设立单独的媒体服务器负责客户端的访问；而后一种方式对存放低画质素材服务器的硬件配置和吞吐能力要求较高。

在 FC-SAN 网中，任何一台有卡工作站均可通过光纤网络调用和编辑位于中央共享存储体上的高画质素材。虽然这些素材并不直接从本地工作站调用，但由于网络速度快，因此工作人员在非线性编辑工作站上进行节目编辑时会感觉与正常的单机非编工作站的编辑没有什么区别。编辑完成的节目文件可以通过任一有卡工作站直接播放、下载或打包进行输出。

在以太网中，由于受到网速限制，往往采用低码率。按照《电视台数字化网络化建设白皮书(2007)》的建议，对于标清视频，采用 MPEG-4 压缩时，视频码率为 500Kbps～1Mbps；对于高清视频，采用 MPEG-4 压缩时，视频码率为 2Mbps～3Mbps。这种水平的视频数据全部通过网络从存储媒体中调用，不需要编辑工作站非编板卡，所以这种工作站被称为无卡工作站，所进行的非线性编辑被称为无卡非编。无卡非编与有卡非编两种制作方式的编辑界面一致、编辑结果（节目 EDL 表）唯一。无卡非编编辑完成以后，生成含有时码等编辑信息的 EDL（Edit Decision List，编辑决策表），并被送到 FC-SAN 网络中，再由 FC-SAN 中的广播级播出工作站进行视频替换，将视频素材转换成广播级素材进行播出或下载。由于 EDL 中同一素材的高低画质版本之间存在准确的对应关系，可以使输出时均采用相关素材的高画质版本，从而保证节目输出质量。

这种方式与早期的“脱机（100 ∶ 1 的草稿编辑）-联机（按 EDL 在录像机上自动进行广播级编辑）”非线性编辑方式如出一辙，所以也有人将无卡非编的编辑工作称为网络脱机编辑或草稿编辑；而 SAN 中根据 EDL 进行的自动素材替换称为自动联机编辑。还有的公司把这种在无卡工作站进行的低码率编辑称为代理编辑。

在此双网结构的网络中，主要的视音频编辑任务在有卡工作站上完成。无卡工作站具有配音、字幕、查询检索、低画质素材浏览和节目粗编等辅助编辑功能，用以减轻有卡站点的工作压力。网络的工作流程及其控制功能主要通过无卡工作站实现。这样，无卡工作站的设置可以起到有效降低整体带宽需求和系统成本的作用。

这种双网结构的双码率工作的思想也可以用于一些造价比较低的方案中，例如"一拖 N"方案是由一台实时广播级非编通过百兆以太网带若干台无卡非编(视数据流量而定)；SCSI 方案是由两三台实时广播级非编通过 SCSI 接口带若干台无卡非编。它们虽然规模较小，但都可以采用上述工作原理进行低码率节目编辑，再用高码率素材替换输出。

双网结构是我国电视行业的一个创举，虽然刚开始仅仅是由于以太网带宽不足、FC 网成本高而采取的权宜之计，但从后来的发展来看，双网结构不仅有利于后期制作，也有利于开展从设备管理到媒体资产管理等综合媒体业务的管理，是电视台理想的媒体管理平台。

7.2 网络制播系统的基本构成

第 1 章已提到最早的网络制播系统是节目制作网，后来才出现各种具有不同功能的网络。由于功能不同，网络组成也不完全相同，为了便于理解，这里仍以早期的节目制作网络为例介绍网络制播系统的基本构成。

电视节目制作可以看作一种生产过程，因此节目制作网络化就是将其过程通过网络系统来实现的。在此网络系统中，生产原料来自构成电视节目的各类素材，包括画面、声音、图片、字幕、文稿等。这些生产原料可以通过信号采集(对于未完成数据化的素材而言)或数据传输(对于已完成数据化的素材而言)的方式进入制作网络，在网络中完成筛选、处理、加工、包装等节目制作流程，最终以成片的形式通过各种手段(如节目下载、数据传输等)从网络输出。顾名思义，节目制作网络的产品是电视节目成片；从节目制作网系统输出的成片将进入电视台播出系统或市场流通环节。

从系统功能上划分，节目制作网络大致可以分为编辑制作子系统、服务器子系统、共享存储子系统和互联子系统等主要组成部分。编辑制作子系统由完成不同功能的各种非线性编辑工作站组成，主要用来完成节目的生产任务并实现各种网络工作流程及其控制功能。从网络功能结构的角度看，编辑制作子系统可以称为网络的客户端。服务器子系统是为客户端提供后台服务的系统，主要由响应客户端工作请求、完成不同功能需求的各种服务器组成，可以看作网络的服务端。共享存储子系统由集中存放节目内容数据的存储介质组成，网络客户端可以在服务端的控制下将需要进入网络的节目数据存放在共享存储子系统上或对位于共享存储子系统上的节目数据进行访问和调用。互联子系统是指连接上述各子系统的网络互联结构，可以通过不同传输介质和控制协议控制并实现节目数据和管理信息数据在整个网络范围内的流通。

图 7-3 是电视节目制作网络的基本拓扑结构示意图。如图所示，网络由编辑工作站点（从配置上可以分为有卡和无卡两种类型）、中央共享存储体、各种服务器和光纤、以太互联结构组成。

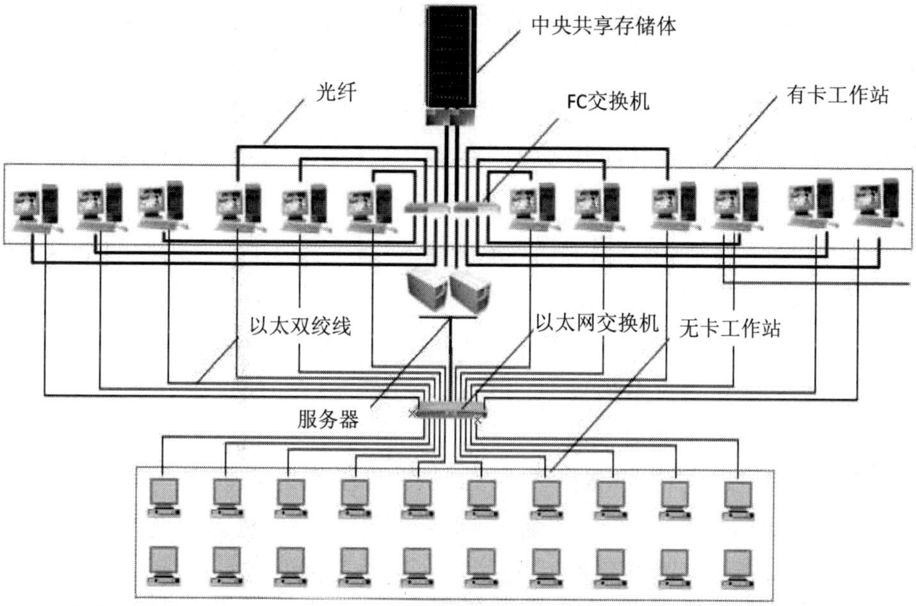

图 7-3　电视节目制作网络的基本拓扑结构示意图

从图 7-3 还可以看到，此拓扑结构包括两个网络环路：光纤环路和以太网环路。以太网络包含设备（工作站点和服务器）的连接，通过标准 TCP/IP 协议完成整个网络的用户管理和控制信息传递；无卡工作站通过它对低画质素材进行访问。光纤网络采用存储区域网络结构 SAN；中央共享存储体、有卡工作站和相关服务器直接连接到光纤交换结构上，通过 FC 协议实现客户端对共享存储体中节目数据的直接访问（包括读出和写入）；数据共享机制则由 SAN 结构的文件级共享软件（如 IBM 公司的 SANergy）实现。在实际运行中，有卡站点通过元数据控制器 MDC 获取共享逻辑卷的元数据，完成对中央存储体中高画质素材的访问；访问时控制信息的传递通过以太网络连接进行，视音频素材的访问直接通过光纤网络连接进行，这样可以在对访问实施有效管理和控制的同时提高其速度和稳定性。

从上述网络拓扑结构可知，构成电视节目制作网络的主要组件有工作站、服务器、共享存储体和互联结构等。下面对这些主要组件的情况作简单介绍。

7.2.1　工作站

工作站是节目制作网络的基本工作单位。从是否配置视音频处理板卡的角度划分，工作站可以分为有卡和无卡两种类型。从具体实现功能上划分，有卡工作站可以分为精编工作站、上下载工作站、收录工作站和作为演播室信号源的播出工作站等；而无卡工作站也可以分为只实现工作流程及其控制的文稿工作站和除此之外还要完成低画质素材浏览、节目粗编、成片审看、配音等功能的全功能无卡工作站。实现不同功能的工作站对主机平台硬件的要求存在较为显著的差异，配置的功能软件也有所不同。

国内电视节目制作网络一般采用国产非线性编辑工作站，对于标清非编工作站常用配置如下：主机使用标准 PC 平台；视音频处理板卡（简称非编卡）大多使用 Matrox 公司的 DTV 系列、DigiSuite 系列或 Pinnacle 公司的 Targa 系列等。这里的非编卡主要功能是视频输入输出（I/O）、压缩解压缩（Codec）、视频混合（Mix）、特技处理（DVE）、字幕叠加（GFB）等。应用软件则使用各个国内厂商基于板卡研发的网络版非编软件，如大洋、索贝、新奥特、奥维迅等。

对于高清非编工作站，虽然高清视频数据量大，对计算机平台有更高的要求，但是由于计算机技术发展迅猛，因此高端的计算机平台完全能够满足高清非编的需要。目前，高清非编工作站通常采用 CPU＋GPU＋I/O 的架构，其中 GPU 中文是图形处理单元（Graphic Processing Unit），是相对于 CPU 的一个概念，专门用于图像处理的核心处理器。GPU 独特的计算架构设计使其在密集计算与并行计算如矩阵乘法、图像卷积、快速傅立叶变换等方面性能比 CPU 高很多。在高清非编工作站可以利用 GPU 实现标清非编板卡上的放大、缩小、翻页、竹筒、卷轴、马赛克等数字特技功能，因此在高清非编工作站中不再使用与标清类似的非编板卡，而直接采用输入输出（I/O）卡来代替。这里的 I/O 卡主要功能包括将高清 HD-SDI 视频信号以及音频信号压缩输入主机或将压缩后的视音频信号解压缩后输出。值得一提的是，在视频压缩、解压缩过程中 CPU 和 GPU 都有一定程度的参与，对于不同的 I/O 卡，它们的参与程度不同。另外，为了满足高码率传输的要求，计算机主板要求至少是 PCI-E 总线。针对这种硬件架构，非编厂商也都推出了网络版高清非编应用软件。

从目前的使用情况来看，国产非编工作站从功能上一般可以较好地满足电视节目编辑的基本需要，与国外同类产品相比，其价格、服务以及中文处理能力具有比较明显的优势。但是，国产非编站点也存在着 PC 平台和应用软件稳定性不高及与第三方软件兼容性有限等问题，尚需改进。

7.2.2 服务器

服务器是在后台响应客户请求、提供访问服务的设备，是维持网络运行的关键组件。从实现功能上划分，节目制作网络配置的常用服务器有元数据控制器（Meta Data Controller，简称 MDC）、媒体服务器（Media Sever）、数据库服务器（Data Sever）、应用服务器（Application Sever）和域控制器（Domain Sever）等。在实际使用中，这些名称可能会不同，但所具有的功能都应该具备。

元数据控制器（MDC）又称元数据服务器（MDS）、存储管理服务器，是管理 FC 网络中央共享存储体共享逻辑卷相关元数据的服务器。对于MDC服务器而言，位于中央共享存储体上的共享逻辑卷是其本地硬盘资源。而对于客户端而言，对共享逻辑卷的访问是通过MDC服务器本地硬盘资源的以太网映射完成的。在实际运行中，有卡站点对位于共享存储体上的节目数据进行访问时，要先通过MDC取得其元数据（文件名、文件大小、访问控制表、文件存储地址等）才行。如果MDC服务器无法正常工作，那么即使共享逻辑卷完好无损，客户端也无法访问。MDC服务器主要通过网络存储共享管理软件对硬盘阵列进行管理。网络存储共享管理软件对共享磁盘阵列文件及元数据进行管理，监控直接访问磁盘的工作站和服务器的磁盘读/写，可以将安装有客户端软件的服务器映射为IP网络的文件服务器，可以使以太网工作站通过该服务器实现对共享磁盘阵列的访问。主流的网络存储共享管理软件的管理第5章已经介绍，这里不再赘述。

媒体服务器用于存放和管理以太网低画质素材；低画质素材供给无卡站点访问。从原理上讲，它也具有元数据控制器的功能，只不过它管理的共享逻辑卷是专门用来存放低画质素材的。对于所有MDC类型的服务器而言，稳定性的需求都是第一位的。同时，由于元数据量较小，MDC服务器的工作性能需求不是很高。相对而言，媒体服务器由于还需要处理低画质素材，在性能方面的要求要高一些。

数据库指长期存储在计算机内的、有组织的、可共享的数据集合。在网络制播系统中，数据库服务器承担了集中化的统一的数据管理功能，采用数据库服务器是为了将应用程序和其访问的节目数据从逻辑上分开。作为应用程序访问节目数据的标准接口，数据库服务器的存在可以有效保证双方的安全性、数据的完整性和程序的可升级性。数据库服务器可以被看作是沟通应用程序和节目数据的桥梁，从这个角度看，对其安全性、稳定性和工作性能等方面的整体需求是很高的。数据库服务器提供共享内容数据接口和用户权限管理功能，如果它发生故障，将导致用户编辑系统界面无法联网并登录，且共享内容不可见。

应用服务器是软件设计三层体系结构（应用程序、数据库接口、数据库）的重要组成部分，也称组件服务器，这是因为通常在其上部署各种应用组件。作为应用程序访问数据库的标准接口，应用服务器可以使软件设计、开发、修改和升级具有很强的灵活性和方便性。

域控制器是负责以太网管理的服务器，域中站点和用户对资源的访问权限由其决定。由于电视节目制作网络的站点规模一般较小，域控制器的I/O流量不大，所以可以和其他服务功能配置在一台物理服务器上。在实际应用环境下，通常将域控制器和数据库服务器配置在一起。如果域控制器发生故障，将导致用户在操作系统界面无法联网并登录。

目前国内节目制作网络的服务器多采用国外知名厂商的软硬件工作平台，如戴尔公司的PowerEdge R720、R910，HP公司的DL580服务器和MS SQL Sever、Oracle数据库软件，ADIC StorNext FS共享软件，等等。同类服务器通常采用集群的方式提高其整体可用性。

7.2.3 中央共享存储体

在节目制作网络中，工作站通过互联结构访问和调用位于中央共享存储体上的节目数据，再利用本地配置的资源(如 CPU、Memory、板卡等)完成数据的处理加工任务。由此可见，节目制作网络的最重要功能是数据共享(当然也包括存储数据的介质平台的共享)。在前些年的网络建设中，一般采用比较简单的存储平台，如 EDI 公司的 6000、EMC 公司的 CLARiiON 3500 系列硬盘阵列等。这些阵列一般配置有两个控制器，具有一定的安全性能，可以通过级联方式扩展存储容量且整体性价比较好，但访问带宽以及数据安全性能较差，不能满足大型节目制作网络高性能、高安全性和高扩展性的需要。

近年来，新一代虚拟存储技术的发展逐步满足了这一市场需求，在国内市场上其代表产品有 DDN 公司的 S2A 系列、EMC 公司的 VNXE 系列、Hitachi 公司的 AMS 系列等。这些产品的特点在于对物理存储体实现进一步虚拟化的基础上，提供了更优越的访问、安全和管理性能。

7.2.4 互联结构

互联结构包括交换机和网络连线，其中交换机是其核心控制部分。对于互联结构而言，其数据交换能力和稳定性是最重要的性能指标。双网结构网络包括 FC 交换机和以太网交换机。FC 交换机与所有需要 SAN 连接的服务器、中央共享存储体和有卡工作站连接，使大数据量的视音频文件能够被网络中的各个工作站实时访问。以太网交换机与工作站和服务器连接，通过标准 TCP/IP 协议完成整个网络的用户管理和控制信息传递。无卡工作站需要通过以太网交换机对低画质素材进行访问。

目前 FC 交换机带宽常用 4Gbps，高端的 FC 交换机带宽可达到 16Gbps，FC 完全能满足电视节目制作的需要。过去，以太网一般采用百兆(用于工作站连接)和千兆(用于服务器连接和交换机连接)相结合的方式。目前常用的以太网交换机带宽为千兆，主干交换机采用 10Gbps 带宽。

7.3 全台网架构

以上是电视台最基本的节目制作网络架构，随着网络制播技术的发展，相继出现了新闻制播网、节目播出网、媒体资产管理系统网和收录网等。这些网络除规模、范围不同外，相关的网络结构和功能模块也有差异，所涉及的管理软件、工作流程控制软件等也都不同，具体细节将在后面章节进行介绍。

虽然电视台已有这么多网络，但实际应用并不令人满意，主要的问题包括：每个网络节目制作的单位规模较小，缺乏规模效应，无法从整体上充分发挥网络大规模、集约化生产的优势，也难以树立良好的网络化应用氛围；网络之间存在较严重的“孤岛效应”，网络化应用涵盖的节目生产流程有限，无法实现各种资源包括节目数据、网络设备和维护人员等的广泛共享，也难以充分发挥对工作流程进行严格控制和管理的作用。因此，全台网的概念被提出，并得以实施。实现全台网关键的一步是各个应用网络之间的互联互通。下面介绍全台网互联互通的内容与架构。

7.3.1　全台网互联互通内容

在传统电视节目制作和播出系统中，存储介质是磁带。各个部门之间(如演播室和播出部之间)通常是通过磁带传递节目信号的，在某些情况下也会利用视音频矩阵的分配、调度功能进行部门间视音频信号的互联。应该说电视台内这种互联是基于信号层的互联，工作流程纯粹由人工完成。电视台采用计算机网络技术后，这种简单的互联方式显然不能体现网络化的优势。

基于网络互联互通的目标包括实现节目素材、文稿、串联单、工程文件等媒体资源的共享；使节目采集、制作、审核、播出和管理等各个环节通过业务流程予以关联，并实现基于业务流程的新型生产、管理方式；在节目采集、制作、审核、播出和管理等各个环节实现管理集成化。《电视台数字化网络化建设白皮书(2007)》提出的全台网互联互通内容包括网络层、信号层、媒体数据层、媒体信息层、应用层 5 个层次的内容，如图 7-4 所示。

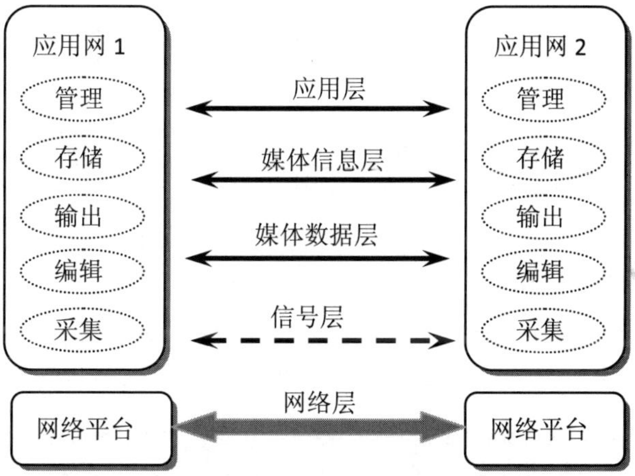

图 7-4　互联互通层次示意图

1. 网络层

网络层的互联互通实现各应用业务子网络(又称板块)之间物理网络的连接。要实现互联互通，除了物理连接以外，还需要网络层的网络传输协议、软件通讯接口协议实现互联互通。

前文已介绍了多种能够实现共享的网络传输协议，包括 TCP/IP、FTP、HTTP 等。另外，NFS 和 CIFS 文件系统也是基于网络传输协议实现的文件共享。当然，为了实现文件共享，在 SAN 网络中可采用网络存储管理软件 StorNext FS 等；在实际应用中还可根据网络架构选择网络传输协议。

在某些情况下，还需要其他联通方式，因此需要采用软件通讯接口技术。目前，电视台网常用的有消息队列接口技术、Web Services 接口技术等几种。

消息是通信双方需要传递的信息，队列是发送和接收消息的公用存储空间，且包含存储消息的数据结构，可以存在于内存或者是物理文件中。通过软件接口方式可以访问或控制消息队列，这些软件接口方式被称为消息队列接口。典型的消息队列接口技术有MSMQ、IBM MQ 等。消息队列是在多个不同的应用之间实现相互通信的一种异步传输模式。相互通信的应用可以分布于同一台机器上，也可以分布于相连的网络空间中的任一位置。它实现的原理是：消息的发送者把想要发送的信息放入一个容器中(Message)，并把它保存至一个系统公用空间的消息队列(Message Queue)中，然后本地或者是异地的消息接收程序再从该队列中取出发给它的消息进行处理。这里的公用空间可以在发送方、接收方所在的机器上，也可以单独放置在另外一台机器上。这种消息队列的主要目的是提供路由并保证消息的传递；如果发送消息时接收者不可用，消息队列会保留消息，直到可以成功地传递它。这种方式适合非紧急信息的传输，并可用于不同物理平台之间的通信。

Web Service 也称 Web 服务，它是一种以服务为导向的架构技术，通过标准的 Web 协议提供服务，保证不同平台的应用服务可以相互操作，也可以简单地理解为在主从式架构(Client-server)之间根据 SOAP 协议传递 XML 格式消息。它主要包括：

(1)SOAP

简单对象访问协议(Simple Object Access Protocol)，是在分布式环境中交换信息并执行远程过程调用的轻量级协议，是一个基于 XML 的协议。SOAP 包括 4 个部分：SOAP 封装(Envelop)，定义了一个描述消息中的内容是什么、是谁发送的、谁应当接收并处理以及如何处理的框架；SOAP 编码规则(Encoding Rules)，用于表示应用程序需要使用的数据类型的实例；SOAP RPC 表示(RPC Representation)用于表示远程过程调用和应答的协定；SOAP 绑定(Binding)使用底层协议交换信息。应用中比较受关注的是 Envelop，它由一个或多个 Header 和一个 Body 组成。使用 SOAP，不用考虑任何特定的传输协议(最常用的还是 HTTP 协议)，因为它可以允许任何类型的对象或代码在任何平台上以任何一种语言相互通信。

(2)WSDL

Web 服务描述语言(Web Service Description Language)是用机器能阅读的方式提供的一个正式描述文档，它基于 XML(标准通用标记语言下的一个子集)语言，用于描述 Web Service 及其函数、参数和返回值。

(3)UDDI

统一描述、发现和集成(Universal Description，Discovery and Integration)是一套基于 Web 的、分布式的、为 Web Service 提供信息注册的实现标准规范，同时也包含一组使企业自身提供的 Web Service 注册让别的企业发现的访问协议的实现标准。当用 WSDL 将一个 Web Service 定义好以后，为了使更多的用户能够发现这个 Web 服务，就需要使用 UDDI SDK 将这个 Web 服务注册到 UDDI 注册中心，这个 Web Service 的注册过程被称为“服务的发布”。

2. 信号层

信号层的互联互通可以实现板块之间视音频信号的交换，其对应的是数字视音频信号及其接口标准。信号层的联通实质就是视音频信号之间的连接，是传统的广播电视系统的互联，并不是计算机网络之间的连接。连接信号包括：标清信号，对应 SDI 接口；高清信号，对应 HD-SDI 接口；数字音频信号，对应 AES/EBU 接口。物理层的连接为同轴电缆等。

3. 媒体数据层

媒体数据层的互联互通可以实现板块之间媒体数据文件的交换。媒体数据文件包括视音频文件、项目文件、字幕文件等。

视音频文件是对视音频数据的封装与描述。为了降低网络存储、传输与处理的压力，视音频数据都需要进行压缩编码。为了便于节目变换，《电视台数字化网络化建设白皮书(2007)》提出不同业务板块中视音频压缩编码及文件格式的应用建议。表 1-1 给出了高质量视音频文件编码格式应用建议参考，低质量视音频文件编码格式应用建议参考见表 7-1。

表 7-1　《白皮书(2007)》低质量视音频文件编码格式应用建议参考

板块＼制式		标清(SD)	高清(HD)
新闻制播板块	视频	MPEG-4 500Kbps～1Mbps；WMV 300～500Kbps	MPEG-4 2～3Mbps；WMV 2～3Mbps
	音频	MP3 64Kbps；WMA 64Kbps	MP3 64Kbps；WMA 64Kbps
综合制作板块	视频	MPEG-4 500Kbps～1Mbps	MPEG-2 4～6Mbps
	音频	MP3 64Kbps；WMA 64Kbps	MP3 64Kbps；WMA 64Kbps
播出分发板块	视频	WMV 300～500Kbps	WMV 500Kbps～1Mbps
	音频	MP3 16Kbps；WMA 16Kbps	MP3 16Kbps；WMA 16Kbps
数字内容管理板块	视频	WMV 300～500Kbps	WMV 500Kbps～1Mbps
	音频	MP3 16Kbps；WMA 16Kbps	MP3 16Kbps；WMA 16Kbps

《电视台数字化网络化建设白皮书(2007)》还推荐直接采用 MXF 格式作为视音频文件的封装标准。

4. 媒体信息层

媒体信息层的互联互通实现板块之间元数据信息的交换。业务板块在进行交互的过程中存在多种媒体对象信息(元数据)的交互。根据媒体对象类型的不同，元数据定义主要有视音频文件元数据、文稿元数据、串联单元数据等。为了实现各业务板块之间媒体对象元数据的高效交换，需要采用标准的 XML 格式制定开放、统一的媒体对象实体定义规范。

有关元数据的定义规范一直是电视台网络化的难题，国内中央电视台在这方面做了很多工作。安徽电视台在进行全台网建设中，根据实际需求，统一制定了媒体资源交换描述语言(Media resource exchange Markup Language，简称 MreML)。它包括两部分内容：一是面向全台业务系统互联交换的指令及控制协议，包括通讯信息、指令、反馈等内容；二是面向电视台媒体资源交换的描述协议，主要描述了电视台资源对象包括视频、音频、稿件、串联单、编辑决策列表、字幕等内容在跨系统交换时的描述语言规范。这是针对全台制、播、存多系统协同交互的一个较为系统、完整的互联协议，并在实际中得到了应用。

国外有关元数据定义规范的研究比较多，欧广联先后推出了 Tech 3293 EBU Core Metadata Set (EBUCore)、Tech 3295 P_META Metadata Library、Tech 3556 Specification of the FIMS Media SOA Framework 规范；SMPTE 也推出了 SMPTE ST 377-1 Material Exchange Format (MXF)－File Format Specification、SMPTE ST 330 Television-Unique Material Identifier (UMID) 、SMPTE ST 434 Material Exchange Format-XML Encoding for Metadata and File Structure Information 等与元数据格式相关的标准。

5. 应用层

应用层的互联互通可以实现板块之间各种管理控制信息的交换。管理控制信息与具体业务相关，因此需要针对电视台业务和业务交互关系进行分析，再由业务板块提炼出与交互相关的服务及接口。接口服务可按照板块间的业务交互种类进行划分。

目前，并没有规定统一的应用层服务与接口，因此，互联互通集成架构不同，应用层的内容也不相同。另外，即使是相同的互联互通集成架构，电视台或机构一般也会根据实际使用情况提炼出不同的应用层互联互通的服务和接口。

7.3.2 全台网互联互通集成架构

《电视台数字化网络化建设白皮书(2007)》建议了 3 种台内网应用集成架构："点对点的互联架构""基于消息总线或中间件的互联架构"和"基于面向服务体系架构(SOA)的 ESB＋EMB 双总线互联架构"，下面分别进行介绍。

1. 点对点的互联架构

要实现网络之间的互联互通，最直接的方式就是将每个网络分别连接起来，这就是点对点的互联架构。点对点的互联架构就是指网络中各个板块分别一对一互联，如图 7-5 所示。

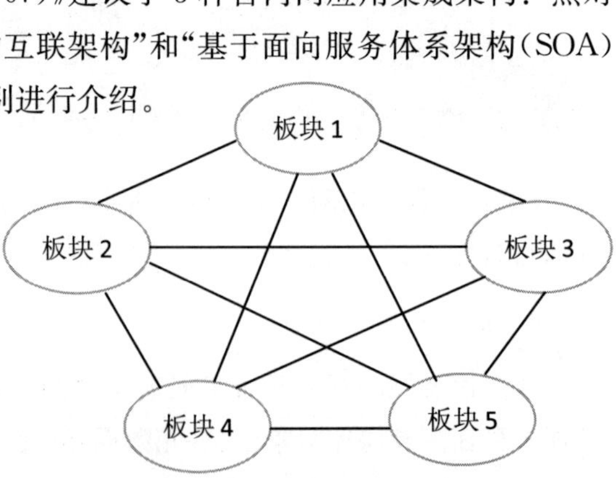

图 7-5 点对点的互联架构示意图

各个板块要实现互联互通，必须知

道对方的接口类型(如 API、Web Services、消息)、位置(如 Web Service 引用地址、消息地址)等细节。在点对点的互联架构中,需要各个板块根据对方接口分别进行开发。

点对点的互联架构的主要优点是:

- 架构简单,因为这是直接的网路互联方式。
- 根据各个板块的具体要求进行定义和开发,软件应用开发针对性强。
- 板块之间直接进行交互,信息和数据交互效率较高。

主要缺点是:

- 当各个板块分别由不同厂商建设时,协调难度大。
- 当参与互联的板块数目增加时,板块间接口数量成倍增加,复杂度高。
- 修改任何一个板块,都需要同时修改与其相连的其他多个板块的接口,灵活性差。

点对点的互联架构适用于业务规模较小、需要高度集成的电视台网,也可用于已建成的各种业务板块网络电视台的系统集成。不过,《电视台数字化网络化建设白皮书(2007)》并不推荐这种架构。

2. 基于消息总线或中间件的互联架构

对于点对点互联架构的问题,一种解决方案就是像前文中提到的"消息队列接口技术"一样,通过建立消息总线或中间件来传输各个网络的信息,这就是基于消息总线或中间件的互联架构。基于消息总线或中间件的互联架构是指台内网各"应用孤岛"通过适配器连接到一条总线上,通过消息总线或其他中间件实现各个应用之间的交互,如图7-6所示。

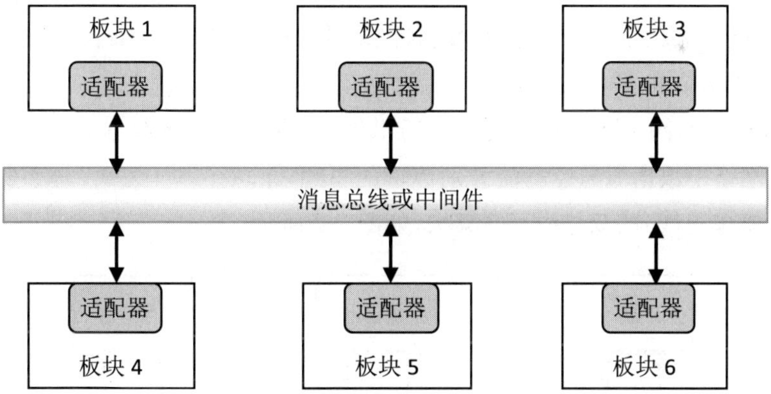

图 7-6　基于消息总线或中间件的互联架构示意图

基于消息总线或中间件的互联架构的主要优点是:

- 通过引入总线这一中间逻辑调度引擎来实现板块之间的交互业务,取代了点对点的互联架构方式中板块之间的直接交互,增强了整个互联系统的灵活性。
- 每个板块通过固定的接口挂接在总线上,避免了直接访问,提高了系统的封装性和安全性。

主要缺点是：

- 由于是中心—辐条式体系结构（只有一条总线或一个中间件），因此存在单点故障、性能瓶颈、扩展困难等问题。
- 对于不支持消息通信机制的应用软件，整合比较困难。

基于消息总线或中间件的互联架构适用于业务规模中等的电视台网。《电视数字化网络化建设白皮书(2007)》也不推荐这种架构。

3. 基于面向服务体系架构(SOA)的 ESB+EMB 双总线互联架构

电视台业务板块互联交互时，还可以采用基于面向服务体系架构(SOA)。SOA 实质上是一个组件模型，它通过定义应用程序不同的功能单元（称为服务）之间的接口和契约将不同的应用程序联系起来。SOA 是一种粗粒度、松耦合的服务架构，服务之间通过简单、精确的定义接口进行通讯，不涉及底层编程接口和通讯模型，即定义的接口独立于实现服务的硬件平台、操作系统和编程语言，这就使得构建在各种各样的系统中的服务可以使用一种统一和通用的方式进行交互。

支撑 SOA 的关键是其消息传递架构——企业服务总线(ESB)。ESB 是传统中间件技术与 XML、Web 服务等技术相互结合的产物，用于实现企业应用不同消息和信息的准确、高效和安全地传递，让不同的应用服务协调运作，实现不同服务之间的通信与整合。负责在诸多服务之间转换业务逻辑和数据格式的 ESB 类似"缓冲器"，其与服务逻辑相分离，从而使得不同的应用程序可同时使用同一服务，用不着在应用程序或者数据发生变化时改动服务代码。因此，通过使用 ESB，可以在几乎不更改代码的情况下，以一种无缝的非侵入方式使企业已有的系统具有全新的服务接口，并能够在部署环境中支持任何标准。ESB 的这些优点非常适合电视台内各网络的互联互通。Oracle、IBM、微软等公司都提供了与 ESB 相关的平台或产品。

由于在电视台网中除了常规的信息通讯外，还有大量媒体数据的交互与传输，因此结合 SAN 网络中数据流与控制流分别传输的思想，采取了基于 SOA 体系架构的 ESB、EMB（企业媒体总线）的双总线互联架构，如图 7-7 所示。

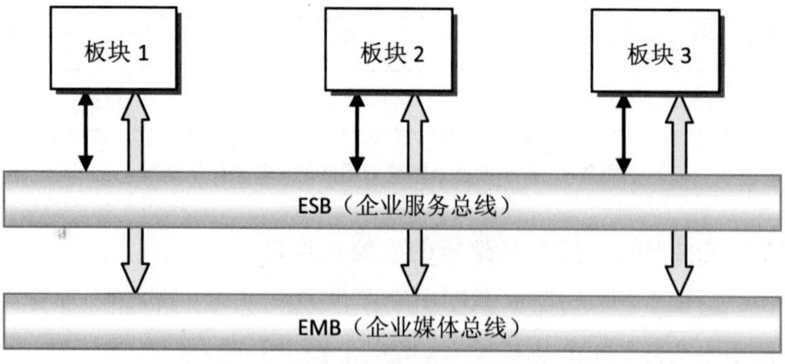

图 7-7　基于 SOA 的双总线架构示意图

这种架构通过对各类网络的业务流程进行统筹分析，将各业务板块对外的接口都提炼、抽象、封装为服务。双总线 ESB 和 EMB 分别用作元数据和媒体文件的传输，是 SOA 思想在电视台全台网设计中的发展和具体实现。

基于 SOA 双总线互联架构的主要优点是：强化板块的内部封装，实现高内聚、低耦合，任何板块的变更都不会影响其他板块，新板块接入也无须对已有板块进行改造，连接复杂度低，易于管理，可以轻松应对业务服务变化和发展的需要。该架构适用于业务规模较大、异构系统较多、流程复杂多变的电视台网。这也是《电视台数字化网络化建设白皮书(2007)》推荐使用的网络架构。

7.3.3　基于 SOA 双总线的全台网架构

前文已提到为了实现 SOA，就需要在各种服务之间增加一个“缓冲器”，以便实现业务逻辑和数据格式的转换等中间功能。一个简单的 SOA 工作流程如图 7-8 所示。从图 7-8 可见，在 SOA 架构中，除了服务提供者和服务使用者之外，还需要专门的服务注册模块。如果把服务提供者和服务使用者换成电视台网中的各个板块，那么要想实现 SOA 架构就还需要一个用于服务注册功能的基础平台。

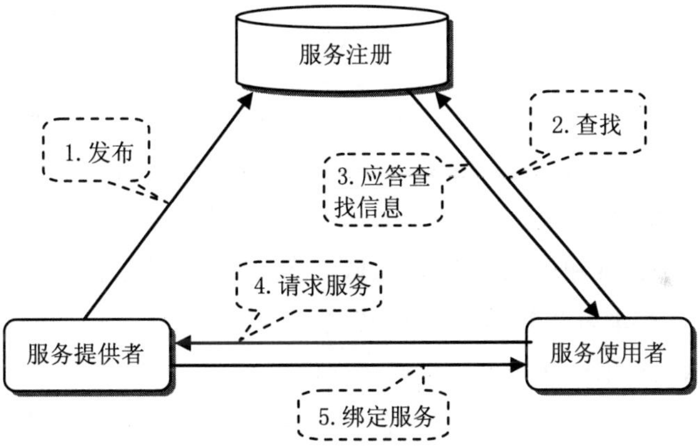

图 7-8　SOA 工作流程

经过上述分析以及 IBM 提供的 SOA 参考框架，基于 SOA 双总线的典型台内网总体架构被提出，如图 7-9 所示。它可分为主干平台和业务板块两大部分，主干平台又由基础支撑平台、业务支撑平台组成，ESB、EMB 双总线就包含在业务支撑平台中。

主干平台的目标是：建立一个松耦合、高效率、与协议无关的互联互通应用集成平台；提供各个业务板块的接入方式、业务交互方式以及数据交换方式；提供台内网多业务板块之间的业务整合功能(流程编排、执行与监控等)；提供支撑台内网运行的其他辅助功能(统一认证、网络监控等)；提供与综合管理板块相关的接口功能。

1. 基础支撑平台

基础支撑平台分为基础网络平台、系统软件平台两部分，是构成主干平台的基础。

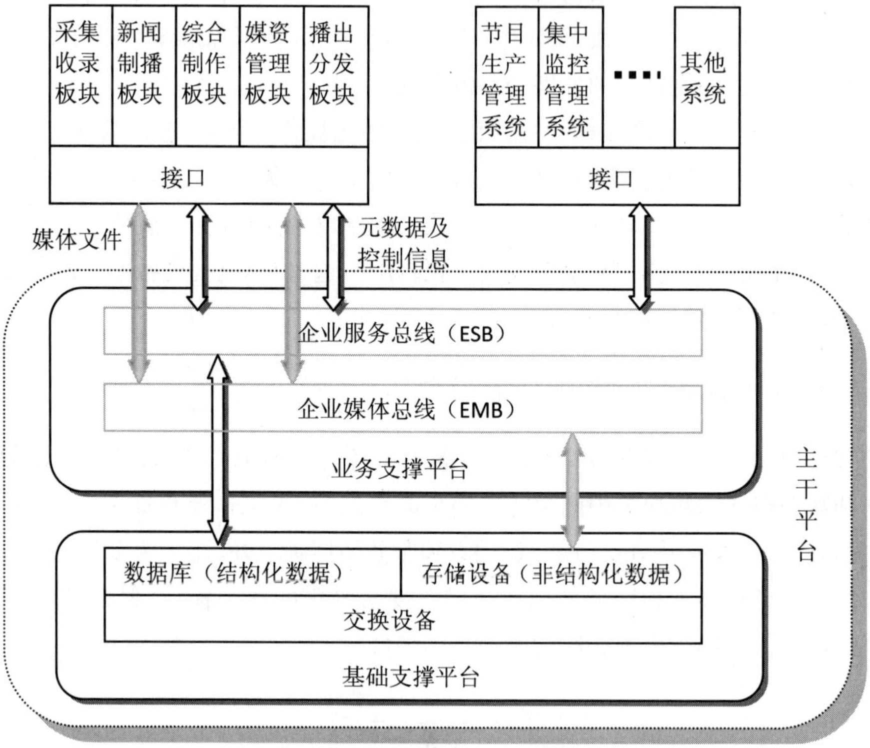

图 7-9　基于 SOA 双总线的典型台内网总体架构

基础网络平台包括网络架构、存储架构、网络安全、网络管理的实现，为各业务板块的互联互通提供数据传输链路、路由、访问控制等功能；系统软件平台包括数据库结构、公共应用服务的实现，为台内网提供操作系统、数据库、中间件等公共软件运行环境。

ESB 与基础支撑平台的数据库相连，传输并存储元数据及控制信息等；EMB 与基础支撑平台的存储设备相连，传输并存储媒体文件。

基础支撑平台设计内容包括主干平台的网络架构、存储架构、数据库架构、平台服务器部署架构、高安全区以及以太网 IP 地址规划等工作。

2. 业务支撑平台

业务支撑平台可分为企业服务总线(ESB)、媒体服务总线(EMB)、公共服务、系统监控等部分，实现业务板块在主干平台上的集成、数据的交换和路由、流程的管理和控制、全台业务系统的统一管理和互联互通，是全台网应用集成架构的核心。

(1)ESB

ESB 的功能分为两类：一是进行元数据和控制信息的内容处理；二是进行管理。

ESB 元数据和控制信息的内容处理工作包括提供根据不同板块/系统的要求进行通讯协议转换、语义层的协议转换。它支持多种体系结构下常见技术协议的转换，例如 Web Services、JMS、MQ 等。另外，ESB 还能实现协议内容转换，如实现不同服务之间消息格式的转换。

ESB 管理功能包括:第一,对各业务板块所提供的对外服务进行注册和管理。服务注册的本质是记录各个业务板块提供服务的详细信息,是实现业务服务物理位置透明和路由寻址的基础,以满足业务板块服务查找与调用的需求。第二,定义和配置与实际业务对应的系统互联流程,实现由若干服务、若干步骤组成的组合服务,满足不同用户对业务流程进行规划、定义和监控的需求。第三,管理和监控各流程的运行情况、元数据的流转情况、媒体资源的交换情况,对各个系统提供的服务进行监控,管理和监控执行交换的各个资源(如应用服务器、EMB 服务器等)的情况。

(2)EMB

EMB 提供不同板块间媒体文件交换的功能,并提供媒体文件转码和数据完整性校验功能。它由 ESB 来统一调度,从而向各业务板块提供统一的资源访问服务。这些交换过程可管理、可监控,能够对它们进行全局的任务分配和调度。

EMB 具有以下特点:能实现各业务系统的媒体数据交换,支持多种变换形式;支持多种网络接入方式和文件传输协议;完成对媒体数据内容的处理;实现对所有交换处理资源的集中管理、集中调度、集中监控。

(3)公共服务

主干平台公共服务功能包括统一认证、统一时钟、业务系统配置、全局任务调度服务、工作流引擎服务、消息服务、迁移服务等通用公共服务。

(4)系统监控

主干平台具备管理监控功能,分为基础网络管理和业务运行管理两部分。基础网络管理用于对网络设备和服务器的管理,业务运行管理用于对主干平台服务的管理及跨板块业务流程的监控。

3. 业务板块

业务板块一方面实现电视台的节目采集、编辑制作、存储、播出分发等功能,另一方面实现节目生产管理、监控管理等功能。前者与媒体数据、媒体文件相关,是电视台生产业务的主线,后者主要为各类文本文件,是电视台节目生产的保障。

各业务板块通过服务接口实现与主干平台的信息交互,在业务支撑平台的支持下,通过 ESB 中的调度服务,实现对 EMB 中迁移服务器的调度和控制,从而实现媒体文件的迁移、传输,完成业务板块之间的互联互通和互操作。整个架构的最大特点是保证业务板块之间的松散耦合、位置透明、与协议无关,体现 SOA 设计思想,为电视台网络应用提供最大的灵活性。

7.3.4　基于 SOA 双总线的全台网服务接口

前文提到,目前还没有规定统一互联互通的应用层服务与接口,互联互通集成架构不同,应用层的内容也不相同。针对基于 SOA 双总线的全台网,《电视台数字化网络化建设白皮书(2007)》给出了主干平台与各业务板块的服务接口,下面对其进行介绍。

1. 主干平台服务接口

基于对全台网主干平台以及各应用业务板块之间需要的功能进行提炼与抽象，主干平台的公共服务可分为主干核心服务和主干扩展服务两大类，每类的具体服务接口如下。

(1)核心服务

结合 ESB 的基本功能，主干平台中 ESB 的核心服务主要包括服务注册、服务查询、服务注销等服务。

- 服务注册：服务提供者调用主干平台提供的服务注册接口进行服务注册或对已注册信息进行修改。
- 服务查询：主干平台为服务使用者提供注册在主干平台上的服务查询与定位功能，实现服务提供者和服务使用者间的松散耦合调用关系。
- 服务注销：服务提供者调用主干平台提供的服务注销接口对已注册服务进行注销操作，被注销的服务在需要使用的时候可以重新注册。

对于 EMB 来说，主干平台的核心服务主要包括迁移服务和转码服务。

- 迁移服务：主要功能为以文件复制等方式从业务板块中获取相应的节目素材、成片等节目内容。
- 转码服务：主要功能是根据各业务板块的需求将不同格式的视音频压缩编码格式进行转换。

(2)扩展服务

主干平台扩展服务的功能是为台网各业务板块提供公共服务，并随着电视台业务和信息系统的发展而不断扩展。目前，扩展服务的内容包括单点登录服务、统一时钟服务、统一调度服务和消息服务。

- 单点登录服务：可采用基于数字证书的加密和数字签名等技术，对台内各网用户实行集中统一的管理和身份认证，实现“一点登录，多点漫游”。
- 统一时钟服务：由专门的统一时钟服务器提供可配置的统一时钟服务，以便全台网主干平台服务器、业务板块服务器、工作站实现时钟同步。
- 统一调度服务：提供主干平台及应用业务板块之间的多任务分配和均衡调度，如进行迁移、转码、打包等各种公共服务的统一调度。
- 消息服务：消息主要包括通知消息、任务消息、短信消息，这是全台网的通信纽带，因此消息服务在全台网络系统中起着重要的作用。

2. 业务板块服务接口

通过对全台网各板块的交互流程进行详细描述，分析、提炼出各板块需要对外提供的典型服务及接口，具体内容如下。

采集交换板块

典型服务包括收录任务服务、文稿服务和节目单服务。

对应的接口包括添加约传任务、取消约传任务、查询约传任务、稿件入库、稿件查询、节目单查询、节目单内容查询。

数字内容管理板块

典型服务包括查询服务、检索服务和内容交换服务。

对应的接口包括导入允许、目标状态获取、素材检索、全文检索、内容导入、内容导出。

综合制作板块

典型服务包括文稿服务、素材服务、节目单服务和查询服务。

对应的接口包括稿件入库、稿件查询、素材入库、素材下载、素材查询、节目单入库、节目单查询、导入允许、目标状态获取。

新闻制播板块

典型服务包括文稿服务、节目单服务、场记服务、素材服务和查询服务。

对应的接口包括稿件入库、稿件查询、节目单入库、节目单查询、场记入库、素材入库、素材下载、素材查询、导入允许、目标状态获取。

播出分发板块

典型服务包括节目单服务、节目服务、系统信息查询服务、串联单服务和查询服务。

对应的接口包括节目单入库、节目单查询、节目入库、节目查询、播后统计信息查询、播后串联单提交服务、更新播出串联单服务、获取播控配置服务、导入允许、目标状态获取。

以上是《电视台数字化网络化建设白皮书(2007)》归纳总结的主干平台和各业务板块的典型服务与接口。实际中,各个电视台或机构会根据自身的服务需求进行提炼,提出的服务与接口可能会有一些差异。

在定义了接口后,实际应用中还要给出接口的具体参数。接口参数是对服务接口调用时具体交互信息的抽象。接口参数主要由输入参数、输出参数构成,参数包含的内容主要来源于媒体对象规范,同时也包含在板块间交互时的管理及相关控制信息。目前,还没有统一的接口参数定义格式,但根据需求,接口参数的定义至少应能满足消息队列、Web Services、组件调用等技术的使用。

参数的数据项可用“名称”“说明”“数据类型”“长度”等字段来说明。“名称”定义参数项的编程用项目名;“说明”用于描述该数据项的用户和相关说明;“数据类型”定义该数据项的类型,可采用 XML Schema 的通用数据类型,与具体的编程语言无关,可以通过工具映射到具体的编程语言数据类型;“长度”表述该数据项所占的字节。

7.3.5　基于 SOA 双总线的主干平台实例

北京电视台全台网是国内最早建成的大规模全台网。北京电视台 2008 年建成了标清的全台制播网络系统,2010 年年底又完成了高、标清兼容全台制播网络系统。下面就以北京电视台高、标清兼容全台制播网络系统为例,介绍基于 SOA 双总线的主干平台。

1. 系统总体架构

北京电视台高、标清兼容全台制播网络系统总体架构如图 7-10 所示。

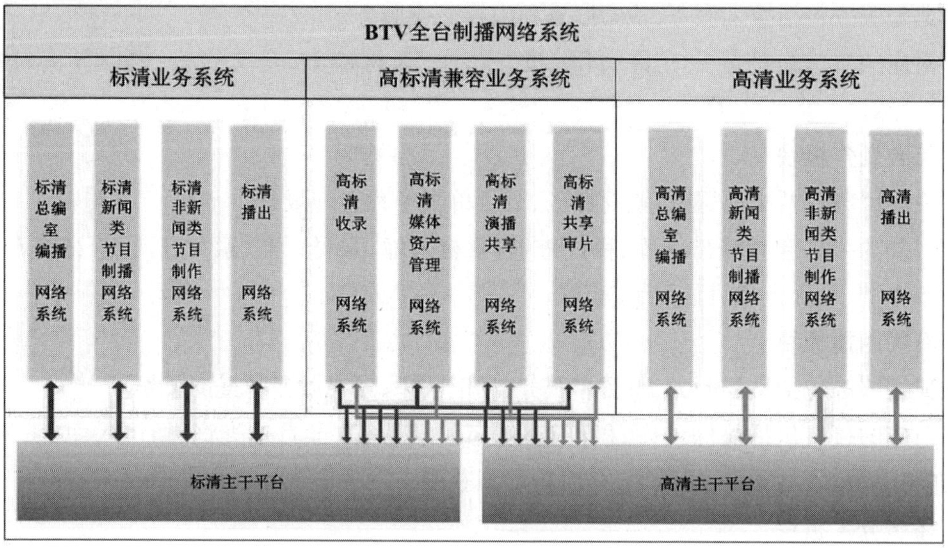

图 7-10　北京电视台高、标清兼容全台制播网络系统总体架构

由于该系统是在原有的标清全台网基础上改造而成的，因此，该系统仍保留了标清网络部分，并增加了高清和高、标清兼容系统。从图 7-10 可见，北京电视台高、标清兼容全台制播网络系统大致分为三个部分：标清业务系统，高清业务系统，高、标清兼容业务系统。其中，标清业务系统主要有标清节目的编播系统、新闻类节目的制播系统、非新闻类节目的制作系统以及标清节目播出系统；高清业务系统与标清的类似，只是针对高清节目；高、标清兼容业务系统目标在于提供全台共享的服务型业务系统，因此需要解决高、标清兼容问题，包括中心媒体资产管理应用系统、收录应用系统、共享演播应用系统和新建共享审片网系统。

在主干平台上，标清业务系统提供的服务仅注册在标清网络平台总线上，解决标清各网络板块之间的跨系统业务。高清业务系统的服务仅注册在高清网络平台总线上，解决高清各网络板块之间的跨系统业务。高、标清兼容业务系统提供的服务须同时注册在标清平台和高清平台总线上，并且同时为高、标清系统共同使用。

2. 主干平台架构

该系统采用《电视台数字化网络化建设白皮书(2007)》推荐的基于 SOA 双总线的主干平台，分为基础支撑平台和业务支撑平台，如图 7-11 所示。

其中，基础支撑平台由基础网络平台、系统软件平台组成，为全台网业务系统提供软硬件基础运行环境，并实现各业务系统在网络层的互联互通。业务支撑平台是全台网集成架构的核心，与前文所述相同，由企业服务总线(ESB)、媒体服务总线(EMB)、公共服

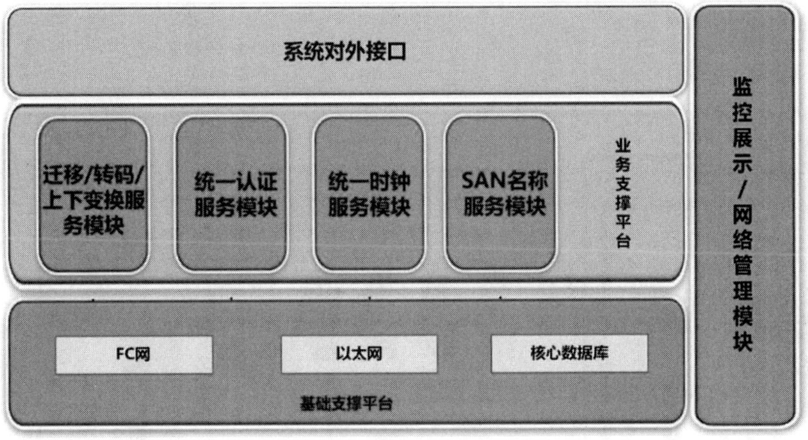

图 7-11　北京电视台高、标清兼容全台制播网络系统主干平台架构图

务、系统监控组成。它提供统一用户认证、服务注册、消息路由、协议转换、数据迁移、流程控制、智能监控等服务或功能，实现业务板块在主干平台上的集成、数据的交换和路由、流程的管理和控制、全台业务系统的统一管理和互联互通。

3.基础支撑平台

该系统总体网络架构为混合结构，其各业务板块可以根据实际需要，采用单网或双网结构，但各板块与主干平台的互联以“FC 光纤＋万兆以太网”的双网结构为主。

该系统主干平台系统拓扑图如图 7-12 所示。

在图 7-12 所示的系统中，所有在线存储都与光纤网络相连，用以传输高码率的视音频数据(尤其是高清视频码率)。光纤网络采用高端 FC 导向器为核心的星型拓扑结构，各板块系统的在线存储或光纤交换机通过 8GBps 的光纤通道直接连接主干平台 FC 导向器。导向器(Director)是指 SAN 交换机硬件和软件的设计均具有高冗余性、高可靠性的高端存储交换机。导向器通常提供很多端口，从 64 个端口到 128 个端口，再到 256 个端口。它使用快速的内部连接，有最大的带宽路由数据帧，而且不存在普通交换机存在的不安全和不稳定性以及交换机间连接(ISL)性能的瓶颈。该系统使用导向器的目的是为了建立覆盖范围更广的网络和提供更大的带宽。

在交换网络层面，采用标清业务系统存储接入标清交换导向器，高清业务系统存储接入高清交换导向器，高、标清兼容业务系统存储同时接入高、标清交换导向器的方式进行连接。在各业务板块网络层面，各个业务系统的内部光纤设备均接入相应的生产导向器(图 7-12 中没画出)。

各种数据库、服务器与以太网相连。以太网采用“万兆核心、千兆桌面接入”的设计思想，以满足通过以太网进行在线编辑和元数据传输的需求。以太网在结构设计上遵循三层网络架构的形式，即将以太网按照不同逻辑功能分为核心层、汇聚层和接入层。

核心层是整个网络数据交换的枢纽，负责全台各个业务板块网络系统之间的元数据交换以及整个全台网络系统与外部网络系统(如互联网、第三方合作单位和电视台远程

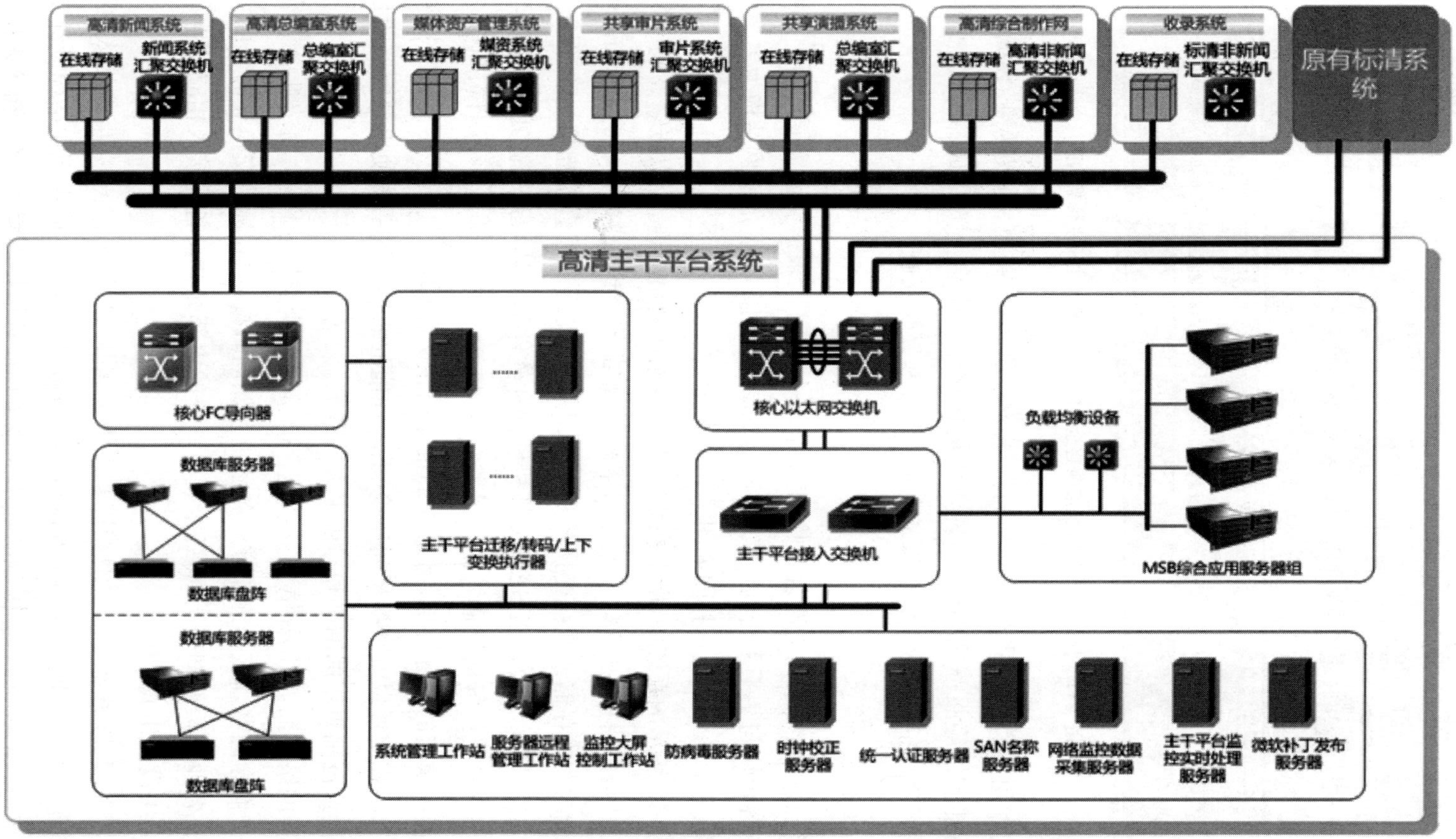

图7-12　北京电视台高、标清兼容全台制播网络系统主干平台系统拓扑图

分支机构)的互联通信。核心层采用光纤链路交叉连接的星形拓扑结构,将汇聚层网络交换设备连接在一起,而且为避免单点隐患,它采用主干交换设备冗余备份的连接方式。

汇聚层的功能主要是汇聚各接入层的流量,打通与核心层的连接。汇聚层是接入层的逻辑中心,需要较高的性能和比较丰富的管理、控制功能,以实现基于策略的控制管理。在汇聚层的设备安全性方面,关键部件(交换引擎、业务板)均有冗余配置。汇聚层交换机对于各个业务板块,如新闻制作、播出等,是作为本地核心交换设备存在的,用以实现各个板块内部且仅限于内部的数据交换,同时实现授权许可的部分业务板块间的数据交换,并依照系统内部主机和服务器的安全级别进行安全访问控制。

接入层处在网络末端,提供工作站等设备的网络接入。接入层交换机的选择和部署应当考虑子网络的分布和布线便利性,如对于接入端口较多的子网,采用端口密度高的 48 端口交换设备来实现;对于接入点相对分散的子网,则采用端口密度较低的 24 端口交换设备来实现。在与汇聚交换机接入时,采用双万兆上联的冗余链接方式处理。

值得一提的是,北京电视台基于 SOA 双总线的主干平台与图 7-9 所示的"基于 SOA 双总线的典型台内网总体架构"有一点区别,即基础平台中没有总的存储设备,只有主干平台迁移/转码服务器,且存储设备分散在各个业务板块网络中,分为制作存储区域、媒体资产管理系统存储区域和播出存储区域。各存储区域中的存储划分不代表具体存储实体,而是按照业务数据存储类型划分。根据上述三个区域存储的高、标清属性,它又可划分为标清存储,高清存储以及高、标清兼容存储。每部分又可根据对应的业务板块进行划分,比如高清制作存储包含了高清新闻在线存储、高清制作在线存储、高清综合制作在线存储;高、标清兼容制作存储包含了高、标清收录在线存储,高、标清演播共享在线存储,高、标清宣传片制作在线存储,高、标清节目包装在线存储,高、标清共享审片在线存储。

整个系统中除了 AV 视音频文件和图片等媒体文件之外,其他所有元数据信息 Metadata 都统一由数据库管理,包括媒体文件的描述数据、用户认证信息、用户权限以及操作日志等。数据库采用集中与分布式相结合的方式,对于新闻类实时性要求较强的系统采用分布式,对于非新闻类实时性要求不高的系统采用集中式。在业务支撑平台建立服务于各业务板块系统以及业务支撑平台的核心数据库;各业务板块系统内部部署备份数据库,并且采用数据同步方式保证数据的一致性。各业务板块系统中的工作站与服务器在常态情况下,可统一访问业务支撑平台核心数据库;在核心数据库系统出现故障的情况下,可直接访问各业务板块系统的备份数据库。

4. 业务支撑平台

与《电视台数字化网络化建设白皮书(2007)》所述一样,北京电视台的业务支撑平台也由 ESB(企业服务总线)、EMB(企业媒体总线)、公共服务、管理监控四个部分组成。

(1)ESB 和 EMB

ESB 总线的主要功能有消息处理、服务管理和业务流程管理。前两个功能与常规的

SOA 系统相似。业务流程管理系统分为流程设计、流程引擎、流程监控三个模块,各个模块又具有不同的功能,具体为:

- 流程设计:提供流程分类、流程模板、流程权限等的设置和管理,实现了方便易用的可视化、图形化流程模板定制,且模板文件采用标准的 BPEL 格式。
- 流程引擎:它可以运转流程,处理各种活动、消息和事件,从服务器接收 Web Service 请求业务。流程引擎本身就是数据交换平台的客户端。业务流程引擎对外表现成一系列的 Web Service,每一个定义的流程模板都是 Web Service,和外界的交互都通过 Web Service 进行。
- 流程监控:对流程引擎运行过程中的各种信息进行监控和管理,包括服务执行状态监控以及异常流程的跳转、中止、流程处理过程跟踪等。

EMB 架构作为交换中心,所有跨板块的媒体数据交换都是通过 EMB 的各类数据交换服务进行的,并由总线服务统一调度,从而完成对板块提供的统一资源服务访问。它的主要功能与前文所述相同。具体来说,北京电视台业务支撑平台的 EMB 总线功能有媒体资源注册、数据迁移、数据缓存和转码。

EMB 交换架构中所有媒体数据统一简称为资源,存储这些媒体数据的设备和网络连接设备都统称为资源设备。在 EMB 中,通过资源的注册,所有媒体资源以资源服务的形式向其他系统提供统一的全台范围内资源共享。资源注册过程即是通过手工配置和自动化工具完成在 EMB 上对资源元数据的登记注册过程。注册信息包含总线访问该资源所需要的所有设备、网络连接和媒体的元数据。

系统资源经过注册以后,数据交换双方的访问方式由传统的对媒体文件存储的物理位置直接访问变成了通过统一命名空间协议下的资源服务名称,由媒体总线作为服务中介的方式进行。正是这种方式使业务支撑平台实现对全台网资源的统一规划、管理和维护,而且可以有效地解除业务板块之间数据交换时与特定资源设备的紧密耦合关系,从而实现了主干平台松耦合的目标。这种资源管理方式,还可以增加系统维护、管理与系统扩展的灵活性,例如在设备的更换、共享文件重建等操作时,只需要在 EMB 中修改对应的服务注册信息即可,而对相关的业务系统没有任何影响。

数据迁移的主要功能是以文件复制等方式从业务板块中获取相应的节目素材、成片等节目内容。数据缓存的主要功能是以文件复制方式从业务板块获取相应的节目素材。如果目标板块的传输链路出现问题,则采用缓存在主干平台的方式暂时先进行存储,等待传输恢复后,再进行数据上传。

转码是完成跨板块间不同媒体格式的转码功能。该系统支持以下多种不同视音频编码格式和文件格式之间的转换:

- 视频格式:MPEG2-IBP、MPEG2-I、DNxHD、DVCProHD、H. 264 等。
- 音频格式:WAV、MP2、MP3、MPEG-AAC、WMA 等。
- 文件格式:AVI、MXF OP1A、MXF OP ATOM、MP4、MOV 非压缩等。

(2)ESB和EMB协同工作

在业务板块间的交互流程中,EMB的服务可以支持被ESB调用来完成系统交互中的媒体文件传输处理工作。所以在系统中,EMB的服务是文件传输处理的服务的抽象,供主干平台支持各业务板块间交互的复用,如图7-13所示。在这种模式中,EMB作为一个后台服务供交互流程使用,其本身并不暴露给业务系统。

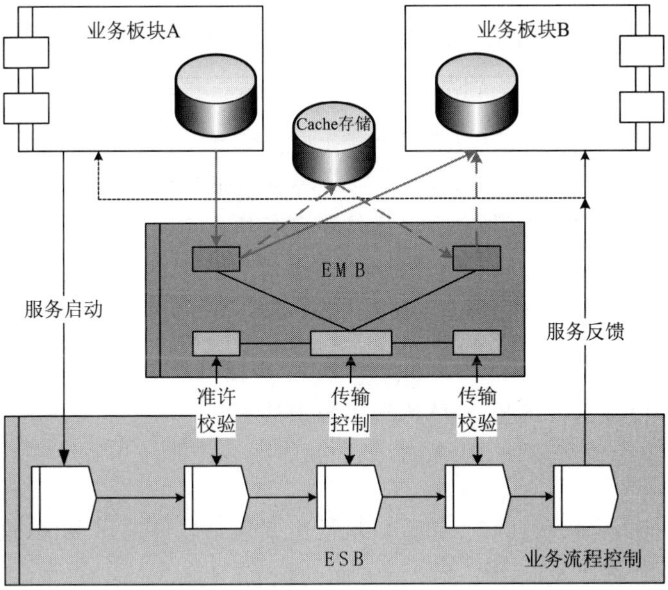

图7-13　ESB与EMB协同工作示意图

从图7-13可见,业务板块间的媒体文件传输有两种途径:一是EMB在ESB传输控制下,通过直接访问业务板块存储的方式实现对板块存储数据的读/写;二是先将媒体文件通过业务板块A存储在一个缓存器中,然后由业务板块B从缓存器取出来。采用这种模式,EMB对用户透明,直接受ESB的控制,最大限度地简化了应用系统接入总线的工作量;而且两个板块之间没有直接途径实现对另一方存储的访问,只能通过ESB实现后台数据迁移与调度,保障了双方系统的高安全性。

(3)公共服务

公共服务把各业务系统中共同需要的服务统一起来,作为业务支撑平台的一个组成部分,面向所有的业务系统提供服务。在北京电视台全台网络系统中的公共服务与前文介绍的功能相似,主要包括统一认证、调度服务、工作流引擎服务、转码服务、迁移服务、网络时钟校正服务。

其中,统一认证服务负责为全台网络内各业务系统、全台网络部署在办公网内的业务模块提供用户身份认证。在所有需要用户登录的场合,均通过对认证服务器的访问来得到必要的身份认证信息,完成用户身份识别。在身份认证通过后,由各业务系统负责授予相应权限,实现统一认证、分散授权。全台网络系统的统一认证与授权中心可与全台统一认证系统交互认证数据,保证全台范围内认证数据的一致性。工作流引擎服务针对全台网络系统内某种具体业务类提供流程支持服务，采用事件触发机制，为系统内需要工作流服务的应用程序或服务提供流程化的工作排序。

(4)管理监控

管理监控是业务支撑平台的组成部分之一，负责全台网络系统的管理与监控，在系统设计实现中采用集中管理与分级管理相结合的方式。对全台网络系统中基础的、公共的、跨系统的系统模块采用集中管理方式，且在业务支撑平台实现。而对于全台网络系统内部的各业务子系统，则由业务支撑平台分配管理权限，在子系统内部实现。

在业务支撑平台中部署基础网络管理与业务运行管理。基础网络管理负责全台网络系统的网络拓扑、网络安全等方面的管理；业务运行管理主要是对全台网络系统中开展的业务进行监控、管理，与基础网络管理共同负责全台网络系统全局管理。在各业务子系统内部署单独的网络管理模块，该模块包含负责子系统内部基础网络管理与业务运行管理以及管理子系统内部的系统终端、业务模块等。在业务支撑平台与各业务子系统之间，通过标准的 SNMP 网络管理协议传递管理信息。

该系统中还设计了全台集中网络监控平台，通过与各业务板块交换信息，实时监测各板块的资源和设备运行状况，具体内容不再赘述。

5. 系统互联互通规划

按照前文所述，全台网互联互通接口规范主要包括软件通讯接口、视音频文件格式、媒体对象信息元数据以及应用层接口等方面的规范。

(1)软件通讯接口

目前主要有消息队列、Web Service 及组件接口技术。北京电视台全台网支持以上 3 种软件通讯接口技术，在实际使用中以 Web Service 接口技术为主。

(2)视音频文件格式

在视音频文件格式规划中，对于涉及标清节目制播的部分，采用统一的数据格式进行管理，在制作系统内部的标清节目生产、媒体资产管理系统素材保存、卫星信号收录、演播共享节目播出等多个环节均采用高效、成熟的 MPEG-2 I 作为主格式，以尽量避免不同压缩格式之间的转码问题。对于标清的高码率，除新闻类节目的播出外一般采用 MPEG-2 I 50Mbps 码率，对于低码率则采用 MPEG-4 800Kbps，播出节目采用 MPEG-2 IBP 12Mbps，音频采用 PCM 编码，取样频率为 48KHz、16bits 量化的方式。

对于涉及高清节目制播的部分，各厂商支持的编辑主格式不尽相同，因此各制作系统的高清节目生产均采用厂商推荐格式进行编辑。同时，为了尽量避免转码环节，系统的节目合成统一采用 MPEG-2 IBP 格式，收录、演播、媒体资产管理系统节目归档等环节统一采用 MPEG-2 I 作为主格式，码率为 100Mbps。对于媒体资产管理系统素材则采用制作系统主格式进行保存。此外，在高、标清节目的审片、备播、播出环节，采用主流视频服务器均支持的 MPEG-2 IBP 格式；系统之间的文件交换通过 MXF 进行封装。

(3)媒体对象信息元数据

该系统中存在各种不同类型的元数据和信息，根据其存在的区域位置来划分主要有制作域元数据、媒体资产管理系统域元数据以及播出域元数据。

制作域元数据包括节目元数据、字幕元数据、提词元数据、文稿元数据、编目元数据、查询元数据、约传编单元数据、节目审查结果元数据等。

媒体资产管理系统域元数据包括编目元数据、查询检索元数据、约传编单元数据、节目编排单元数据等。

播出域元数据包括播出节目单、字幕元数据等。

该系统采用标准的 XML 封装各类型元数据和信息，并遵循业务支撑平台所定义的相关标准与规范来具体实现。

6. 系统总体工作流程

系统总体工作流程是按照节目制作与播出的顺序来规划的，如图 7-14 所示。总体工作流程为策划拍摄⇒节目制作⇒节目备播⇒节目播出。资料管理是支持以上流程的基础。节目备播和资料管理都属于媒体资产管理的范畴。

策划拍摄是节目生产流程的起始。策划拍摄中的节目计划包括全台统一节目规划和栏目部门节目策划两个方面。节目计划完成以后进行外出拍摄素材，供制作使用。

节目制作的第一步是选择素材。素材来源主要有外拍上载的素材、收录的素材、从媒体资产管理系统调用的资料和采集的演播室素材。在节目制作阶段，为了严把节目质量关，制作好的节目需经过制作人员技术审查，在栏目部门负责内容审查后再进入节目备播流程或者送演播室播放。此外，节目成片/素材还要归档到媒体资产管理系统作为资料进行保存。在系统规划中为了应对非新闻类节目审片以及相关配音需求，设置了一个统一的共享审片系统。由于审片网具备专业的配音功能，因此，各个制作系统可通过网络将文稿及参考视频送至共享审片系统，完成配音后再送回对应的制作系统。

节目备播中的节目入备播库环节主要接收制作完成的成品节目、上载广告和外购的播出节目等，然后由台里专门机构负责技术审查和内容审查，审查通过以后再迁移到播出。

节目播出流程的第一个环节是播前审查，主要是对播出素材按照播出串联单进行头尾检查。播前审查通过后，按照串联单进行播出。对来不及通过网络送播的节目，可在播出前紧急上载，通过紧急审查后再进行播出。

资料管理流程的资料来源包括历史资料上载、制作系统资料归档和播出节目收录等。这些资料经挑选整理后进行编目，最后将编目数据入库，供其他系统检索、调用。资料管理流程中的收录节目是指收录播出的成品节目，供今后使用。

以上是系统的总体工作流程，对于业务板块系统的具体工作流程将在后面的章节根据具体的事例进行阐述。

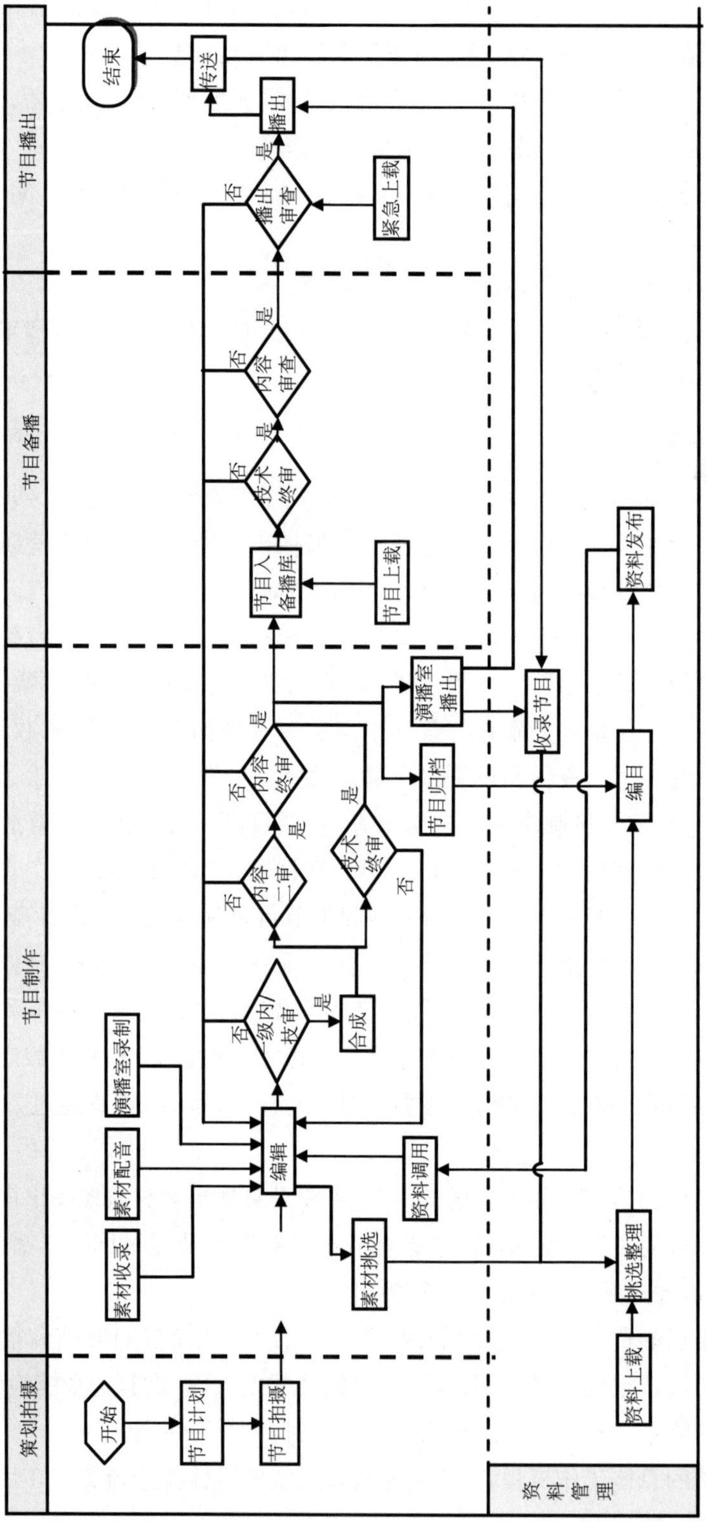

图7-14 北京电视台高、标清兼容制播网络系统总体工作流程

本章习题与思考题

1. 什么是电视台内电视制播网络的双网结构？为什么要采用这种双网结构？

2. 电视制播网络的双网结构中，两种网络负责的工作各为什么？

3. 目前通用的电视台双网结构中有哪些服务器？简述每种服务器的主要功能。

4. 画一个简单的双网结构的电视台制作网。

5. 全台网互联互通包括哪五层？

6. 什么是消息队列接口技术？

7. 什么是 Web Services 接口技术？它主要的技术有哪些？

8. 简述《电视台数字化网络化建设白皮书(2007)》推荐的不同业务板块中视音频压缩编码及文件格式的应用建议。

9. 什么是点对点的互联架构？它有什么优缺点？

10. 什么是基于消息总线或中间件的互联架构？它有什么优缺点？

11. 什么是基于面向服务体系架构(SOA)的 ESB+EMB 双总线互联架构？它有什么优缺点？

12. 简述 SOA 工作流程。

13. 在全台网中，ESB 和 EMB 各有哪些主要功能？

14. 简述《电视台数字化网络化建设白皮书(2007)》给出的主干平台服务接口及各业务板块服务接口的功能。

15. 简述北京电视台全台网系统的总体工作流程。

主要参考文献

1. 电视台数字化网络化工作组. 电视台数字化网络化建设白皮书(2007). 2007.

2. 广播电台数字化网络化工作组. 广播电台数字化网络化建设白皮书(2007). 2007.

3. 徐威. 数字电视网络制播技术. 北京：中国广播电视出版社，2008.

4. Tech 3556 SPECIFICATION OF THE FIMS MEDIA SOA FRAMEWORK. EBU, 2012.

5. Tech 3558 MEDIA STORAGE FRAMEWORK MODEL. EBU, 2013.

6. Tech 3362 SERVICE LEVEL AGREEMENT FOR MEDIA TRANSPORT SERVICES. EBU, 2013.

7. 毕江. 北京电视台新台址网络化节目制播体系综述. 现代电视技术，2009(8).

8. 李正荣. 电视台全台网的高可用性研究. 现代电视技术，2011(7).

第 8 章　节目制作网络

第 1 章已提到，根据网络的业务功能，可以将网络制播系统划分为节目制作网、新闻制播网、节目播出网、收录网和媒体资产管理网等。其中，节目制作网和新闻制播网一样，其实质都是电视台用于节目制作的网络，因此，本章将分别介绍这两类网络。收录网和媒体资产管理网等主要用于媒体资源的存储与共享等服务性工作，所以，本书将它们称为节目服务网络，在本书的最后一章进行介绍。

8.1　节目制作网概述

8.1.1　节目制作网的基本组成

上一章中介绍了网络制播系统，对其基本构成的介绍就是以节目制作网为例，显然，节目制作网基本组成也与之相同，包括各种工作站、各种服务器、中央共享存储体和网络互联结构。早期的节目制作网以及目前独立的节目制作网的组成基本上与之相似。

工作站包括精编工作站、上下载工作站、收录工作站、播出工作站、文稿工作站、全功能无卡工作站等。服务器包括元数据控制器、媒体服务器、数据库服务器、应用服务器和域控制器等。中央共享存储体一般采用大型的硬盘阵列。互联结构包括交换机和网络连线，其中交换机是其核心部分。网络结构不同，交换机的种类也不相同，对于单网结构的 NAS 和 IP-SAN，只需要以太网交换机；而对于 FC-SAN 和双网结构网络，则需要 FC 交换机和以太网交换机。

整个网络系统的拓扑图与图 7-3 类似，在此不再赘述。

8.1.2　节目制作网的基本流程

节目制作网的基本流程就是采集、编辑、审核和输出。当然如果将节目制作的整个系统网络化，还包括策划、准备、送播等环节。若再考虑与其他网络的互联关系，这个过程就更加复杂了，这部分内容将在下一节进行介绍。

(1)素材采集

素材采集指利用非线性编辑机的板卡将模拟或数字视音频信号转换成数字信号，再经过压缩等处理后存储到计算机中；或者将数字视音频文件直接存储到计算机中，成为可以处理的素材。前者被称为视频基带信号采集方式，后者被称为视频文件传输方式。

这两种方式的区别在于，视频基带信号采集方式由于有压缩编码的过程，可以选择采集后文件的压缩格式和码率；而视频文件传输方式实际是一个数据的拷贝过程，所以可以提高上载速度，有效解决电视台视频网络中的上载速度慢的问题。但视频文件传输方式不能在上载过程中改变编码格式，且在上载过程中无法正常监看，无法保证已上载素材的正确性。

为了克服上述两种方法的局限以及直接上载带来的海量存储问题，在实际工作中还提出了一种解决方法——粗编上载的方法。在视频采集前用户事先对录像带上的原始素材进行简单的筛选，大致确定要上载的素材范围（即入点和出点），再用视频采集方式进行上载，即一边粗编一边上载。由于上载的素材经过筛选，因此减少了上载时间，且上载过程中可正常监看，不会给网络带宽增加负担。

(2)节目编辑

节目编辑包括素材编辑、特技处理、字幕制作、节目配音等。

素材编辑指设置素材的入点与出点，以选择最合适的部分，然后按时间顺序组接不同素材的过程。

特技处理分为视频和音频的处理。对于视频素材，特技处理包括各种转场方式、放大缩小等变形特效、合成叠加等；对于音频素材，特技处理包括各种转场方式、声音特效处理等。

字幕制作包括文字输入、字幕特效的处理等。

节目制作完成以后需要进行配音操作，除此以外，在一些特殊情况下还需要进行音频特技处理，对声音进行一些特殊的操作。节目配音主要有解说词录音、解说词配音、同期声处理等。

当上述过程完成后，就可以进行故事板合成，形成一个完整节目。

(3)节目审核

节目审核分为内容审核和技术审查。内容审核主要针对节目制作的内容进行审查。技术审查主要对节目制作后的视音频内容进行验证，例如是否有黑场、马赛克、静音等，以及文件格式是否符合规范。

当节目审核通过后就可以进行下一步，否则就返回重新进行节目编辑制作，直至审核通过。

(4)节目输出

节目审核通过后就可以输出回录到录像带，这个过程被称为下载；也可以将生成的视频文件上传到演播室的播出服务器或其他网上。

8.2　全台网环境下的节目制作网

全台网环境下的节目制作网应具有上载、节目编辑制作、演播室回采、下载、播出、信息管理及与其他网互联互通等功能。它要求节目制作网能够与收录中心网、新闻制作网络、演播室系统、媒体资产管理系统、交换中心系统等实现互联互通，与各个业务板块之间实现数据共享和交换，利用媒体资产管理系统实现数据的归档和再调用。因此，全台网环境下的节目制作网在组成和工作流程上均与独立的节目制作网有一定的差异。

8.2.1 全台网环境下的节目制作网组成

全台网环境下的节目制作网组成包括编辑制作模块、基础网络与存储模块、服务器模块、系统管理模块、演播室播出模块、审片模块。图 8-1 为福建省东南卫视的节目制作网拓扑图，从该图可见节目制作网的组成。

1. 编辑制作模块

编辑制作模块主要完成节目的上下载和编辑工作，是节目制作网的主要部分。

编辑制作模块主要由各种工作站组成，其中上下载工作站要求具有视音频输入输出卡，能支持多种视音频格式以及多种上载方式。编辑工作站要求装载编辑软件。目前编辑软件的种类很多，包括节目剪辑、特技制作、字幕制作等功能。

为了满足电视台新闻采访、专题片制作、演播室、声像资料室等在音频资料处理方面的需求，需要开发音频制作、编辑设备，即配音工作站。它是置于独立的配音室内完成节目非线性配音的专门设备。配音工作站一般配备专业数字音频处理声卡，具备多通道的音频录制、输出功能。

2. 基础网络与存储模块

由于节目制作网普遍要求传输实时高码率文件，因此，节目制作网一般采用双网结构，与此对应的基础网络就有 FC 网和以太网。对于 FC 网，核心设备是 FC 交换机，需要根据用户数量和传输的视音频数据率选择 FC 交换机的端口数量和接口码率。对于以太网，核心设备是以太网交换机，同样也需要根据用户数量和传输的数据率选择以太网交换机的端口数量和传输码率。

存储设备通常采用硬盘阵列，在网络规划设计时需要根据存储数据的码率与保存时间计算存储容量。另外，为了方便应用，通常将存储设备划分为不同的工作区。工作区可划分为高码率素材存储区、低码率素材存储区、审核资料存储区、交换资料存储区。

- 高码率素材存储区：用于存储制作网负责的各个栏目在存储周期之内所有高码率素材，以及各种需要长期保存的广告、片头片花等素材。在线工作站直接通过 FC 访问调用该区域内的各种文件。
- 低码率素材存储区：用于存储各栏目在存储周期内所有低码率素材；办公电脑和无卡工作站通过采用 NAS 服务器访问、调用该区域内的文件。
- 审核资料存储区：用于存储各栏目在节目制作各阶段所提交审核的低码率素材、小片、成片等；办公电脑和无卡工作站通过 NAS 服务器访问、调用该区域内的文件。
- 交换资料存储区：用于各栏目向媒体资产管理网入库、向播出送播的文件暂存；外

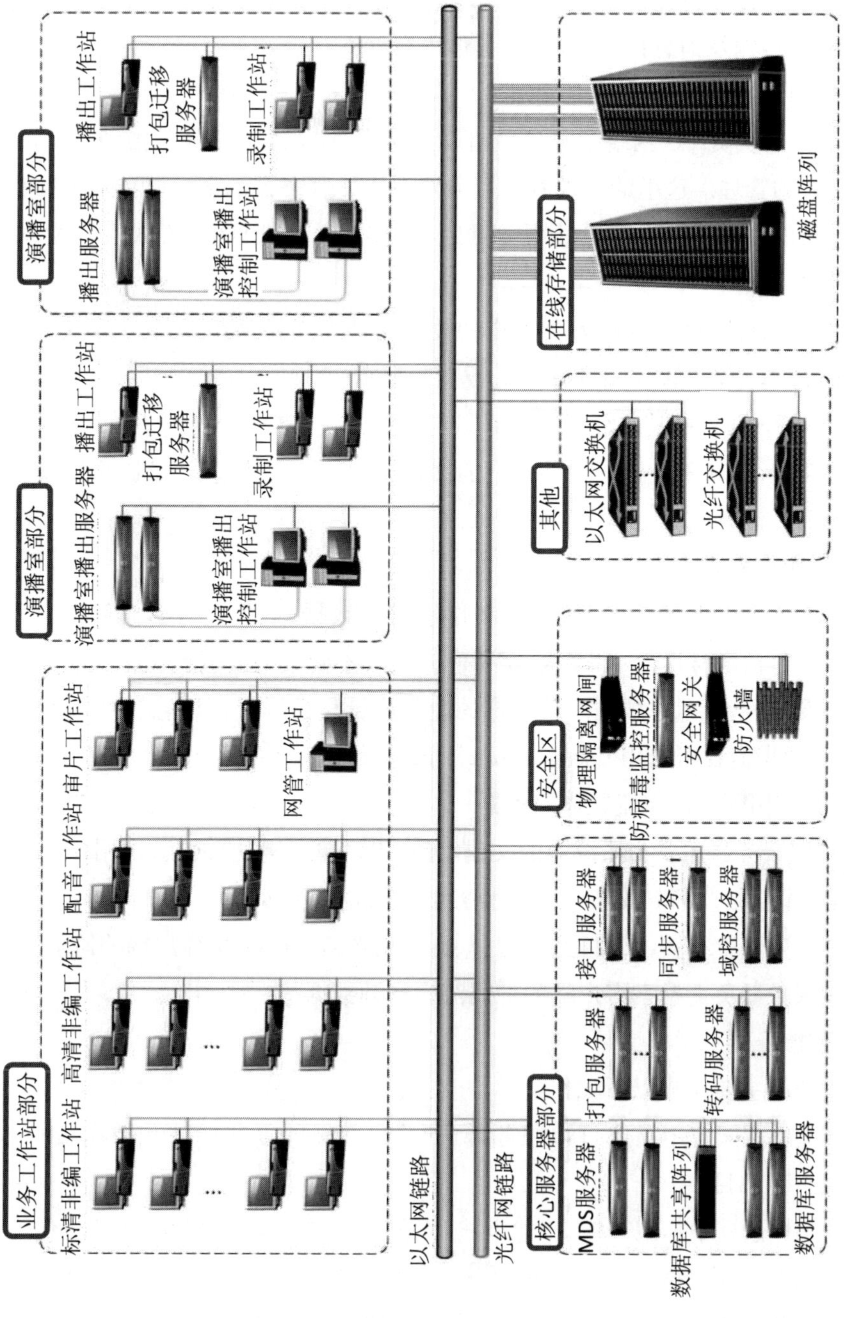

图8-1　福建省东南卫视节目制作网络系统拓扑图

部业务系统通过FTP服务器访问并下载该区域内的文件。

3.服务器模块

与第7章介绍的节目制作网服务器一样，服务器模块也包括了MDS服务器、媒体服务器、数据库服务器、应用服务器和域控制器等，但有的服务器名称有一些变化，还增加了打包服务器、传输及消息接口服务器，具体内容如下：

(1)MDS服务器与文件管理服务器

MDS服务器负责FC网络中共享存储设备的管理，文件管理服务器则负责以太网中共享存储设备的管理。这里的文件管理服务器有媒体服务器的部分功能，即管理以太网中低码率素材的读/写，但没有媒体服务器的存储功能。运用这种方式会将数据集中存储在存储模块中。

MDS服务器和文件管理服务器工作的关键是共享文件系统软件。目前，SAN共享文件系统软件有IBM的Tivoli SANergy和ADIC的StorNext File System(简写为SNFS)等。SNFS最大的特点就是文件系统与操作系统平台无关。它所使用的自行设计的专用文件系统，使其避免了异构环境下的性能劣化。它支持超过2TB的大容量文件系统。目前SNFS较为常用。

(2)数据库服务器

数据库服务器用于存储、管理节目制作素材元数据、业务流程管理数据以及日志。存储的素材中包括素材片段、故事板、字幕和特技等不同类型的资料。

在网络设计时，要考虑数据库服务器的业务流量与数据量，以确定主频、内存以及硬盘存储容量，根据需要可选用Oracle、SQL、DB2等数据库。

(3)Web应用服务器与流媒体服务器

Web应用服务器主要为系统内的文稿编辑、串联单编辑、检索、管理用户提供标准的HTTP服务。它通过Web发布将应用服务器生成的结果页面返回Browser客户端(审片、文稿编辑、串联单编辑、素材检索、编目、素材精选)，同时接受客户端的请求。

流媒体服务器负责检索客户端的低码流视音频数据的在线浏览。

(4)打包服务器

打包服务器主要完成以下工作：

- 为系统的不同应用提供打包服务，例如节目编辑的复杂特技和故事板打包、节目素材和成片打包编目。
- 节目制作过程中初编审核、小包审核、大包审核和成片输出时必要的打包工作。

在早期的节目制作网中没有打包服务器，其中打包的工作是在节目编辑完成后，在非线性编辑工作站上完成的。目前，为了提高设备利用率和工作效率，普遍采用将编辑完成后的内容传送到专门的打包服务器的方式。

打包服务器需要安装相应的打包系统软件。一般开发节目制作网的厂商都能提供自家的打包软件。

(5)传输及消息接口服务器

传输及消息接口服务器的主要职责是负责节目制作网与其他业务生产系统之间进行视音频文件以及节目元数据交换。具体内容包括节目制作网向媒体资产管理系统网提交成品节目或素材;媒体资产管理系统网向节目制作网输出节目资料;收录向节目制作网输出收录的节目。如果节目制作网与播出网直接相连,那么还包括这两个网之间的数据交换。

节目制作网与其他业务生产系统之间的交互特点是交互过程不需要人工参与;交互结果反馈及时性要求不高。

实现这种交互的一种方案是采用消息中心工作模式。系统间元数据、业务信息的传递都通过系统内消息处理器发送给消息中心,再由消息中心转发给目标系统;目标系统接收到消息后进行内部处理;目标系统的反馈信息以同样的方式发给源系统。如图8-2所示。

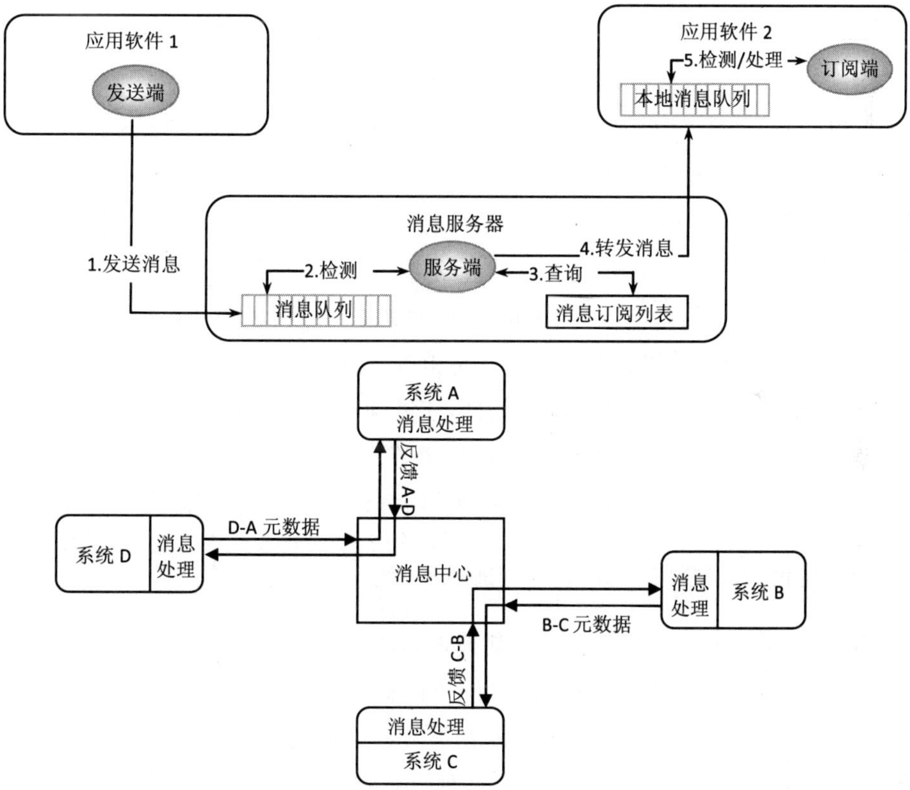

图8-2　消息中心工作模式示意图

4. 系统管理模块

系统管理模块包括用户管理和网络管理。

用户管理主要是对用户进行认证、授权等。网络管理具有提供素材管理、日志管理、存储空间管理、统计计费等功能,提供对设备的配置管理及监控功能。

系统管理模块比较简单，可由一般的工作站完成。图 8-1 中网管工作站即用于实现此功能。

5. 演播室播出模块

演播室播出模块主要用于演播室录制的素材播放和录制，即将节目制作网的数字化节目自动迁移到演播室，采用高安全性的播出服务器进行自动直播或合成；更可以将演播室信号录制成文件，回迁给制作网。

演播室播出模块由播出工作站(或播出服务器)、播控工作站及回采工作站(图 8-1 中的演播室录制工作站即回采工作站)组成。其中，播出服务器可直接访问节目制作网的节目并在播控工作站的控制下进行播放，也可将节目下载到演播室录像机中进行本地播放。回采工作站可将直播节目通过网络直接回采给节目制作网系统，供归档或者回放。

6. 审片模块

审片模块用于节目审核，由审片工作站完成。

为了便于审片，审片模块提供了多种工作模式和功能，包括以下内容：

- 有卡工作站制作完成后，通过审片站点可直接在线打开已完成的故事板进行节目审片，也可以由有卡工作站将成片打包合成为低码流文件供其他站点进行审片浏览。
- 在编辑软件中进行故事板审片，清楚地看到每段节目的制作状态，没有问题即可审查通过；如果审查没有通过，可以将节目修改意见发回责任人进行重新制作。
- 授权用户可在文稿中打开故事板进行浏览。
- 可通过标准以太网连接进行低码流节目的浏览、播放、场景列表操作。
- 可对文件进行简单编辑，便于输入各种审查信息。
- 审片工作站同时配置非线性编辑软件，能够通过网络调用在线存储中的视音频节目进行内容审核、网络编辑、简单字幕/特技编辑等。

审片模块都由网络管理软件控制严格的权限和级别划分，以保证节目的安全性。

8.2.2 全台网环境下的节目制作网业务流程

节目制作网的实质是进行节目的后期编辑制作，编辑的节目有专题片和用于演播室录制的外景节目等。网络制作节目的类型不同，业务流程也不同。另外，不同的电视台业务流程也并不一样。下面以某电视台专题类节目业务流程以及综艺、演播室制作类节目业务流程为例进行介绍。需注意的是，这种流程并不是统一的，各个电视台会根据本台工作的习惯进行规划。

1. 专题类节目业务流程

专题类节目业务流程可分为节目策划、节目编辑制作以及节目播出三个阶段。具体业务流程如图 8-3 所示。

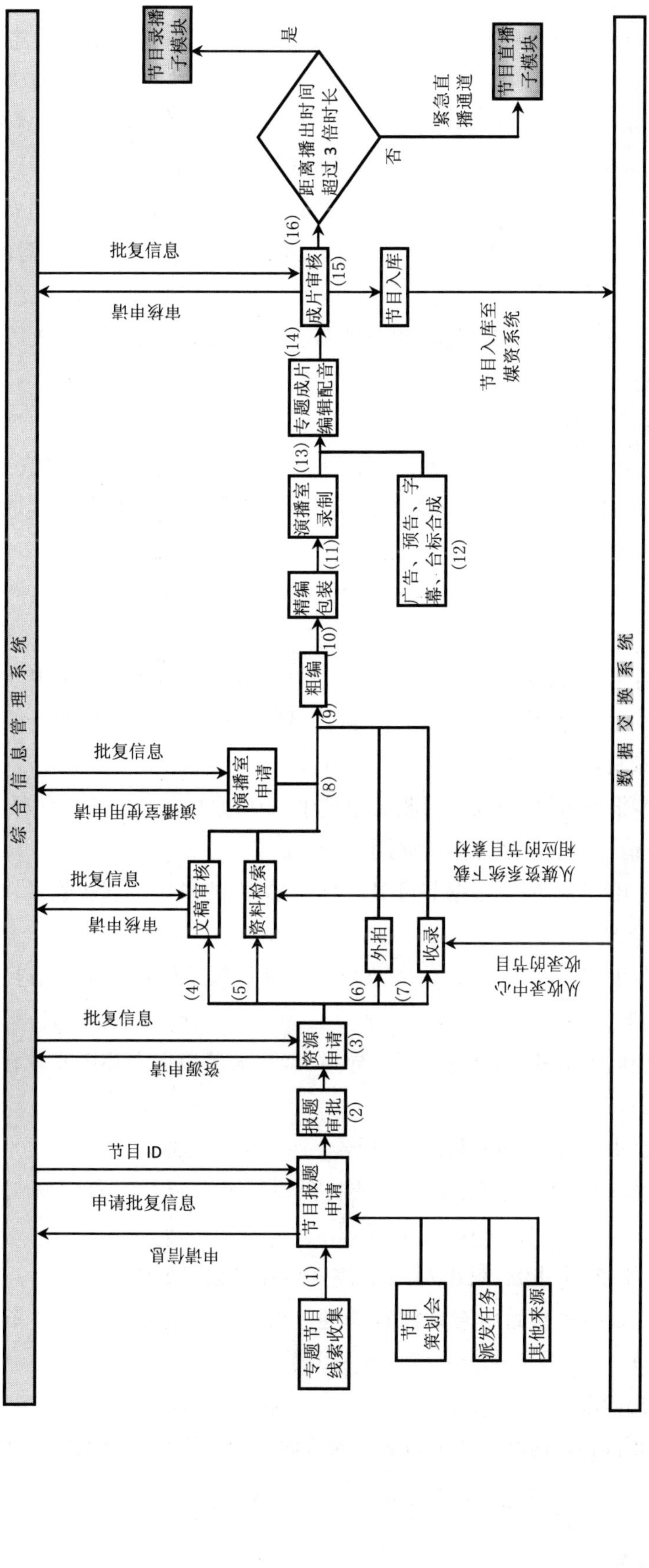

图8-3　专题类节目业务流程图

(1)节目策划阶段

• 节目报题申请:由记者或编导填写报题申请,并提交审核。由相关主编或制片人等进行报题初审,审核选题内容,并给出审核意见。初审通过后,相关人员进入节目生产管理系统申请节目 ID 号,记者、编导、制片人等开节目策划会,讨论节目制作相关事宜,然后主编或制片人等进行任务派发,针对不同的报题,安排相关人员制作。

• 报题审批:上报节目安排的各项工作,等待审查批复。审批通过后进行下一步。

• 资源申请:根据审核通过的节目 ID,记者、编导等申请节目制作所需的各种资源。制片人或中心主任审核资源申请,给出审核批示意见。审核通过后,记者、编导等领取所需的设备,并填写采访单后提交审核,同时填写收录申请单;主编、制片人等审核采访单内容,给出审核意见。

(2)节目编辑制作阶段

• 文稿审核:由主编、制片人根据需要依次对记者、编导递交的文稿进行审核,给出审核意见和审核结果;若审核不通过则返回给记者、编导进行修改;若审核通过则允许记者、编导开始进行小片制作。

• 素材检索:由记者、编导等从媒体资产管理系统中检索、调用相应的节目内容或素材。

• 节目外拍:由记者、编导和摄像师到节目拍摄地根据报题内容拍摄相关素材。

• 磁带上载:由记者、编导等把用传统磁带摄像机拍摄的磁带拿到上载机房进行素材挑选并上载;素材片比按照 5∶1～7∶1 执行。

• 节目收录:根据节目 ID 及节目收录申请单,由收录中心完成节目收录。

• 演播室申请:由记者、编导申请使用演播室。

• 粗编处理:由记者、编导根据节目 ID 及所收集到的素材(上载、收录、检索)进行编辑、配音及作相应的处理。

• 精编包装:由记者、编导对粗编的节目内容进行精编处理或采用节目包装处理工作站进行节目包装。

• 演播室录制:由记者、编导、播音员、导播、制片人等根据文稿串联单在演播室内完成节目的录制。

• 信息合成:由记者、编导进行广告、预告、字幕、台标合成。

• 专题成片编辑配音:记者、编辑对录制合成的节目成片进行编辑制作及配音等处理。

• 专题成片审核:由主编、制片人、中心主任审核专题节目成片。

• 节目归档入库:系统后台自动将审查通过的专题节目传送到媒体资产管理系统中,用以归档入库。

(3)节目播出阶段

节目播出:距离播出时间大于节目 3 倍时长时,启动节目录播模式;否则启用节目直播模式。

2. 演播室制作类节目业务流程

演播室制作类节目业务流程同样可分为节目策划、节目编辑制作以及节目播出三个阶段。具体流程如图 8-4 所示。

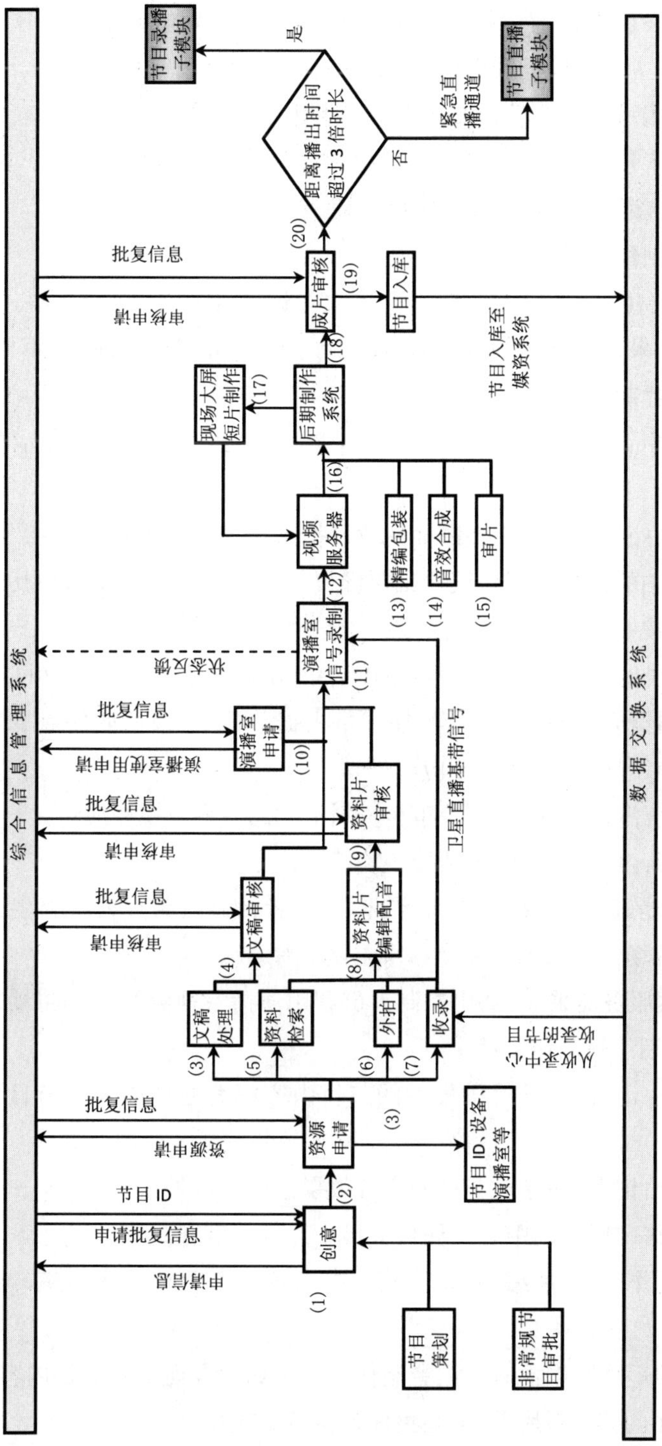

图8-4　演播室制作类节目业务流程图

(1)节目策划阶段

• 节目创意:由记者或编导提交创意申请,并提交审核。相关主编或制片人等审核创意内容,并给出审核意见。初审通过后,相关人员进入节目生产管理系统申请节目 ID,记者、编导、制片人等召开节目策划会,讨论节目制作相关事宜。

• 资源申请:根据审核通过的节目 ID,由记者、编导等申请节目制作所需的各种资源。制片人或中心主任审核资源申请,给出审核批示意见。审核通过后,记者、编导等领取所需的设备,并填写采访单后提交审核,同时填写收录申请单;由主编、制片人等审核采访单内容,给出审核意见。

• 文稿处理:由记者、编导等进行文稿处理。

(2)节目编辑制作阶段

• 文稿审核:由主编、制片人根据需要依次对记者、编导递交的文稿进行审核,给出审核意见和审核结果;若审核不通过,则返回给记者、编导进行修改;若审核通过,则允许记者、编导开始小片制作。

• 素材检索:由记者、编导等从媒体资产管理系统中检索、调用相应的节目内容或素材。

• 节目外拍:由记者、编导和摄像师到节目拍摄地根据报题内容拍摄相关素材,然后由记者、编导将外拍的素材把用传统磁带摄像机拍摄的磁带拿到上载机房进行素材挑选并上载;素材片比按照 5∶1～7∶1 执行。

• 节目收录:根据节目 ID 及节目收录申请单,由收录中心完成节目收录。

• 资料片编辑配音:由记者、编辑、播音员根据节目 ID 及所收集到的素材(上载、收录、检索)进行编辑制作、配音及作相应的处理。

• 资料片审核:由主编、制片人等审核资料短片的内容及视频质量。

• 演播室申请:由记者、编辑申请使用演播室。

• 演播室信号录制:通过信号总控系统,由记者、编导、制片人等将各路信号(大屏、卫星、录像机)和现场信号依据文稿串编单录制成片。

• 演播室视频服务器采集:播出控制人员利用演播室视频服务器将播出 SDI 信号采集下来,传送到后期编辑制作系统中。

• 精编包装:由记者、编导将采集后的节目内容精编处理或采用节目包装处理工作站进行节目包装。

• 音效合成:由记者、编导对节目的声音效果进行合成处理。

• 审片:由主编、制片人、中心主任对节目小片进行审查。

• 成片后期制作系统:由编辑、记者对录制合成的节目成片进行编辑制作及配音等处理。

• 现场大屏的短片制作:编辑、记者制作用于现场大屏播出的节目内容。

• 成片审核:由主编、制片人、中心主任审核节目成片。

• 节目归档入库:系统后台自动将审查通过的节目传送到媒体资产管理系统中,用以归档入库，由系统后台自动完成。

(3)节目播出阶段

节目播出：距离播出时间大于节目 3 倍时长时，启动节目录播模式；否则启用节目直播模式。

8.2.3　全台网环境下节目制作网与其他系统间的交互

对于实现跨系统异构平台的互联交换来说，系统间的元数据交换采用总线模式、消息模式以及 Web Service 模式，均可达到或满足设计要求。这三种模式具有各自的特点。视音频数据交换方式可以采用 FTP、SAN 共享拷贝和 P2P 方式，其中 FTP 方式需要采用以太网连接，共享拷贝方式支持以太网或 FC 连接。

节目制作网与其他系统间的交互包括新闻系统与制作系统的数据交换、制作系统与媒体资产管理系统交互流程、收录与制作系统交互流程。由于篇幅限制，在此仅以制作系统与媒体资产管理系统交互流程为例进行介绍。

制作系统和媒体资产管理系统在交互中主要包括两个业务模型，一是制作系统存储归档到媒体资产管理系统，包括素材和成品节目；二是制作系统从媒体资产管理系统进行素材或节目的回调。

1. 节目制作网系统存储归档到媒体资产管理系统

节目制作网系统存储归档到媒体资产管理系统流程如图 8-5 所示，具体说明如下：

(1) 节目制作人员将成品节目通过技术及内容审核后，向制作网业务系统的数据库服务器提交入库申请并生成相应的入库任务。

(2) 相应的制作网业务系统消息处理服务器获取入库任务生成入库请求信息。

(3) 媒体资产管理系统的消息处理服务器接收制作网业务系统的入库请求任务信息，并向节目生产管理系统申请验证节目信息。

(4) 在节目生产管理系统验证未通过的节目入库任务信息，反馈至制作网业务消息处理服务器。

(5) 在节目生产管理系统验证通过的节目入库任务在综合信息管理系统中进行文件入库路径及传输资源的分配，并将入库申请成功及资源分配信息反馈给制作网业务系统的消息处理服务器。

(6) 制作网业务系统根据入库反馈，生成相应的迁移任务。

(7) 制作网的迁移 FTP 服务器获取迁移任务并执行成品节目的迁移，通过媒体资产管理系统的 FTP 服务器完成节目入库至媒体资产管理系统中。

(8) 入库完成后，制作网业务系统将入库节目的所有元数据信息生成信息包。

(9) 媒体资产管理系统接收节目信息并验证节目接收是否正确，同时生成节目记录。

(10) 媒体资产管理系统对传输的数据和文件进行验证，并更新数据库信息同时反馈入库结果。

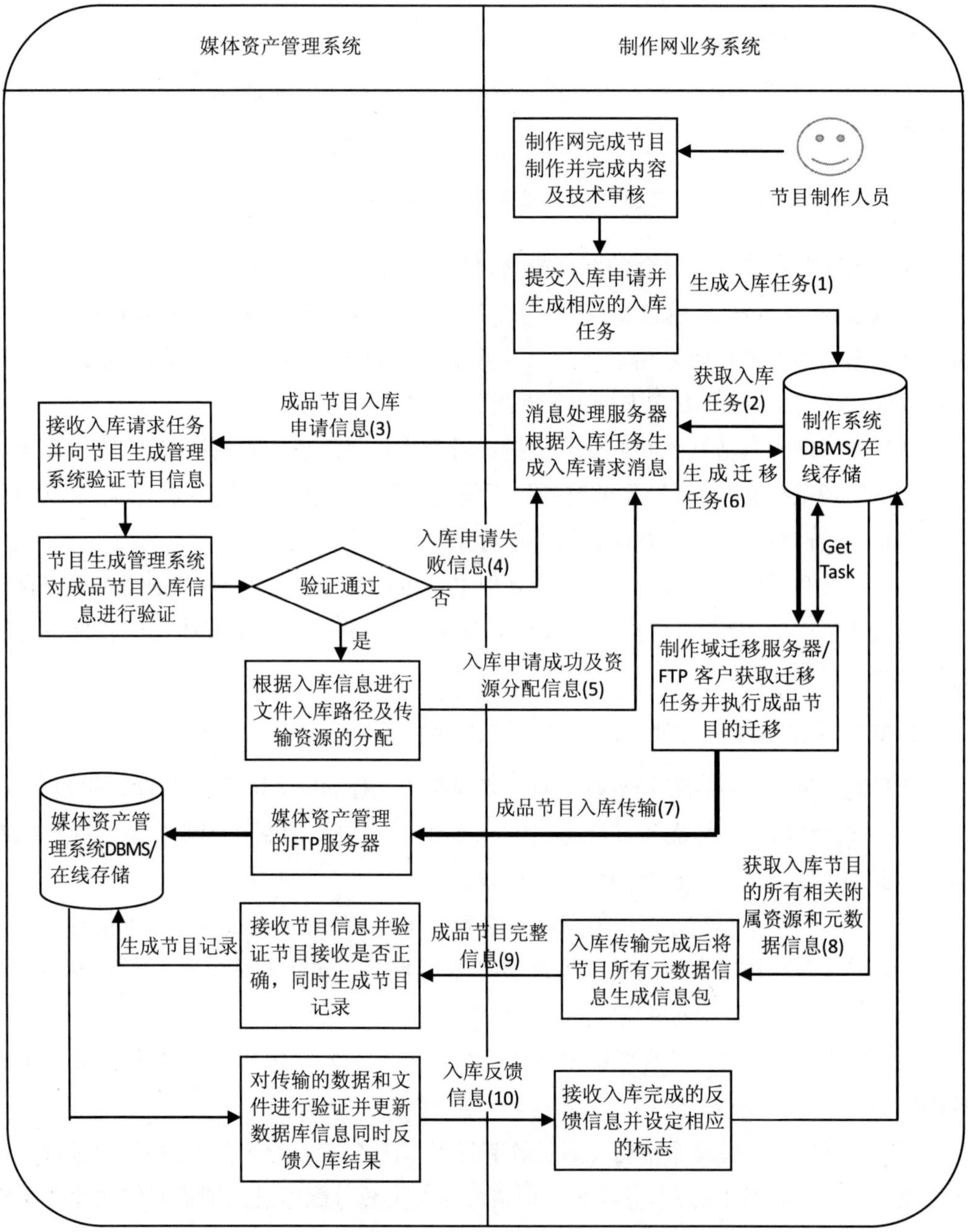

图 8-5　制作网系统存储归档到媒体资产管理系统流程图

以上流程基本上是由网络系统在后台自动完成的。操作人员可在相关服务器上查询工作进度。

2. 节目制作网各业务系统从媒体资产管理系统回调的流程

节目制作网各业务系统从媒体资产管理系统进行素材或节目的回调业务流程如图8-6所示，具体说明如下：

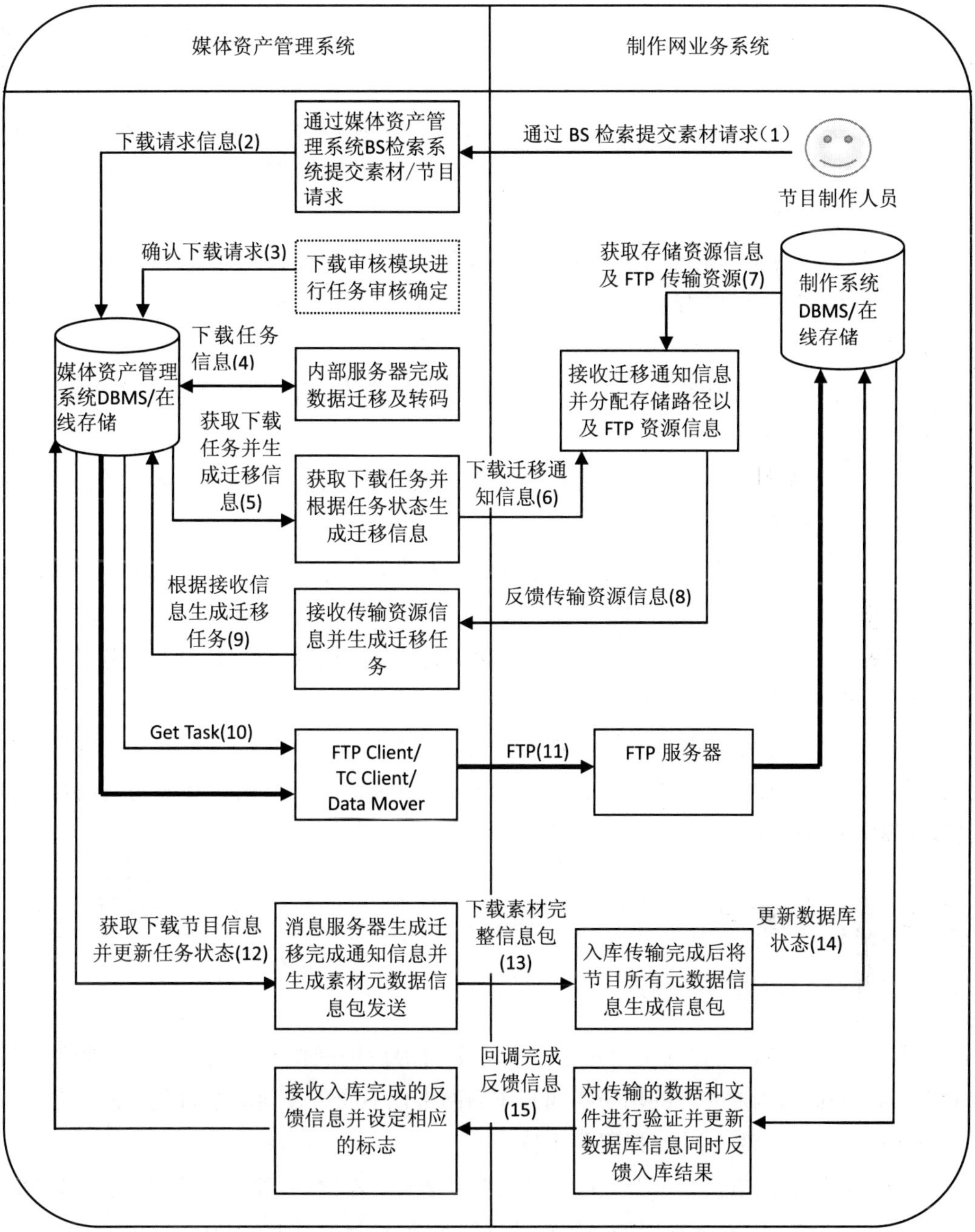

图 8-6　节目制作网各业务系统从媒体资产管理系统回调流程图

(1) 节目制作人员在制作网上通过媒体资产管理系统 BS 检索系统提交素材或节目的使用请求。

(2) 将节目下载请求信息写入媒体资产管理系统的数据库服务器中。

(3) 由媒体资产管理系统的下载审核模块进行任务的审核确定，将确认下载请求反馈到媒体资产管理系统的数据库系统。

(4) 由媒体资产管理系统的内部服务器根据下载完成数据迁移及转码任务，并将结果信息写入本地的数据库系统中。

(5) 从媒体资产管理系统的数据库系统中获取下载任务,并根据任务状态生成迁移信息。

(6) 由媒体资产管理系统将下载迁移通知信息传送给各制作网业务系统;各制作网业务系统接收迁移通知信息,并分配存储路径以及 FTP 资源信息。

(7) 各制作网业务系统数据库产生存储资源信息及 FTP 传输资源。

(8) 各制作网业务系统向媒体资产管理系统反馈传输资源信息。

(9) 媒体资产管理系统接收传输资源信息并生成迁移任务,写入媒体资产管理系统的数据库中。

(10) 媒体资产管理系统的数据库将迁移任务信息传输给 FTP 客户机或瘦客户机、数据移动器。

(11) 媒体资产管理系统根据相关的迁移任务信息,将相关数据从媒体资产管理系统中迁移至目标业务系统中。

(12) 媒体资产管理系统的消息服务器获取下载节目信息并更新任务状态,生成迁移完成通知信息,并生成素材元数据信息包发送。

(13) 各制作网业务系统接收下载完成通知信息,并更新数据库信息和任务状态。

(14) 更新目标业务系统数据库状态。

(15) 制作网业务系统对传输的数据和文件进行验证,并更新业务员系统数据库信息,同时反馈给媒体资产管理系统;媒体资产管理系统接收素材回调任务完成的反馈信息,并设定相应的标志。

8.3 新闻制播网

8.3.1 新闻制播网的特点

前面介绍的节目制作网主要用于专题等节目的后期制作与包装。由于新闻类节目制作具有特殊性,因此相应的用于新闻制作的网络也不同于普通的节目制作网。与一般节目相比,新闻类节目制作有以下几个特点:

- 时效性:新闻节目是每个电视台最重要的节目类型之一,要求快速制作、准时播出。
- 形式简单、固定:无须用华丽的特技进行包装,而且字幕和特技的形式相对固定。
- 广泛性:参与新闻制作的人员很多,有记者、编辑、字幕员、技术人员、播音员等。
- 管理严格:新闻节目有一套严格的管理制度,包括二级审看、编辑权限、访问限制等。

鉴于以上几个特点,用于新闻节目制作的网络对流程的管理要求最高。另外,由于新闻节目的时效性要求高,所以目前的新闻制作网都直接与数字播出设备相连,形成新闻制播网。因此,用于新闻节目制作的网络一般都被称为新闻制播网。

需要说明的是,在普通的节目制作网中,也需要对节目制作流程进行管理,同样也需要申报、立项、审看、串编、播出、删除等环节，并对其进行管理，但在管理层次上没有新闻节目那样严格。

8.3.2　新闻制播网的组成

由于技术的发展，全台网环境下的节目制作网与新闻制播网的结构越来越相近，因此在组成上也基本相同。与全台网环境下的节目制作网一样，新闻制播网的组成也包括编辑制作模块、基础网络与存储模块、服务器模块、系统管理模块、审片模块、演播室播出模块。两者区别较大的是新闻制播网更强调文稿的重要性，因此新闻制播网专门设有文稿编辑模块。图 8-7 是北京电视台的高清新闻制播网拓扑图，如图可见新闻制播网的组成。

1. 节目制作模块

节目制作模块负责完成新闻制播网络系统内素材挑选上载、多种节目形态的节目编辑制作、配音、审查、包装、节目合成以及节目下载等相关业务。

节目制作系统由精编工作站（含上下载功能）、低码率工作站、配音工作站、审片工作站组成。

针对新闻节目制作特点，无论是精编工作站还是低码率工作站都可进行快速灵活的新闻节目编辑，并且容易操作、性能稳定。配音工作站一般内置专业声卡，以达到专业级的配音效果。对于配音所采用的视频画面，一般推荐采用低码率配音。审片工作站安装专业审片软件，可实现成片或时间线的审查，同时审查节目和对应稿件，填写审查意见。通过的节目可直接送入演播室进行节目播出，未通过的节目可在非线性编辑器中再次打开，并根据审查意见修改节目。

2. 文稿编辑模块

文稿编辑模块负责新闻线索的录入、分发以及新闻文稿的编辑审核、串联单的编排等工作。

新闻节目的采编播需要按照其业务特点统一规划工作流程，采用文稿编辑模块具有以下优点：

（1）可以有效地解决新闻文稿、新闻素材、新闻节目及播出串联单之间的流程关系，提升新闻节目制播的效率。

（2）串联单可用于新闻演播室播出编单及播出控制结合。

（3）文稿系统可与新闻制作模块、演播模块实现无缝结合，实现文稿、节目等信息的统一管理和应用。

文稿写作可以在编辑工作站上完成，配置同编辑工作站，且工作站内安装了文稿编辑软件。设计的流程主要有线索流程、选题流程、文稿流程、串联单流程。这些流程之间的顺序可根据实际需要进行调整。

文稿编辑模块又可分为选题子模块、采访单子模块、外来信息子模块、文稿子模块、

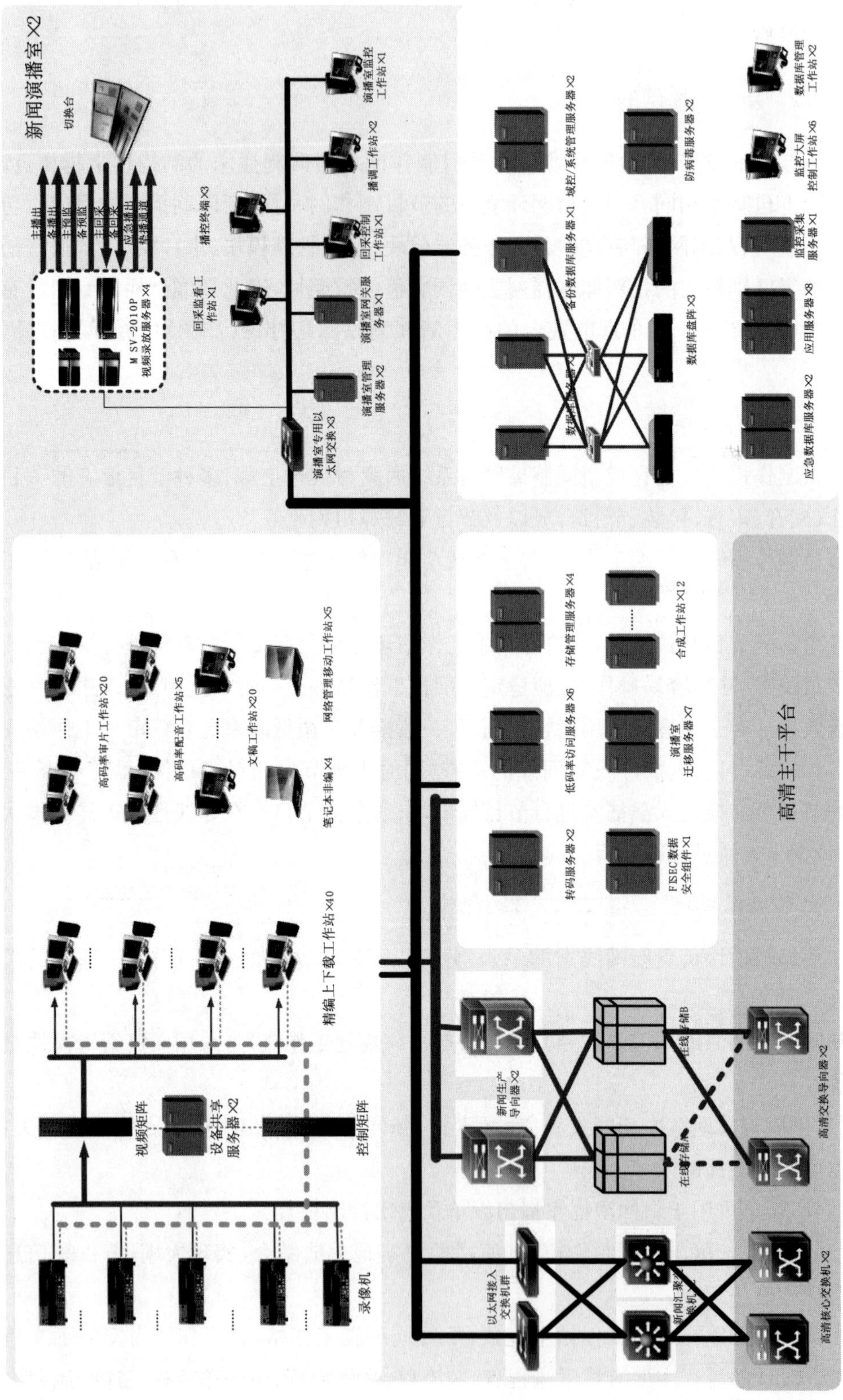

图8-7 北京电视台高清新闻制播网拓扑图

输出功能子模块、系统设置子模块、统计查询和打分功能等。下面简要介绍每个模块的功能。

(1)选题子模块用于建立选题，实现选题单的申请、编辑、审核，内容包括申请人、日期、内容、地点、设备和备注等。

(2)采访单子模块用于实现采访单的申请、编辑、审核，内容包括申请人、日期、内容、地点、设备和备注等。有些软件会自动提示需要审核的采访单数量，支持派发和转发功能。通过审核的采访单自动生成一条条目。

(3)外来信息子模块用于接收外来文稿系统。通过外来信息子模块，可与外通讯社的文稿接收系统相连，直接读取实时接收到的外来稿件，按系统定义的格式导入数据库中。外来信息子模块也支持 TXT 等格式的文本导入和用户直接录入。用户编辑新闻稿件的同时，可以检索到数据库中已存外来信息，作为背景资料关联到稿件中。

(4)文稿子模块用于文稿写作、编辑。新闻文稿的内容包括新闻的属性信息、口播内容、正文、字幕、审核意见、外来信息，可直接打开新闻文稿子模块，方便用户进行编辑。新闻文稿的流程除包括保存、提交、定稿、定片、退稿、再提交外，还包括多级定稿和多级审核。用户可根据需要在系统设置子模块中定义定稿和审核的级数。

(5)输出功能子模块用于将文稿进行输出。一般文稿系统有多种输出模式，包括直接打印、输出为 TXT 文本等，联网时可直接输出到字幕机、提词器。图 8-8 为直接调用文稿内容并自动载入模拟提词器进行配音的工作界面，通过这种方式可实现无纸化配音。在实际操作方面，输出功能子模块也可满足多种个性化需求，比如，对于打印功能，用户自定义打印字段和格式；对于文稿、串联单和外来信息，用户自定义输出字段和路径。

图 8-8　文稿系统为配音工作站提词器提供口播词编辑界面

(6)系统设置子模块用于相关的系统设置。用户可自定义单位名称、播出时段、新闻来源、新闻类别等，也可定义审核级数、选题、采访单、新闻条目、串联单所显示内容等。

(7)统计查询和打分功能子模块属于辅助性质的模块，用于对新闻节目制作过程的统计，以便管理。有些文稿系统中并不包含这个模块。在这个模块中有多种统计方式，如播出统计、发稿统计、来源统计以及稿件流程统计等。还有多种统计条件，包括标题、时间、来源、栏目、作者、播出形式、内容、开始时间、结束时间等。统计结果可以根据需要打印。

3. 基础网络与存储模块

新闻制播网的实质是一种节目制作网，因此基础网络与存储模块与前文介绍的节目制作网相同，一般采用具有FC网和以太网的双网结构。对于FC网，核心设备是FC交换机，需要根据用户数量和传输的视音频数据率选择FC交换机的端口数量和接口码率。对于以太网，核心设备是以太网交换机，同样也需要根据用户数量和传输的数据率选择以太网交换机的端口数量和传输码率。

存储设备通常采用硬盘阵列，在网络规划设计时需要根据存储数据的码率与保存时间计算存储容量。另外，为了方便应用通常将存储设备划分为不同的工作区。工作区可划分为高码率素材存储区、低码率素材存储区、审核资料存储区、交换资料存储区。当然，工作区的划分也不是唯一的，如北京电视台高清新闻制播网存储区域就划分为上载区、编辑区、浏览区、成品节目区、周转区（索贝）。这主要是针对高清新闻编辑的特点，在高清节目编辑码率时采用了30Mbps的编辑码率，于是与前者在工作区划分上有了不同，其中上载区存放100Mbps纯高码率的素材，编辑区存放编辑码率的素材，浏览区存放1.5Mbps码率的素材，成品区相当于审核资料存储区，周转区相当于交换资料存储区。因此，在实际应用中存储区都会根据需要进行划分。

在上述网络中，所有高码率访问终端通过FC网络传输高码率数据，所有低码率访问终端通过以太网传输高码率数据。在某些特殊情况下，部分高码率文件（如演播室迁移）也采用以太网进行传输。

4. 服务器模块

服务器模块也与节目制作网一样，包括MDS服务器、媒体服务器、数据库服务器、应用服务器、域控制器、打包服务器、传输及消息接口服务器等。不同服务器模块所完成的功能也都类似，但不同厂商对这些服务器功能部署有一些区别，在命名上也不同，如图8-7中合成工作站完成的主要功能与打包服务器相同，迁移服务器完成的主要功能也与传输及消息接口服务器相同。

总的来说，服务器模块的MDS服务器或文件管理服务器为新闻制播网的素材和节目提供检索、迁移、归档等素材管理服务，应用服务器、数据库服务器等后台服务系统为整个制播网络提供数据及业务支持。

5. 演播室模块

演播室模块负责新闻制播网络系统的演播室播出，提供全面的演播室播出功能。其实质是将在新闻制作网制作完成的节目在播控工作站或手动控制下输出到演播室的视频切换台上，供导播切换播出。

演播室模块主要由播出工作站（或播出服务器）、播控工作站和回采工作站组成。图 8-9为北京电视台高清新闻制播网演播室模块工作流程图。

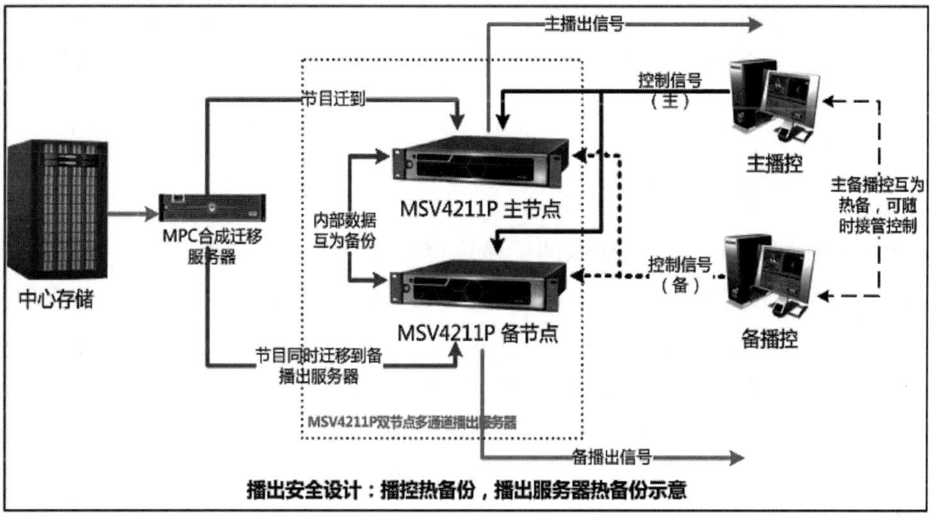

图 8-9　北京电视台高清新闻制播网演播室模块工作流程图

图 8-9 中播出服务器（MSV-4211P）和播控工作站（图中的主播控和备播控）各有主、备两台，这是为了保证播出安全。正常情况下，主播控工作站控制所有操作，备播控工作站与主播控工作站热同步。备播控工作站显示与主播控工作站完全一致的界面；备播控工作站的控制实行虚拟控制；主播控工作站的状态实时反映到备播控工作站上。当主播控工作站出现问题时，备播控工作站通过接管主机把控制接管过来，实现对播出服务器的控制。当然，当主播出服务器出现故障时将直接切换到备播出服务器。播控工作站与播出服务器之间的控制命令采用主备的专网通道，以保证播出控制指令不受主网络传输中大数据量传输的影响。

6. 网络管理模块

网络管理模块提供相关网络管理服务，包括用户管理、权限设置、流程配置、存储空间管理、收费统计、设置基础参数及日常的系统自动维护，并进行网内工作站监控和调整用户任务状态等工作；由一般的工作站完成，其上安装了网络管理软件。

7. 审片模块

审片模块用于审查待播节目。实际应用中，送入演播室播出的节目均是经过拥有相关审查权限的人审查通过的节目，否则将不予播出。

审片模块由安装了专业审片软件的审片工作站完成，具有的功能与节目制作网的功能类似。审片模块可以对成片和时间线分别进行审查，同时可审查待播出的串联单、唱词、字幕、标题、导语等各种文字，逐条审或串起来审，审完高低码率后，填上审查意见即可。审查通过的节目可根据策略自动送入合成服务器进行合成转码或直接送入演播室进行节目播出;未通过的节目可在非编中再次打开,根据审查意见进行修改。

8. 模块监控管理和展示平台

模块监控管理和展示平台是一个辅助功能模块,负责完成系统的设备、软件监控和相关信息统计,对系统规模、流程、功能进行展示。在实际应用中,不是所有电视台的新闻制播网都有此模块。

8.3.3 新闻制播网内部工作流程

与节目制作网一样,新闻制播网的工作流程也没有统一的规范,一般是各电视台根据台内新闻节目制作习惯进行规划。下面以北京电视台新闻制播网为例进行介绍。图8-10为北京电视台新闻制播网内部工作流程,如图可见,新闻制播网内部工作流程分为节目选题计划、文稿编辑与节目制作、演播室播出、节目备播与归档。

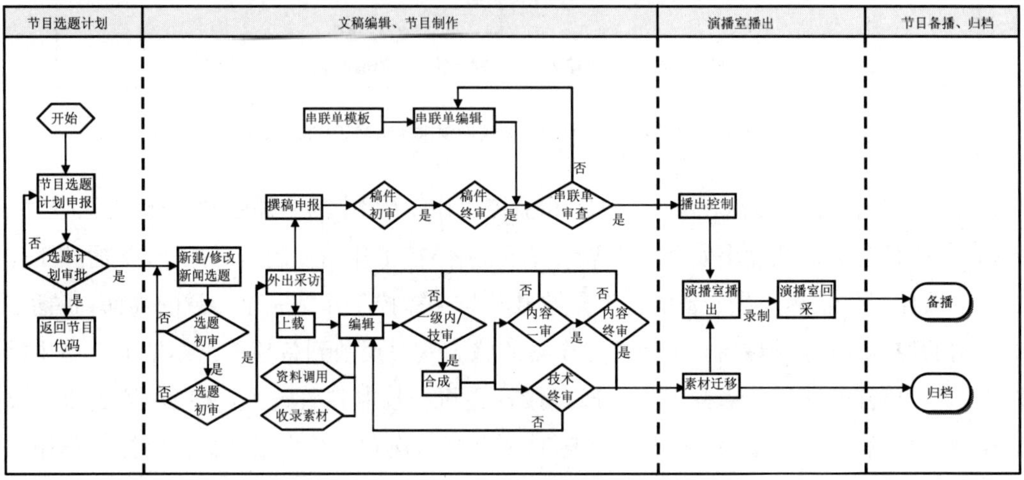

图 8-10 北京电视台新闻制播网内部工作流程图

1. 节目选题计划

新闻制作流程从线索录入开始。主编确定线索后,由栏目记者认领并形成选题。记者根据选题填写采访单准备采访任务。在新闻网络系统中,记者可以使用采访单编辑模块完成采访单的编辑和提交。记者填写采访单时,可填写采访对象、采访日期、采访内容等信息。

记者提交采访单后,其上级领导对该采访单进行审核。若该采访单审核未通过,则记者须重新申报。若该采访单审核通过,则记者可以开始进行采访工作。记者按照提交的选题方向进行跟踪采访或者收集与选题相关的素材/节目,也可通过检索近线媒资库查找存档素材。

2. 文稿编辑与节目制作

记者采访结束或得到与选题相关的素材、信息后,针对选题撰写新闻稿件,并提交给责任编辑进行初审。通过初审后可继续下一步，若初审未通过，责任编辑可直接对文稿进行编辑修改；网络系统可将责任编辑的修改意见和修改轨迹一并返回给记者，继续修改直到通过。

初审通过后，责任编辑将稿件发送给值班领导进行终审，如果终审通过则进行下一步工作，如果终审没有通过，则将稿件返回给记者进行修改。值班领导也可以添加修改意见和直接修改稿件；网络系统可将值班领导的修改意见和修改轨迹一并返回给记者，继续修改直到通过。

责任编辑在记者提交文稿初审时，就可以开始编写串联单了。串联单由一条条节目信息组成，从串联单里可以看到详细的信息（导语长、正文长、视频长等），以便责任编辑准确掌握节目时长。完成串联单的编辑后，可将其提交给值班领导审查。

如果串联单通过了值班领导的审查，则保存到数据库，这时系统自动同步本地中心数据库到演播室播出系统数据库，以供播控工作站调用。如果未通过，则将修改意见返回给责任编辑进行修改，直到通过。

以上为文稿编辑流程，在文稿编辑的同时也会进行视音频节目的编辑制作，具体流程如下：

首先，准备素材，开始编辑视音频节目。素材来源可以是外出采访拍摄、卫星收录和来自近线媒体资产管理系统库的存档素材。外出采访拍摄的素材由有卡工作站上载到新闻网的中心存储，也可通过收录系统将收录素材通过主干平台迁移到新闻网中心存储，还可查询近线媒体资产管理系统库素材发起回迁，也可由移动编辑子系统回传而得到外地采拍的素材。

其次，在编辑工作站上对节目进行编辑。进入编辑状态时，系统要求用户编辑选择将要制作的视音频文件与哪条文稿相对应，然后在低码率工作站上对素材进行编辑，如剪辑打点、添加字幕、配音、添加字幕、制作特技等。配音工作可在文稿完成后，如没有视频，可在配音工作站上调出文稿对照着配音；也可在视频编辑完成后配音，这时可对照文稿和视频配音。

最后，视频节目制作完成以后提交审查，这时主编和值班领导在审片工作站上审查与播出完全相同的视音频文件和对应的文稿。审查通过的节目由合成服务器合成得到可供播出的视频文件；如果没有通过，可将对应的视音频文件和文稿退回给对应的记者和编辑，并可添加审查意见。审片可以审查时间线节目，也可以审查合成后的视音频节目。合成前要进行技术审查，合成后一般还需要进行两次内容审查和一次技术审查。

3. 演播室播出

播出系统接收到编辑制作子系统合成、审查通过的信息后，调度、分配播出任务，审查通过的视音频文件，也由迁移服务器迁移至播出本地存储设备中。接着，播出控制工作站在播出时从本地调出需要播出的串联单，利用播出服务器进行播出，也可在播出控制工作站上对串联单进行调整、修改及删除。

4. 节目备播与归档

演播室制作完成的节目经过回采服务器回采后，传输到播出系统网络备播。编辑完成的视音频节目则传输到媒体资产管理系统等系统进行归档。

8.3.4 新闻制播网外部工作流程

从上述新闻制播网内部工作流程可见，新闻制播网需要通过收录网进行节目收录，部分新闻制播网络系统制作的节目需要发送到总编室备播。对于新闻网制作的成品节目需要归档到媒体资产管理系统，同时还需要通过媒体资产管理系统的素材挑选工作站发起素材挑选任务，在节目素材制作库中进行节目查找和浏览，并通过媒体资产管理系统查询需要回调的资料。因此，新闻制播网需要与收录网、总编室节目备播系统、媒体资产管理系统、主干平台进行交互。图 8-11 为新闻节目制播网络系统接口参考图。

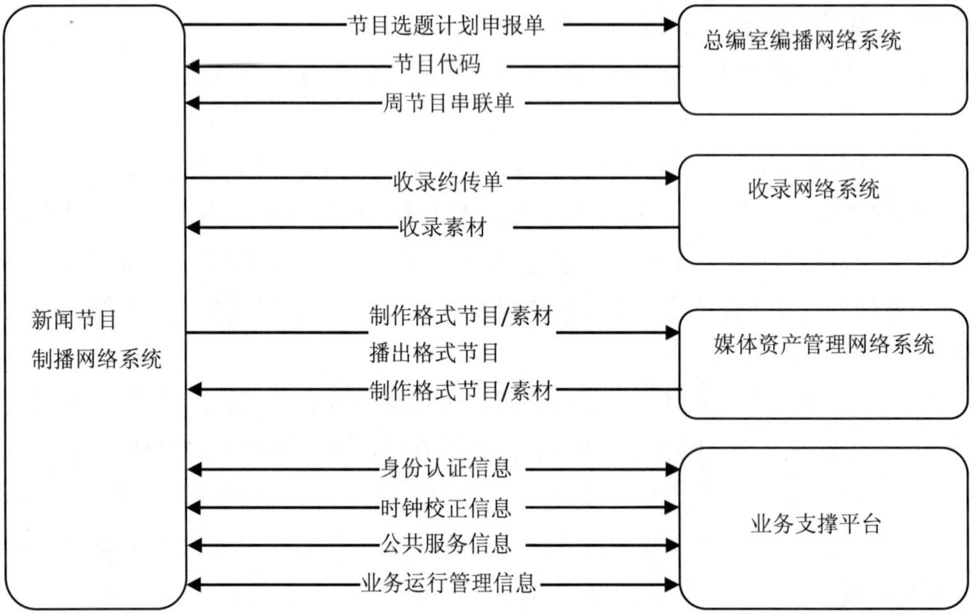

图 8-11 新闻节目制播网络系统接口参考图

新闻制播网与外网交互比较典型的工作流程是新闻制播网制作的节目与总编室网络之间的互联。下面以北京电视台高清新闻制播网到总编室备播系统的工作流程为例，说明新闻制播网络制作的节目发送到总编室备播的流程，如图 8-12。

(1)新闻制播系统完成节目回采与制作，在系统内部完成节目内容一级审查和技术审查。其中，内容一级审查和技术审查环节并行。

(2)节目内容一级审查和技术审查均通过后，节目在新闻制播系统内进行合成，同时生成 MD5 校验码(在播出部分介绍)。合成后的节目文件保存在新闻系统内部的在线存储中。

(3)判断合成后的节目文件是否需要在共享审片系统中审查，如果需要审查则合成

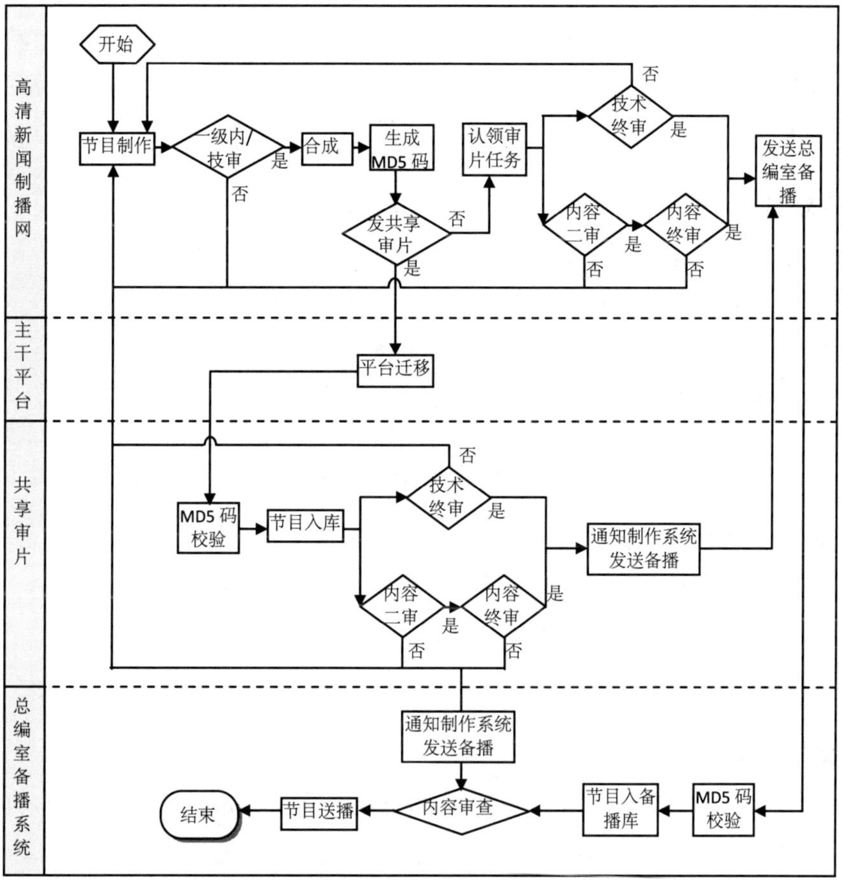

图 8-12　北京电视台高清新闻制播网到总编室备播系统的工作流程图

后的节目文件通过主干平台迁移服务器迁移至共享审片系统的在线存储中，元数据信息通过主干平台调用共享审片系统入库接口入共享审片库；如果不需要审查，则合成后的节目文件直接发至新闻制播系统本地的审片系统，经过审片认领模块后，完成内容二级审查及技术/内容终审，如果合格则发送至总编室备播系统，否则发回制作系统重新进行编辑制作。

(4)发送至共享审片系统的节目文件在节目入共享审片库前，先由共享审片系统完成 MD5 码校验工作。

(5)节目文件在共享审片系统中完成内容二级审查及技术/内容终审。内容审查和技术审查采用并行审查的方式进行。同时，每次审片的结果通过主干平台通知高清新闻制播系统。

(6)节目内容、技术终审通过后，主干平台通知高清新闻制播系统。节目内容、技术终审若未通过，则发回制作系统重新进行编辑制作。

(7)新闻系统在收到共享审片系统节目审查通过信息后，主干平台调用对应的总编室入库接口完成元数据入库，并利用平台迁移服务器资源将节目从新闻系统在线存储迁移至总编室在线存储中，最后完成节目备播流程。

需要说明的是，共享审片系统是北京电视台全台网节目备播流程中的一个外挂系统，而在新闻制播系统内部，依然保留二级内容审查及技术、内容终审的功能，但审片工作站数量较少，可用于辅助审片。当共享审片系统因故障无法正常工作时，相关节目可以在本新闻制播系统内部完成审核并备播。

本章习题与思考题

1. 简述基本的电视节目网络制作流程。
2. 全台网中的节目制作网应具有哪些功能？可分为哪几个功能模块？
3. 简述节目制作网中演播室播出子系统的功能。
4. 节目制作网中演播室播出子系统包括哪些设备？
5. 简述全台网环境下的节目制作网业务流程。
6. 简述节目制作网系统存储归档到媒体资产管理系统的工作流程。
7. 新闻节目制作有什么特点？新闻节目制播网络有什么特点？
8. 新闻制播网络的文稿编辑模块应具备哪些功能？可分为哪些子模块？
9. 简述新闻节目制播网络内部工作流程。
10. 简述新闻制播网络制作的节目发送到总编室备播的工作流程。

主要参考文献

1. 成都索贝数码科技股份有限公司. 北京电视台高清制播网络系统高清新闻制播网改造项目技术方案书(2010). 2010.

2. 北京中科大洋科技发展股份有限公司. 电视台全台网建设制作网集成项目技术方案书(2006). 2006.

第 9 章　节目播出系统

电视节目播出是电视台的一项重要工作。随着技术的发展，电视节目播出系统也发生了较大的变化。本章将首先对节目播出的基本概念、播出技术发展概况进行阐述，然后介绍硬盘自动播出系统和网络化硬盘自动播出系统。

9.1　节目播出系统概述

9.1.1　节目播出系统基本概念

电视节目播出是指将各类节目按预先排定的节目时间顺序传送到节目发送与传输部门的过程，播出之前需要对信号进行一系列的加工处理，使之成为符合标准的电视信号。

完成电视节目播出的系统被称为播控系统。在实际应用中，播控系统的含义并不相同，有的播控系统是指对各种源信号控制处理形成电视节目播出信号的系统，包括信号源、信号分配、信号处理、信号切换、信号无压缩传输、信号压缩编码和复用。而有的不包括信号压缩编码和复用，例如在“GY/T 165 电视中心播控系统数字播出通路技术指标和测量方法”标准中，对于数字播出通路的定义就是指从数字信号源（录像机等）、数字分配矩阵、应急切换器、数字切换台（处理器等）到数字信号分配放大器（含无压缩数字信号传输电缆）的通路。

9.1.2　节目播出系统发展概况

节目播出系统的发展可以分为人工手动播出、基于磁带的自动控制播出、硬盘自动控制播出和全文件化自动控制播出四个阶段。

1.人工手动播出

早期的电视播控系统普遍采用人工手动控制录像机与切换设备进行节目播出的方式，这种播出方式被一直沿用至 20 世纪 80 年代。人工手动播出方式的特点是系统简单，但对于播出值班员的要求很高，需要专人定时定点控制录像机的播放与切换设备的切换。这种方式既耗费人力资源，也很难达到高效、准确的播出要求，极易发生人为播出事故。

2. 基于磁带的自动控制播出

20 世纪 80 年代末至 90 年代初，随着计算机技术的发展，提出了自动播出系统的概念，国内外电视台开始逐步利用计算机来进行播出控制。当时的播控软件是英文版的，因此，国内一些电视台引进国外的切换台，并应用与之配套的英文版自动播控系统软件，构成了最初的自动播控系统。这一时期有代表性的产品是日本 NEC 公司的电视节目自动播出系统（APS）、中央电视台与日本东芝公司联合设计的节目自动播出控制系统（APC）、美国草谷公司 GVG Master 21 切换台配套的 Event Stacker 自动播控软件。这些播出软件相对简单，基本上是基于 DOS 平台的单任务顺序执行器，当需要播出的节目条数较多时，查找、修改节目播出单都很不方便。到 90 年代，一些国内的广播电视厂商开始基于国外的播出切换台开发 DOS 平台的中文自动播出软件。虽然是自动播出控制系统，但由于工作人员仍然需要将磁带放入录像机，因此这种播出方式实质上为半自动控制播出。

90 年代中期，中央电视台率先引进了机械手中文自动控制播出系统，使播出控制软件既能控制机械手自动抓取磁带，也可以控制录像机的播出停止和信号源的切换，在自动播出控制的道路上迈进了一大步。但放入机械手的磁带仍然需要人工操作，所以这种播出方式也被称为半自动控制播出。

3. 硬盘自动控制播出

自 90 年代后期以来，随着硬盘存储技术的日趋成熟，视频服务器作为新的播出设备参与到播出系统中。视频服务器可以很好地解决录像机信号源由于节目琐碎、串带复杂、工作量大导致故障率高的问题。而电视台的节目制作环节仍然以磁带介质为主，所以在播出前要将录制好的磁带内容上载到播出系统的硬盘存储中，在播出时，系统根据节目单自动调取硬盘中存储的节目进行播出。有些台还采用盘带混合播出，即将视频服务器用于播放广告，而将磁带用来播放影视剧等较长的节目，以便缓解视频服务器空间紧张的状况。这种硬盘播出方式既保留了传统的节目制作模式，又在播出端实现了自动控制，起到承上启下的作用，目前仍被广泛应用于电视台的节目播出。

4. 全文件化自动控制播出

21 世纪初，在计算机网络及多媒体技术高速发展的背景下，播出设备的发展趋势是播出的数字化、网络化，即从硬盘播出系统到制播一体网的方向发展。在技术更新换代的同时，逐步淘汰陈旧的录像机与磁带，使电视台内的节目由制作到播出全部实现文件化。这个过程又分为构建二级存储或播出缓存实现多频道资源共享的播出网方式以及全台网环境下的播出网系统。这些播出方式利用网络的便捷性使节目的制播效率大大提高，在播出端省略备播上载节省了大量的人力、物力，真正实现了节目制播体系中的无带化全自动控制播出。在全台网环境下构建的播出网，使得原来单一的播出控制系统变为包括播出控制、节目整备和全域全流程监控等系统在内的、融合 IT 技术和视音频技术的数字电视播控平台。

9.2　硬盘自动播出系统

9.2.1　基于磁带的自动播出系统

从节目播出的功能来看，播出系统其实就是直接把节目输出到发射台、卫星地面站或有线电视前端，所以只要有节目源就可以。但是由于过去录像带记录的时间有限，在一盘录像带放完后就要换带子，显然这段时间不能输出节目，为了避免出现这种情况，就需要多个录像机再加一个切换设备，即当一盘录像带播完后，马上切换到另一台录像机上。这就构成了最基本的播出系统，即几台录像机加一台切换设备。在实际应用中，为了能够准确、安整地完成节目播出，需要一套复杂的播出系统：为了实现自动播出，增加了控制系统；为了保证播出安全，设置了应急系统；为了监听、监看、监测，配置了监听设备、监视器与示波器；为了信号同步，配置了同步机与时钟系统；为了便于信号分配与调度，增加了视音频分配放大器以及跳线等。

在介绍硬盘自动播出系统之前，先介绍一下基于磁带的自动播出系统，因为这是硬盘自动播出的基础。基于磁带的自动播出系统是以视频切换台和矩阵设备为核心、信号源采用放像机、由计算机软件控制整个系统按编排的节目单进行播出的播控系统。这种播出系统的优点是结构简单、维护方便、应急功能强，能与传统的操作模式平滑过渡。其缺点是，由于节目播出完全是实时的，人为差错事故和设备故障不可避免，要实现多频道播出则设备投入多，且不利于系统实现网络化和非线性化播出。

基于磁带的自动播出系统可分为硬件部分和软件部分。硬件部分与早期的基于磁带的非自动播出系统相比只是增加了控制系统；而与硬盘播出系统相比，主要是信号源发生了变化。软件部分与硬盘播出系统相比则比较简单，而且目前也基本不用了，所以下面主要介绍基于磁带的自动播出系统的硬件部分。

基于磁带的自动播出系统的硬件部分可分为视音频系统、同步系统、控制系统、提示系统、时钟系统以及其他，如图 9-1 所示。

1. 视音频系统

视音频系统指所有输出、处理以及传输视音频信号的系统，包括信号源、切换处理设备、监看监测设备以及路由设备。

信号源是播出系统的源头，包括已经制作完成的成品电视节目、直播节目、广告节目、字幕、台标时钟以及测试信号等。不同的信号源来自不同的设备，播出路径也不相同。成品电视节目和广告节目来自录像机。直播节目分为演播室直播节目和现场直播节目。演播室直播节目的信号直接从演播室传输到播出系统，现场直播节目通过卫星或微波传输到总控机房。总控机房对信号进行处理后，送到播出系统。字幕信号来自字幕机，包括字幕的视频信号以及对应的键信号。台标时钟信号来自台标时钟发生器，台标时钟发生器的时钟信号需要与时钟系统相锁定。测试信号可以由专门的测试信号发生

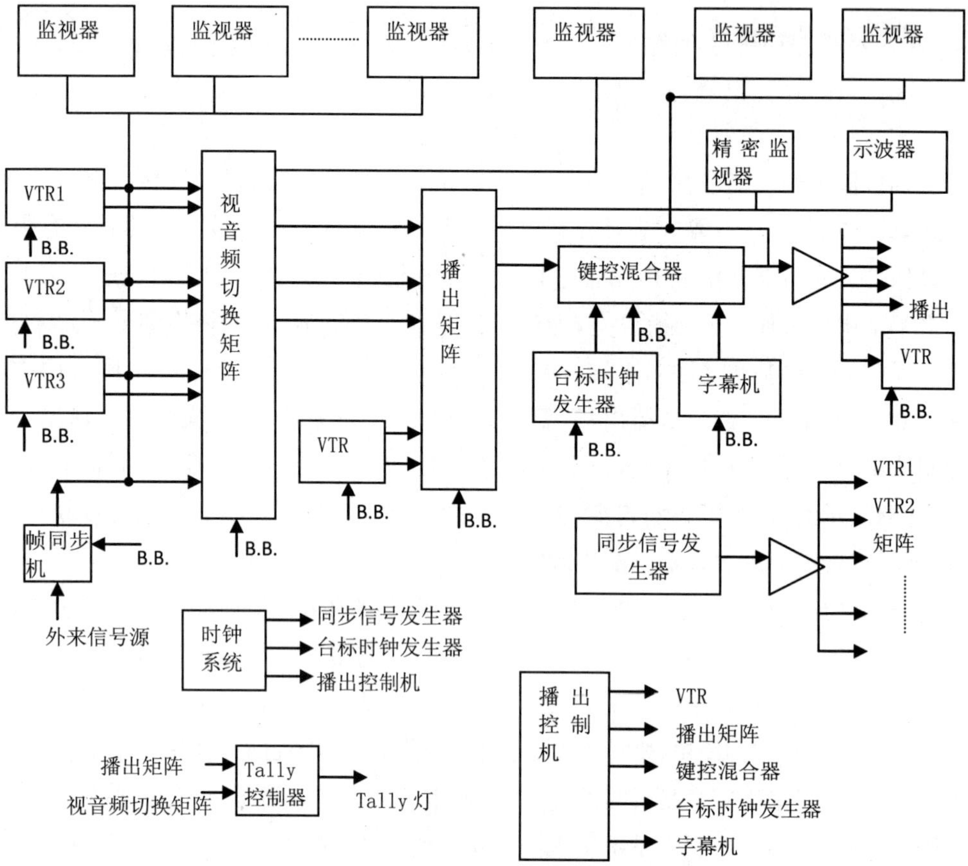

图 9-1 基于磁带的自动播出系统硬件组成

器产生，也可由视频切换台产生。

切换处理设备包括视音频切换矩阵、播出矩阵、键控混合器（简称键混器）、帧同步机等。有的系统用播出切换台时，不用播出矩阵与键混器。多个录像机与视音频切换矩阵相连，在播出控制机的控制下选择某个录像机的信号输出到播出矩阵。如果是外来信号，由于没有内部同步信号与之同步，因此需要先经过帧同步机与视音频切换矩阵相连，避免切换时出现画面不稳定等现象。之后，播出矩阵输出信号到键混器。键混器实质上就是完成视频切换台下游键的功能，即进行键控处理，上字幕、图形等键信号。所以当系统采用播出切换台时，可以替换掉播出矩阵与键混器，利用播出切换台的下游键上字幕等。

监看监测设备包括监视器、精密监视器、监听器、示波器等。监视器主要用于监看，一般每路信号源都配有一个监视器，用来检查原画面的质量；在节目播出的每个环节也都配有监视器。精密监视器质量比一般作为监看用的监视器质量高，以便肉眼发现图像质量问题。示波器又分为波形示波器和矢量示波器。过去这两种示波器是独立的，目前通常集成为一个示波器。

路由设备包括视音频分配放大器、跳线等。视频分配放大器（简称视分）负责把一个视频信号分成多路，送到多台设备中。音频分配放大器（简称音分）负责把一个音频信号分成多路，送到多台设备中。跳线的实质是视音频插口板上的连线，在实际应用中通常将视音频插口板以及连线简称为跳线。由于这种连线可以任意插接，便成为一种改变信号路由的设备。在播出系统中，如果存在高、标清节目互换的情况，路由设备中还会包括、高标清的上下变换器等。

2. 同步系统

由于播出系统需要将多路信号传输到播出切换台或播控矩阵进行切换后输出，因此输入的多路信号必须同步。目前，录像机、字幕机等都带有帧同步功能，只要输入标准的同步信号即可，所以同步系统实质就是同步信号发生器(简称同步机)。为了能将其输出的同步信号传输给多台设备，增加了视频分配放大器。

鉴于同步系统在实际工作中的重要性，实际中一般设置主、备两台同步机，再由主备倒换器输出同步信号，如图 9-2 所示。

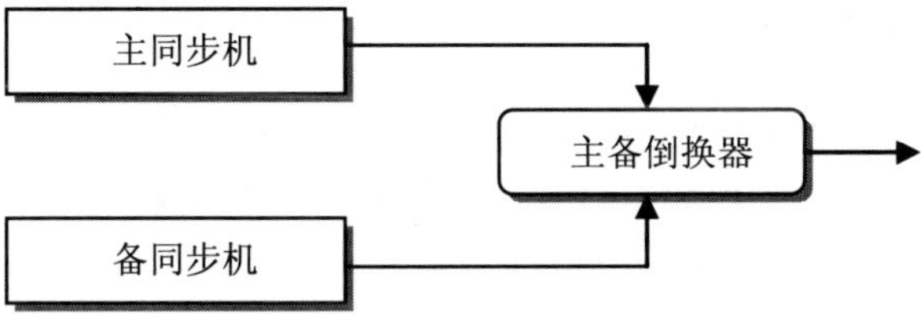

图 9-2　同步机主备倒换

3. 控制系统

控制系统利用计算机对节目播出进行自动控制，将播出节目信号源按照节目播出时间顺序编成播出程序；计算机根据播出程序自动控制相关设备运行。因此，控制系统的主要设备是播出控制计算机，安装在其上的播出软件是核心。控制设备包括录像机、切换矩阵、键混器、台标时钟发生器、字幕机等。

4. 提示系统

提示系统又称 TALLY 系统，是节目制作和播出系统中的一种辅助系统，在播出系统中，用于及时提醒技术人员当前播出使用的信号源。

提示系统过去一般由切换台的 GPI 接口直接输出；目前一般由一台 TALLY 控制器和若干 TALLY 灯组成。TALLY 控制器可以与任何切换台、播控台和矩阵接口相连接。TALLY 灯又名讯源指示灯，是一种能够指示信号源名称和状态的显示器，通常安装在电视演播室导控室的监视墙上。

5. 时钟系统

时钟系统是电视台节目制作播出的各个环节协同工作的关键。电视台的演播机房都配有时钟设备。整个电视台的标准时间同步于一个时钟系统。全台基准的时钟系统一般设置在总控，常用的时钟源是铯原子钟和 GPS 时钟信号。

在播出系统中，时钟系统输出的时钟信号分别送给同步信号发生器、台标时钟发生器以及播出控制计算机。

6. 其他

有的基于磁带的自动播出系统还有机械手等自动装载系统。多数电视台为了保证播出安全会增加应急处理系统，比如在播出矩阵之后再增加一个多选一的切换矩阵，以便播出矩阵出现故障时及时切换到另一个切换矩阵。

9.2.2 视频服务器

硬盘自动播出系统与基于磁带的自动播出系统在硬件上的主要区别是信号源设备不同，前者主要的信号源设备是视频服务器，后者主要的信号源设备是录像机。录像机的工作原理可参见其他书籍，所以在介绍硬盘自动播出系统之前先介绍视频服务器。

1. 视频服务器的基本概念

视频服务器是一种对视音频数据进行压缩、存储及处理的专用计算机设备。视频服务器可应用于电视节目制作和播出以及流媒体系统（包括视频点播 VOD、视频会议、远程教育、数字图书馆等）；在播出中又称播出服务器，可应用于广告插播、多通道循环垫播、延时播出、硬盘播出及视频节目点播等。

视频服务器具有以下特点：

- 将多通道录制与播放等功能集于一体，在系统中可替代若干个录像机和一台小型切换矩阵。
- 视频服务器用硬盘作为主要记录媒体，具有非线性的特点，因而具有非线性设备所有的优点，如素材查找方便、容易实现快进快退的变速播放、素材可由多个输出通道共享、可同时或相继调出播放。
- 素材记录在硬盘还未形成完整文件时，便可由输出通道调出播放，非常适合延时播出和视频点播等领域。

视频服务器的特殊需求是满足视频信号的存储容量和带宽要求，支持实时的多通道视频输出流。

为满足视频服务器的需求，可采取以下解决策略：

- 采用 MPEG-2 等压缩格式，对视频数据进行压缩编码，以满足存储和传输的要求。
- 使用 SCSI 接口硬盘或 FC 接口硬盘作为视音频数据的在线存储器，具有多通道输入输出、多种视音频格式接口。
- 提高系统硬件能力，大多采用分布式、可扩展的并行计算机体系结构作为硬件平台。
- 设计高效的资源管理策略与磁盘调度算法或利用分布式层次结构等提高系统效率。

2. 视频服务器的基本构成

不同应用的视频服务器，其构成不同，用于非线性编辑、电视节目和广告播出的视频服务器结构相近，它们最主要的特征是存储部分采用硬盘阵列，因此在这里称其为硬盘式视频服务器。如图 9-3 所示，其基本构成是视音频输入/输出部分、视音频传输部分、存储部分、控制部分。

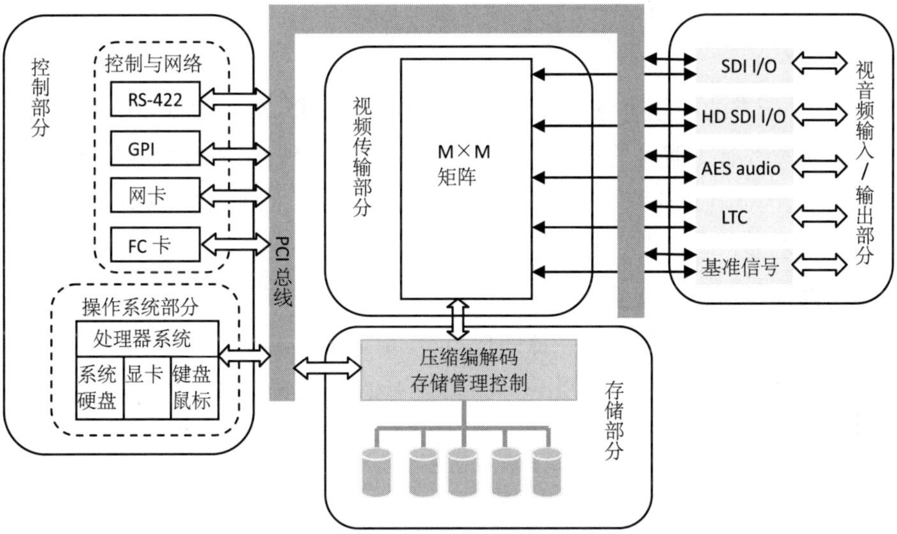

图 9-3　硬盘式视频服务器构成

(1) 视音频输入/输出(I/O)部分

视音频输入/输出部分是存储部分与外部视频环境的接口。每个 I/O 通道缓存输入到硬盘阵列的数字视频和音频数据，并接收来自硬盘阵列的数字数据，再以数字视频和音频信号的形式存放在帧缓存器中用于重放。

一般来说，硬盘式视频服务器的输入/输出部分支持串行高清、标清数字视频信号，早期的还支持模拟复合视频信号。因此在视频 I/O 接口中有两种编解码器，一种是用于模拟复合视频信号与串行数字视频信号进行转换的编解码器；另一种是用于串行数字视频信号与压缩的数字视频信号进行转换的 MPEG-2 或 H. 264 编解码器。当然，如果存储的是无压缩的数字视频信号，就不需要后面一种编解码器。

除视频信号的 I/O 接口外，视频服务器的每个输入/输出口包含 AES/EBU 数字立体声音频的输入/输出、纵向时间码(LTC)、同步基准时钟。

采用纵向时间码是为了便于节目编辑。采用同步基准是因为视频服务器需要提供锁相和视频处理功能，以便构建专业化应用的视音频系统。

(2)视音频传输部分

视音频传输部分负责管理从存储器到输入/输出(I/O)部分之间视音频信号流通。视音频传输部分的功能一般利用视音频交叉点矩阵来实现，这样一方面可以方便地实现视音频信号灵活调度、分配，又能确保视音频信号技术指标不受损伤。矩阵开关的时序由 I/O 部分和控制部分中的系统软件来调整。

(3)存储部分

视频服务器的存储部分主要由硬盘阵列组成，分别存储视音频信号及被系统访问的时码信息。与其对应的功能还包括实时从硬盘驱动器中写入或读出数据、使磁盘工作同步以及数据缓冲。显然，存储部分需要解决的主要问题是存储容量、带宽与可靠性。

为了实现有效存储，视频服务器采用了以下方法：

①RAID 阵列

目前，几乎所有的视频服务器都采用 RAID 阵列技术，使视频服务器无论可靠性、存储容量还是带宽都有了明显的提高。由于广播业务的特殊性，不可能让服务器掉电来安装损坏的硬盘，因此在许多视频服务器提供的系统软件中都具有带电热拔功能，RAID 方式也支持这种功能。

②基于高速接口的硬盘驱动器

第 3 章介绍过有多种硬盘驱动器的接口，在视频服务器中最早采用的是 SCSI 接口。目前有的采用 SAS 接口，有的采用 FC 接口，还有的采用 SATA 接口。这些接口速度都远快于早期的 IDE 接口。

③视频压缩

虽然采取前面两个措施来提高存储容量和带宽，但毕竟视音频信号传输速率很高。因此，在视频服务器中往往采用数据压缩方法。视音频信号被压缩传输有几个好处：

- 可以节省硬盘存储空间。
- 可以降低对输出带宽的要求。
- 由于数据被压缩输入服务器或从服务器中输出，只要低压缩比进行编解码，就基本无数据损失。
- 当数据被压缩时，可能会以比实时速度更快的速度传递信号。

(4)控制部分

控制部分由一个或多个运行在 UNIX 或 Windows 操作系统之上的工作站组成。这是整个服务器系统得以运行的基础，负责系统底层的初始化、系统结构和压缩级别设置、系统监视及多媒体文件数据管理。系统控制器通过一个内部传输网络在服务器中传送到其他部分，从而进行系统管理、广告嵌入及视音频记录/重放的软件应用。

除了对视频服务器内部进行控制外，视频服务器还通过 RS-422 串行通信接口与外部控制系统相连。视频服务器支持许多控制协议用于外部系统的控制，常用的视频服务器控制协议有 Louth、BVW、Odetics 等。Louth 协议又称 Louth VDCP。VDCP 全称是“Video Disk Communications Protocol”，该协议能够实现主控端与被控端的紧密联系，而且为各个方面的应用提供了详细的指令集，包括执行控制、状态查询、文件管理、数据查询等，能满足硬盘播出系统对视频服务器实时、精确、有效控制的要求。BVW 协议源自索尼公司的录像机控制，采用 BVW 协议，且视频服务器的一个通道能像一个 VTR 一样进行控制。

另外,视频服务器还有多个用于连接到主控切换台或其他触发设备的 GPI 输入、输出接口,以便切换台对其进行控制。

为了联网的需要,视频服务器通常还备有基于 LAN 的以太网网卡以及光纤通道卡。

9.2.3　硬盘自动播出系统

1. 硬盘自动播出系统硬件组成

硬盘自动播出系统的硬件组成如图 9-4 所示,它与基于磁带的自动播出系统的区别主要在于信号源。硬盘自动播出系统的硬件部分仍可分为视音频系统、同步系统、控制系统、提示系统、时钟系统以及其他。除了视音频系统、控制系统以及其他部分与基于磁带的自动播出系统不同外,其余几部分基本相同。相同部分不再赘述。

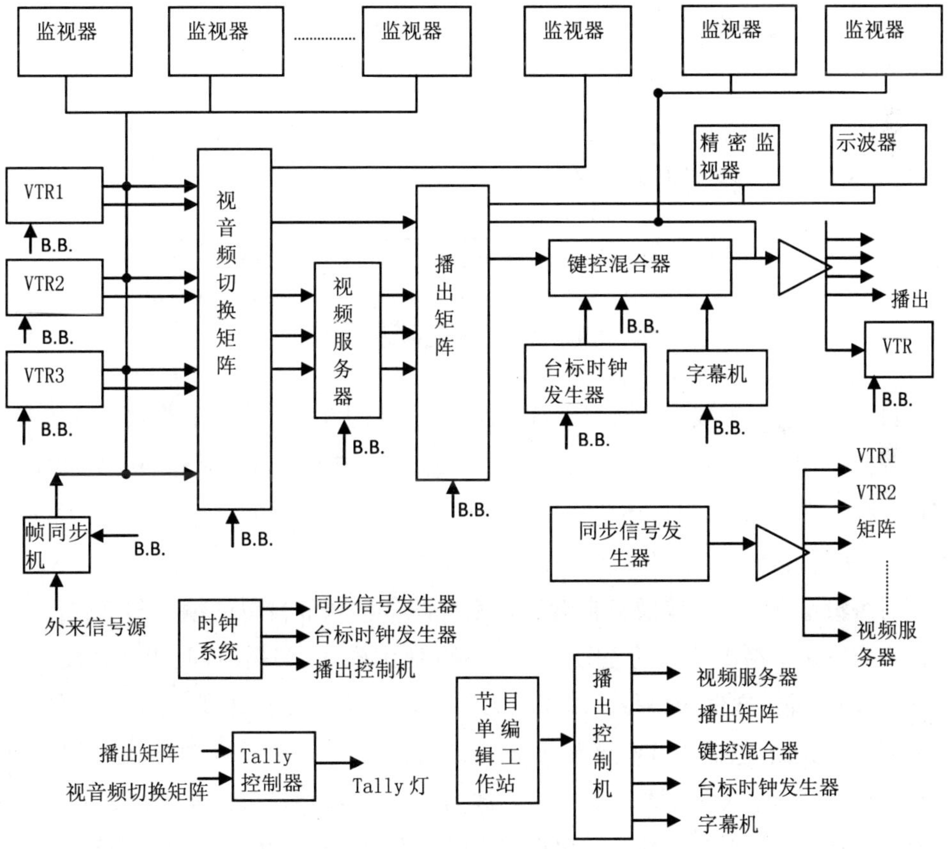

图 9-4　硬盘自动播出系统硬件组成

视音频系统的信号源中成品电视节目和广告节目不再来自录像机,而是来自视频服务器。由于视频服务器存储器件是硬盘,因此就将这种播出方式称为硬盘播出。不过,这些成品电视节目和广告节目需要先上载到视频服务器,视频服务器在播出控制机的控制下根据播出程序,依次播放节目。视频服务器可以一边进行节目上载,一边进行节目输出，而且可以同时进行多路节目的上载以及输出。因此，用一台视频服务器就可以实现多频道播出，这对于基于磁带的播出系统是不可能实现的。

在硬盘自动播出系统的其他部分，不再有机械手等自动装载系统，但应急系统等还是需要的。

基于磁带的自动播出系统中控制部分相对简单。工作人员需要先从总编室获得播出串表，然后手动上单(即输入到播出控制机上)，在播出控制机通过 RS 422 接口控制录像机输出视音频信号到切换台实现播出。在硬盘自动播出系统中，一般还会增设专门的节目单编辑工作站，由它生成节目播出列表。播出控制机又称播出工作站、工控机，用于装载自动播控软件，可手动或自动完成对播出列表的播出。一台播出工作站可控制多个播出通道，可以实现节目的顺序播出、定时插播播出、相对时间插播和绝对时间播出几种节目播出方式，还可以控制多种播出切换台或播出矩阵。应急情况下，可控制上载录像机完成播出，同时提供外部热键实现节目单的应急快速修改。

2. 硬盘自动播出系统软件功能

硬盘节目播出基本流程如图 9-5 所示，包括节目上载、节目编辑审查、节目播出，因此硬盘自动播出系统软件应该将这个流程体现出来。与此对应的软件分别是节目上载软件、节目编辑审查软件和节目播出软件。

图 9-5　硬盘节目播出基本流程

节目上载软件一般安装在节目上载工作站上(在图 9-4 中节目上载软件直接安装在视频服务器中，没有给出上载工作站)。节目上载软件与前面节目制作网中的功能类似，在将视音频节目上载的同时，还要将节目名称、入点、出点、时间长度、节目类型、所属部门、上载日期等信息记录下来，以便控制节目播出。

节目编辑审查软件完成硬盘自动播出系统的素材和节目单的编辑和审查。节目单中的主要内容包括播出节目的序号、节目名称、播出模式、实播时间、媒体长度、设播时间、插播时间及播出文件的路径。由于节目单编辑主要是文本处理，因此其软件与多数文本处理软件类似，包括节目单导入、导出、保存、打印、退出等基本功能，也包括删除、重做、全选、剪切、复制、粘贴、插入、撤销、上移、下移、查找、替换等编辑功能。但节目单编辑也有一些特殊性，例如，多数节目单在编辑时都有对素材库中有播出权的素材的查询、调用功能，可以从硬盘素材库中直接拖拽节目添加到节目单或者添加录像机和线路信号节目。节目单编辑中有多种播出时序编排方式，包括实时、顺序、触发、定长插播、不定长插播、跟随插播等。在节目单编辑模块中还有各种功能，以方便实际操作，比如：编单时自动分配插播点；将广告单合并到节目单中，广告单合并的依据可以是按顺序合并、按时间合并和按条目名称合并等；显示节目文件当前状态，包括当前条目包含的文件所存在的物理位置、文件物理名称、技审结果等。

节目单是播出的依据，必须保证其正确性和可靠性。所以，节目单编辑审查软件也将审查流程集成在一起。相关人员审核完毕后，审核人要留下自己的电子签名。只有经过审核的节目单和素材才被允许播出使用。在审查模块中一般都支持通道审片和文件审片，支持在审片过程中编辑标记点等功能。

播出工作站负责节目单的播出工作，其上运行播出软件，是自动播出系统中的最后一个环节。播出工作站需要完成的主要工作是从节目单中提取到足够的数据和信息，发出控制指令给播出设备，完成播出操作，并记录播出工作过程，生成运行日志。此外，系统还提供节目表的打印或存储备案功能，以备审查。

播出软件应该显示详细的节目单信息，包括节目序号、事件类型、开始时间、节目长度、节目源、节目状态、ID 编号、当前频道、节目名称、当前时间、播出节目剩余时间、同步情况、与设备的连接情况等，以便值班人员监看。为了方便调整节目的编排顺序，尤其是在紧急情况下调整节目单，播出软件也应该支持定时播出、顺序播出、定时插播、相对插播、顺序插播、手动触发等多种播出方式。

播出软件的重要功能是控制视频服务器、切换台、矩阵、录像机、键控器等设备，对这些设备的控制主要是利用控制协议，根据被控设备遵循的控制协议如 Louth、BVW、Odetics 等进行软件开发，从而将控制指令转换成机器指令控制，达到控制机器自动工作的目的。在实际应用中，为了保证播出安全，还会采取多种措施，例如，会不断检测备控设备的状态，如果备控设备出现异常，如无响应、素材不存在等，就会立即报警。越是靠近播出时间，报警会越频繁，提醒播出人员注意。另外，在有主、备设备的系统中，播出软件会根据主、备设备的工作状态进行自动切换。

9.3　网络化硬盘自动播出系统

9.3.1　硬盘自动播出系统网络化方法

硬盘自动播出系统用视频服务器取代了传统的录像机，从而使播出系统网络化成为必然。网络化的硬盘播出系统主要是将视音频上载、存储与播放过程网络化，实质上是将硬盘播出系统中的视频服务器部分由网络所取代。从播出系统组成来看，网络化硬盘自动播出系统仍包含上述视音频系统、同步系统、控制系统、提示系统、时钟系统，除此之外，还包含网络系统。实践中，随着技术的发展，出现了三种硬盘自动播出系统网络化方法。

1. 上载和播出分离式

按照上载和播出工作分工的不同，将前面由一个视频服务器承担的工作分为由上载工作站（或服务器）、播出服务器来完成，工作站之间采用以太网或光纤网连接起来。这种方式又称为多服务器分工互联结构。如图 9-6 所示。

在这种方式中，将录制在磁带的节目通过录像机上载到上载工作站，然后在播出控

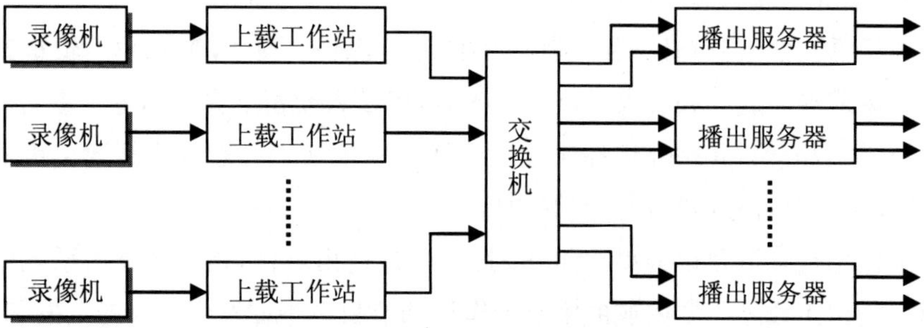

图 9-6　上载和播出分离式播出网络示意图

制软件控制下上传到播出服务器。这种方式的优点是比较安全。如果上载工作站出现故障则不会直接影响播出。当然对于播出服务器一般都采用主备形式，以防出现故障。这种方式也存在一些问题，主要是资源共享不方便，如同样一个广告或节目如果在不同频道播出就需要上传到不同的播出服务器；播出软件系统比较复杂，需要分别控制上载工作站和播出服务器。

2. 上载和播出一体式

上载和播出功能由同一个视频服务器完成，各个视频服务器在整个播出系统中的地位相同，各自分担多个频道的上载和播出工作。这种方式中视频服务器也是通过以太网或光纤网互联，相互之间可以进行文件传输，实现资源共享。如图 9-7 所示。

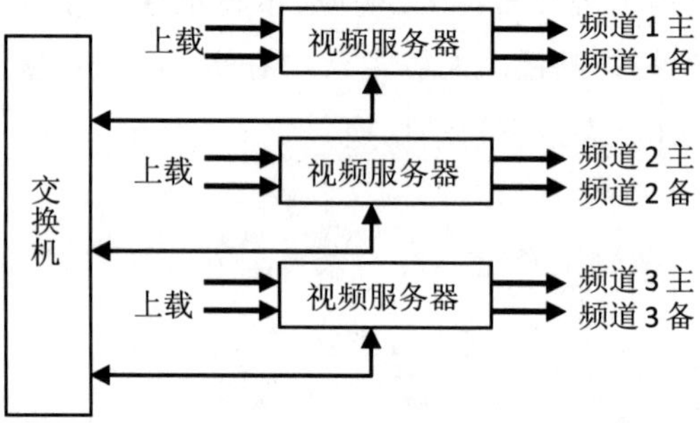

图 9-7　上载和播出一体式播出网络示意图

这种方式的优点是：资源共享方便，上载的文件在本地就能直接播出；由于主要的工作模式都是在视频服务器内进行操作，因此比较容易管理，而且播出软件系统比较简单。它的缺点是安全性能较差，如果一个视频服务器出现故障，就会导致某个频道无法播出，因此又出现了各种改进方案。最常见的改进方案是，一个视频服务器作为某个频道的主播出，而该频道的备播出为另一个视频服务器，这样只有当这两个视频服务器同时出现故障才会导致播出事故，从而提高了播出的安全等级。还有一种方案是 SeaChange 公司的 MediaCluster 技术。

MediaCluster 技术是将多个服务器用网络组合起来，如图 9-8 所示，服务器节点之间应用互联结构按 RAID-5 方式组成服务器群，每个服务器内的硬盘也都采用 RAID-5 技术，实现多级故障自恢复功能。任何一个服务器损坏，均可由其余的服务器把丢失的数据恢复出来，任何一个硬盘损坏又可由其他盘恢复丢失数据，这种技术被称为 RAID² 技术。整个系统的硬盘有效利用率可达$[(n-1)/n]^2$，节点越多，效率越高。

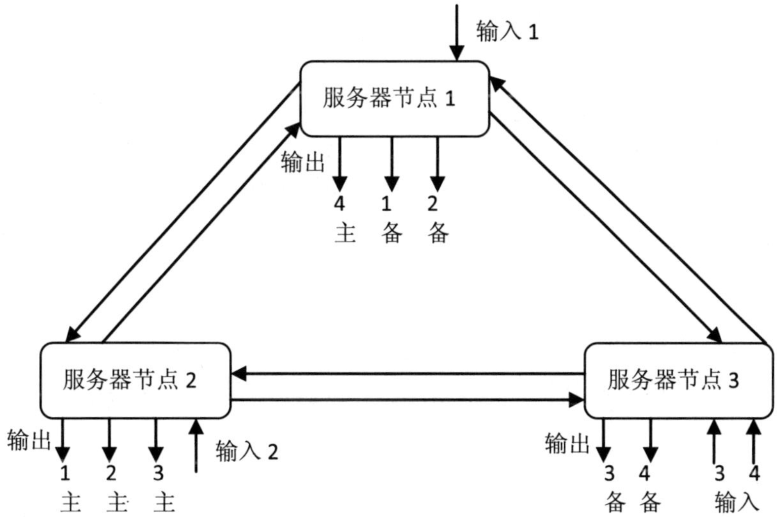

图 9-8　SeaChange 公司的 MediaCluster 结构

MediaCluster 实现过程是：在数据写入时把一块数据分配成相等的块，同时计算出该块数据的奇偶校验和，把各块数据及其奇偶校验和并行存储到各个服务器节点的硬盘上，类似于 RAID 5 技术。故障节点数据恢复后，可自动重新写入该节点，实现故障节点自动恢复。每个节点通常有 8 到 12 个硬盘构成 RAID 5 磁盘阵列。MediaCluster 采用多 I/O 口千兆和百兆以太网，成本低、可靠性高。为了克服以太网冲突和阻塞限制带宽的缺点，MediaCluster 中的任何一个节点与网络中的所有其他节点都用独立的通路相连，构成两两相连的双向拓扑结构，保证每个通路的带宽都是恒定的，同时采用 SeaNet 协议有效地动态均衡节点间的数据传输（动态负载均衡技术），可获得 80％的有效带宽。

上述方案虽然可以提高整个系统的安全性，但系统复杂度也急剧上升，另外系统也不够灵活，即使只想增加系统存储容量都要付出很大代价，因为要在整个系统进行 RAID5 的计算。

3. 二级存储＋分布式播出网络

这种方式是在第一种方式的基础上挂接二级存储，这样就使得播出服务器和上载服务器都不需要配置较大的存储空间，只需要通过高速视频网络与二级存储系统连接起来，就能够得到全面的共享存储和安全播出系统。如图 9-9 所示。

这种结构的优点是：

(1)容易降低系统成本，可以降低播出服务器和上载工作站的存储容量。由于这些设备通常是专用设备，与之配置的存储硬盘也是专用的，而外挂的存储阵列可采用通用的设备，造价比集成在视频服务器里的存储器低得多，因此降低它们的存储容量，就可以

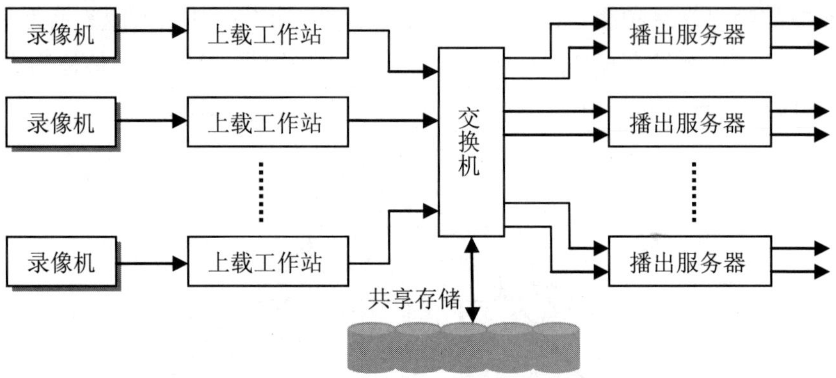

图 9-9　二级存储＋分布式播出网络示意图

降低系统的成本。

(2)容易扩充系统的存储容量。存储系统是独立的,因此扩充起来比较容易。

(3)容易提高系统的安全性。因为上载和播出都配有独立的硬盘阵列,可以独立完成自身的工作任务,不直接依赖中心存储器,即使中心存储出现故障,还可以直接从上载工作站上传节目。

(4)容易实现多频道节目资源的共享,而且开辟了互联互通的接口,使播出系统能方便地与台内其他网互联。

这种结构的缺点是播控软件复杂,在开发软件时要同时兼顾上载工作站、共享存储管理以及播出服务器,因此软件流程复杂。不过,总的来说,这种方式的优点大于缺点,尤其在全台网络化中优势更加明显,所以,目前的播出网都采用这种方式。后文提到的网络化硬盘自动播出系统即节目播出网指的就是这种形式。

9.3.2　节目播出网的基本组成

节目播出网的工作框架可以简化为如图 9-10 所示,制作完成的节目通过各种渠道传输到二级存储设备中(这个过程又称文件化备播),接着再上传到视频服务器,在播出控制系统的控制下传送到切换矩阵,然后再叠加台标、字幕等,最后经过压缩编码等处理后送到用户家中。在此框架下,系统的硬件和软件组成也发生变化,下面分别进行介绍。

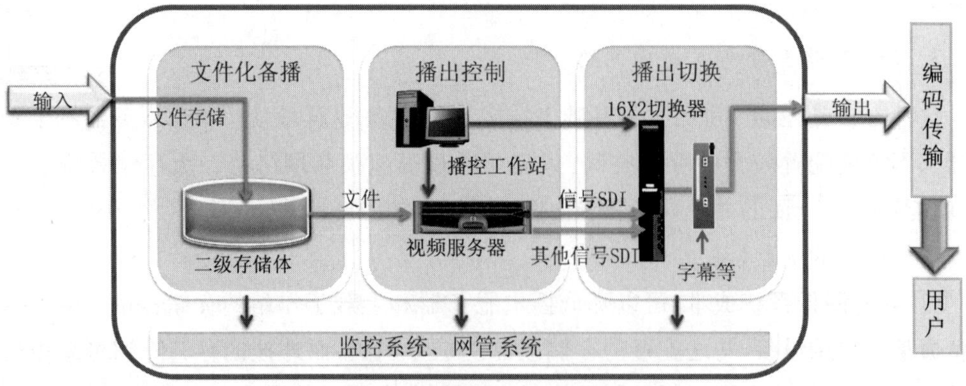

图 9-10　节目播出网工作框架

1. 节目播出网硬件组成

从节目播出网的工作框架可见，与基于磁带的自动播出系统相比主要是文件化备播和播出控制发生了较大的变化，但对于常规的视音频部分基本上相同，即在播出切换部分仍包含视音频系统、同步系统、提示系统和时钟系统。由于这些内容没有太多变化，这里不再作详细介绍，主要介绍文件化备播和播出控制。图 9-11 为简化的节目播出网硬件组成图，将节目播出网分为文件化备播、播出控制、视音频切换、监控系统以及基础网络与存储五部分。图中的交换机、硬盘阵列、数据库服务器、转码服务器属于基础网络与存储部分，视音频切换部分包含了前面的视音频系统、同步系统、提示系统和时钟系统。为了便于排版，这部分图中没有画出。

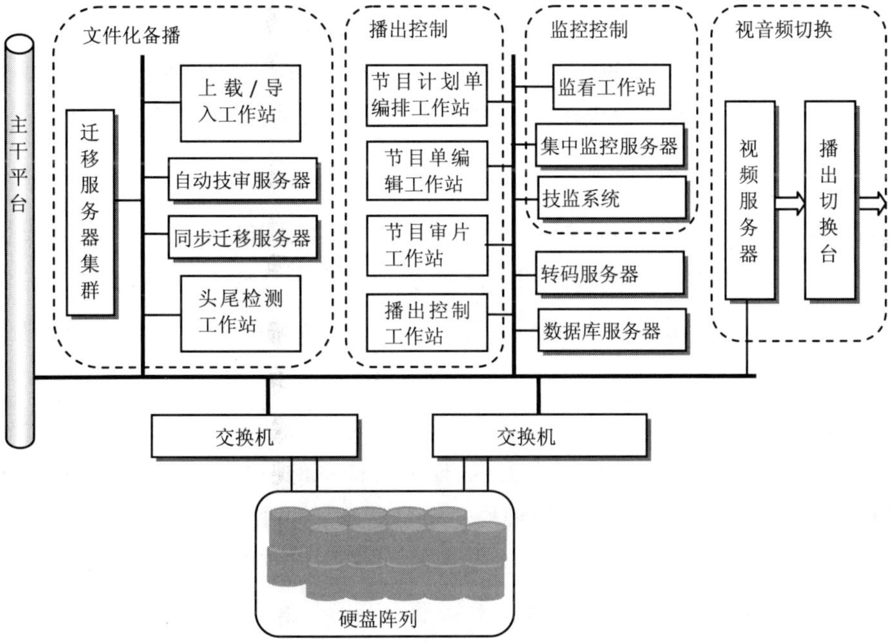

图 9-11　节目播出网硬件组成

文件化备播部分包括迁移服务器、上载/导入工作站、自动技审服务器、同步迁移服务器以及头尾检测工作站等。这些设备工作的硬件平台都是计算机，只是由于每种设备的功能不同而导致其上运行的软件不同。另外，上载/导入工作站必须增加视音频 I/O 卡。这些设备的功能分别是迁移服务器集群用于将演播室、节目制作网或媒体资产管理网的文件化节目通过主干平台迁移到播出系统的存储设备中，作为文件化备播节目源的一部分。上载/导入工作站用于将存储于不同介质的素材进行上载或者将远程节目导入到本地。因此，对于上载/导入工作站，不仅需要具备常规的基带信号上载功能，还应该具有文件导入转码功能，支持存储于不同介质如蓝光盘、P2 卡的节目上载。自动技审服务器用于对上载或迁移到备播域的节目进行节目质量检查。同步迁移服务器用于将存储于备播缓存中的节目迁移至视频服务器，或者反之，即将已播节目从视频服务器上回迁到备播缓存中。头尾检测工作站用于文件的头尾检测工作，可以按照播控单的时序进行节目的头尾检测。

播出控制部分与前文的硬盘播出系统类似，都包括节目编单工作站、节目审查工作站、播出控制工作站，只是网络化的硬盘播出系统更灵活，而且在一些大规模系统中还专门设置了节目计划单编排工作站，用于总编室的工作人员进行节目编排。另外，在硬盘播出系统中，一些小的播出机构还常常将节目编单工作站与节目审查工作站的功能合二为一，而网络化的硬盘播出系统中则通常是分开的，利用网络将相关信息进行传递。

监控系统部分包括监看工作站、集中监控服务器以及技监系统。其中，技监系统与非网络化的硬盘播出系统一样，包括监看监视器、精密监视器以及示波器等。监看工作站与集中监控服务器主要用于网络系统的监控。

基础网络与存储部分包括交换机、共享存储设备以及相应的服务器。这里的交换机、共享存储设备的型号须根据网络规模的大小进行配置。实际上，基础网络和存储部分与第 8 章的节目制作网系统也是相似的，在此就不再多述。

2. 节目播出网软件组成

节目播出网软件很多，不同的厂商以及电视台都会根据自身的需求与习惯进行开发。为便于说明，根据图 9-11 节目播出网硬件组成也将节目播出网的软件组成分为文件化备播、播出控制、视音频切换、基础网络与存储以及监控系统五部分。下面分别介绍这五部分软件内容。

(1)文件化备播

文件化备播主要完成文件迁移或上载、检查备播域的节目质量，具体来说可分为文件迁移模块、节目上载模块、质量保障模块。全台网环境中由于流程化的引入，节目文件备播与调度成为新一代播出系统中极为重要的一环，因此在介绍文件化备播各模块之前，先介绍一下 GMP 全域文件化备播技术。

①GMP 全域文件化备播技术

GMP(Global Media Preparation，全域媒体准备)全域文件化备播技术，可以依据节目单及设定的策略和条件，生成查询、迁移、上载等任务，并负责整个过程中的资源管理、任务调度和状态监测。其中，包括常规状态、紧急状态以及应急状态对于节目文件的备播处理。

常规状态下，GMP 在电视台全业务域范围内查找需要播出的素材，根据备播策略，向播出缓存进行节目备播，进而向视频服务器进行备播；同时在 GMP 内部集成媒体文件在主、备存储体间自动同步和在线、近线设备间迁移的功能，在确保播出数据安全的同时也能实现低成本的海量数据存储。

紧急状态下，通过文件采集的方式，按照节目文件的紧急程度，直接紧急上载到播出在线存储，同时完成自动转码和自动技审处理。

应急状态下，当播出系统内部主要存储体发生故障时，GMP 提供完善的应急处理和容灾流程。

图 9-12 为 GMP 软件架构示意图。对于 GMP，其主要有以下功能：

• 配置与设定功能。用户可以根据需要对存储区结构、备播策略、迁移协议、关联系统和接口方式等任意进行配置。例如，可以进行存储区设定，包括接口缓存 A、接口缓存 B、备播缓存 A、备播缓存 B、成品归档库、播出服务器主簇、播出服务器备簇等。然后可根据不同的存储区域，设定不同的备播策略，如进行频道设定，以明确该备播工作站所负责检查的节目单；也可以针对检索功能，设定不同的搜索优先顺序；并可根据设定，查找优先级别定位节目文件所在存储区的位置。

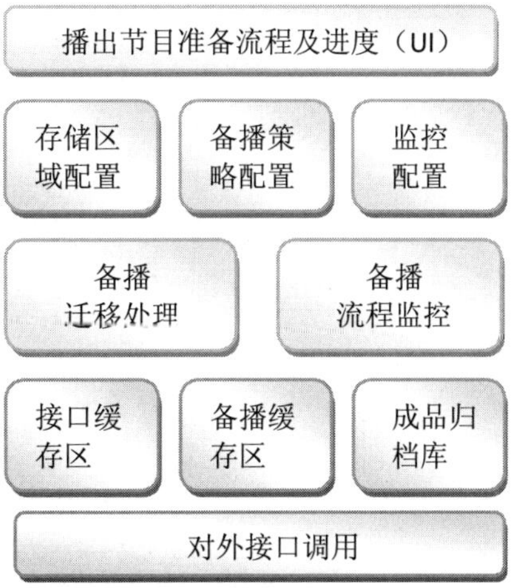

图 9-12　GMP 软件架构示意图

• 具备节目单和广告单的自动加载功能。对于系统中所有预播节目单、播出串联单、广告节目单等，备播软件均可接收总编室的发单请求，并主动加载更新，也可定期从数据库刷新最新版本，更新系统内对应内容。

• 具备自动检测备播条目的存储区状况，并根据设定策略定时生成各类调度任务，完成播出节目文件从外部系统到播出内部各存储区间的迁移功能。可针对实际需要，调整备播任务列表中不同任务的优先级顺序或针对某一具体任务调整其间节目素材的备播优先级。通过相应接口发送调度任务，接收文件推送流程，完成播出节目文件从外系统到备播缓存的节目入库流程。可向转码模块添加调度任务，实现从媒体资产管理系统备播区获取制作码率文件并同时进行 MD5 校验、文件转码、自动技审及 AFD 嵌入等多种工作，完成播出节目文件从外部系统到播出在线存储的入库流程。

• 能够生成节目文件同步迁移任务，即向播出同步服务模块添加调度任务，完成播出节目文件在播出系统内部的迁移。

• 能够监看节目文件准备过程或者状态，设定节目文件检查节目单时间段，以确定节目文件准备模块搜索时间范围；记录节目文件准备过程中的状态以及各种错误信息；并可执行错误任务提示，以及对关门时间和任务执行进度进行提醒。

②文件迁移模块

文件迁移模块完成的迁移业务分为两种，一是将节目生产系统（如节目制作网、新闻制播网）或媒体资产管理系统的文件化节目迁移至备播缓存中；二是将备播缓存中的节目迁移至视频服务器。前者由迁移服务器来完成，后者由同步迁移服务器来完成。

图 9-13 为文件迁移系统结构图。在文件迁移系统中，迁移服务器与同步迁移服务器首先接收 GMP 下发的迁移任务，然后按照迁移策略进行迁移。对于从节目生产系统到文件备播缓存的节目迁移，一般采用 FTP 文件共享方式，而从备播缓存到视频服务器的节目迁移，一般通过 NAS 的文件共享软件进行迁移。

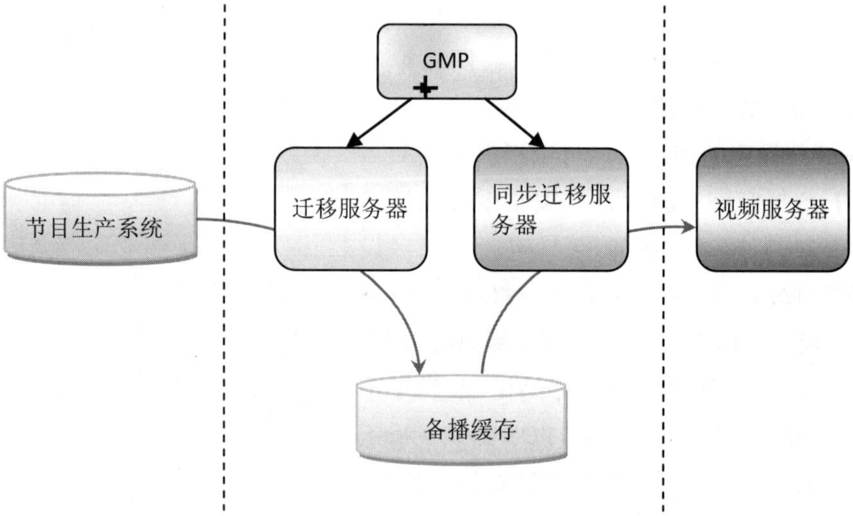

图 9-13 文件迁移系统结构图

在大型播出系统中，需要用服务器集群方式来完成。为了便于管理迁移服务器集群，在一些系统中还专门增加了迁移管理服务器，主要负责接收 GMP 下发的迁移任务并将任务按照一定策略机制分派给各个迁移服务器，最终实现多站点集群式迁移服务。这些迁移管理服务器所关注的策略为任务分配策略，其中包括如何实现任务下发的负载均衡问题、如何解决任务排队问题等，从而确保多台迁移服务器可以在最合理的任务分配机制下完成数目众多的迁移任务。

对于迁移系统而言，所需要关注的迁移策略相对简单，因为具体的时间及业务迁移策略均在 GMP 中进行调度，而迁移服务器只需要接收迁移任务即可。所以在迁移系统中并不涉及与时间及业务相关的策略问题。

③节目上载模块

在备播子系统中，除了网络化的文件传输备播业务外，还需要通过上载设备进行远程或本地视音频信号的文件化。对于上载设备，不仅需要具备常规的基带信号上载功能，还应该具有文件导入转码功能，支持蓝光、P2 设备。节目上载模块的主要设备是上载工作站。

播出系统中的应急介质文件上载一般采用本地上载方式，主要为了满足前端系统通过磁带方式递交播出节目这种情况；在将要播出两小时之前，前端系统将相关磁带及节目编排单送交给准备系统上载人员进行本地上载；上载后的文件存于接口缓存中，通过审核后进入正常的备播流程。

④质量保障模块

在整个备播过程中，如何保证节目文件在传输存储过程中不会出现与源文件的差异，同时如何在播出前能够审核校验出文件本身的质量问题，由各个环节的质量保证系统来完成。因此在每一个处理环节前后均进行一次针对性的自动审核手段，是保障节目文件质量高效、可靠的办法。

在整个备播流程中，节目文件的传输和存储共涉及节目生产系统存储、备播接口缓存、备播缓存以及视频服务器本地存储几个环节。为确保节目文件从做好到无误的播出，就要保证这几个环节的传输处理过程不出现问题。在业务上如果全部采用人工手段是不可行的，因此在每个环节都设立了自动的技术保证措施，保证每个环节的文件安全。如图 9-14 所示。

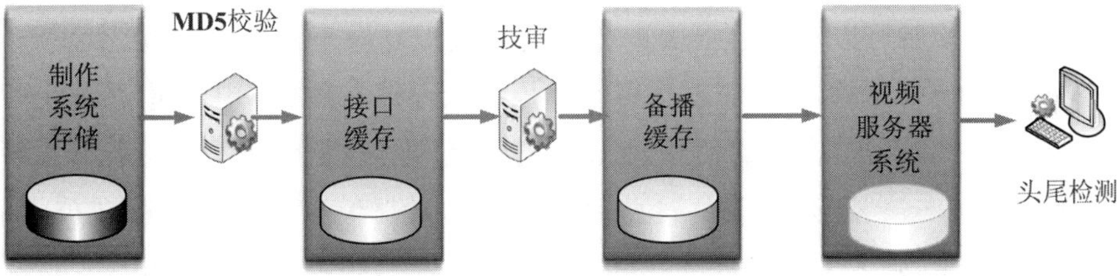

图 9-14　质量保证环节分析示意图

节目生产系统至备播子系统接口缓存：为确保迁移前后数据一致，一般采用 MD5 校验的方式。当两者 MD5 码比对一致时，数据方可进入备播系统接口缓存；否则反馈至原提交系统重新传输。MD5 校验任务由迁移服务器兼任，在各个生产系统迁移文件至备播接口缓存的过程中完成 MD5 校验。

MD5 是 Message-Digest Algorithm 5（信息-摘要算法）的缩写，被广泛用于加密和解密技术上，是一种文件的“数字指纹”。任何一个文件，无论是可执行程序、图像文件、临时文件还是其他任何类型的文件，也不管它体积多大，都有且只有一个独一无二的 MD5 信息值，并且如果这个文件被修改过，那么它的 MD5 值也将随之改变。因此，可以通过对比同一文件的 MD5 值，来校验这个文件在传输前后是否被“篡改”过。由于网络传输偶尔会出现丢帧的情况，且不易被察觉，因此在节目生产系统向播出系统传输节目文件的过程中，应用 MD5 校验技术来保证节目文件在传输过程前后没有被“篡改”。

备播系统接口缓存至备播缓存：在这个环节中，备播系统需要根据不同的审核策略对节目进行审核。不仅要保证节目与前端一致，同时还要保证节目的内容、信号的技术指标，是质量保证系统的核心环节。当审核通过后，更改文件的技审标志位，进入备播缓存待播；若审核不合格，则反馈信息给前端制作系统，重新制作传输。这里的技审又分为自动技审和人工技审，分别由自动技审服务器、人工审核和人工复检工作站来完成。

自动技审是针对图像信号技术质量的客观评测，主要是指图像信号亮度、R-Y、B-Y 幅度以及彩色相位等指标的测试。对于文件化的节目，还要求实现基于文件的压缩数字视音频内容验证。该验证包含了三个层次的内容：

第一层：文件结构方面的验证，例如 MXF（Material eXchange Format）结构分析，MPEG2-TS、MPEG2-PS 流文件分析等。

第二层：压缩及编码方面的验证，例如 MPEG2 格式合法性验证等。

第三层：压缩文件视音频内容的验证，例如黑场、马赛克、静音等。

对于第一、第二层内容的审核比较容易，因为都是针对文件的验证，一般很快就能完成。而对于视音频内容的审核，由于需要进行部分解码，因此花费时间要长一些。这部分审核内容包括视频中的黑场、彩条、蓝底、绿底、静帧、台标、Y\U\V 超标等项目和音频中关于静音、破音、VU、电平、不可听、相位等项目，以保证该节目文件的视音频技术质量，为前台人工审核提供参考的同时也可减少相关人员的工作量。

为了保证播出安全，对于某些重要的节目或自动计审未通过的节目还需要人工复检。人工复检由配备可以对节目画面进行播放的人工复检工作站来完成。对于自动技审中发现的"非正常"素材，会将素材信息和审核记录存放在数据库中。审看模块可以从数据库调入有关"非正常"素材的信息，形成一个审看列表，并且调入每个素材的自动技审结果，由人工来一一复检，以确认这些自动报错的素材位置是否真的存在技术问题。如果节目素材正常，则人工通过审核，素材进入待播状态；如果人工审核发现素材确实有技术问题，则将相关的节目审核信息反馈给节目生产管理系统，并将审核记录保存且打印。

备播缓存至播出视频服务器本地存储：在最终的待播环节，利用头尾检测的方式，保证文件可播。这个环节由头尾检测工作站完成。审核通过后，文件可以直接用于播出；如果审核有误，则提交进行人工检测。检测的侧重点在于播出节目文件的完整性，以保证播出节目质量不在传输过程中受到影响。

(2) 播出控制

播出控制部分最基本的功能是按播控单直接控制各种设备，如视频服务器、切换器等播放和切换节目信号，完成播出任务。它主要由节目编单工作站、播出控制工作站和节目审查工作站组成，如图 9-15 所示，有时也将节目审查工作站归为文件备播部分。

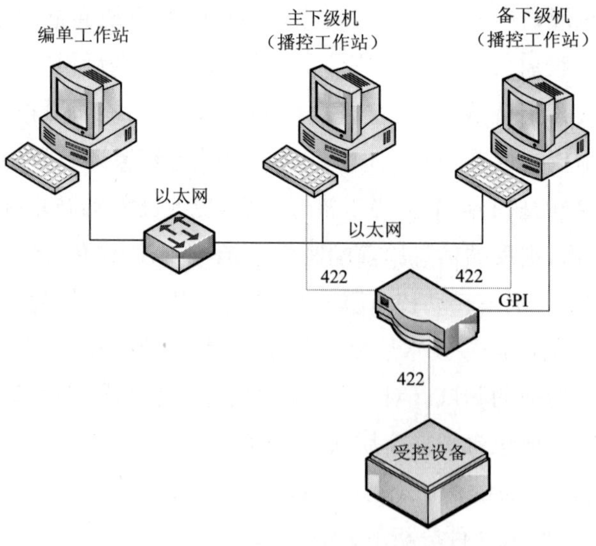

图 9-15 播出控制系统示意图

节目编单工作站负责节目单编辑以及节目单的数据库存取，同时负责与播控工作站间的播出节目单通讯。播控工作站接收节目单编排工作站的节目单。节目单执行者不参与节目单的修改，仅对播出过程中的紧急情况进行处理。

随着技术的发展，节目编单工作站的功能也越来越强，除了基本的文本编辑功能外，还具有以下一些特点：

• 针对每个不同的频道，可以设定播出串联单的模板，每天（每周）制单时导入相应的模板，作一些简单的调整即可。

• 节目单的制定支持分档管理。分档制作的节目单在播出中会自动连接成完整的节目单进行连续播出。在每一档节目单中会显示上一档节目的结束时间，并且自动连接计算，使播出节目单保持完整。

• 节目单编辑时，对素材库中有播出权的素材进行智能查询、调用，可以从硬盘素材库中直接拖拽节目添加到节目单或者添加录像机和线路信号节目。

• 编单软件制定了严格的审核制度，审核完毕后，审核人要留有自己的电子签名。只有经过审核的节目单和素材才允许被播出使用。当节目单被修改时，数据库会统一更新，正在编辑或使用该节目单的用户在第一时间会得到通知。

• 支持通道审片和文件审片，支持在审片过程中编辑标记点；编单时自动分配插播点。

• 节目单编辑模块具有完善的播出节目单编辑功能，包括插入条目、删除条目、更改条目等，还可以调入后面的节目单并自动衔接。

• 节目单编辑模块可以将广告单合并到节目单中，广告单的合并可以分全自动合并、半自动合并和手动合并三种。广告单合并的依据可以按顺序合并、按时间合并和按条目名称合并等。

• 有多种播出时序编排方式，包括实时、顺序、触发、定长插播、不定长插播、跟随插播等。

• 节目单可以显示节目文件当前状态，包括当前条目包含的文件所存在的物理位置、文件物理名称、技审结果等；对于未通过技审的素材不允许提交播出。

• 节目单编辑完成以后，在向播出控制系统发送前，具有自检功能，包括播出时间的连续、播出信息的完整、视音频信号源的指定等；如果检查发现节目单出现错误，系统不予发送并报警提示。

• 播出结束后可以向节目生产管理系统、媒体资产管理系统发送播后单，播后单生成以后不可更改，便于以后的查询。

• 节目单编辑可以支持多频道节目单编辑，只要权限允许，所有的节目单编辑站点都可以在一套软件内编辑、修改所有频道的节目单。

图 9-16 为大洋公司的一个节目单编辑软件界面。

播出控制工作站主要的功能是按照控制协议控制视频服务器、切换台、矩阵、录像机、键控器等设备，使这些受控设备按照节目单的播出指令工作。在节目播出网中的控

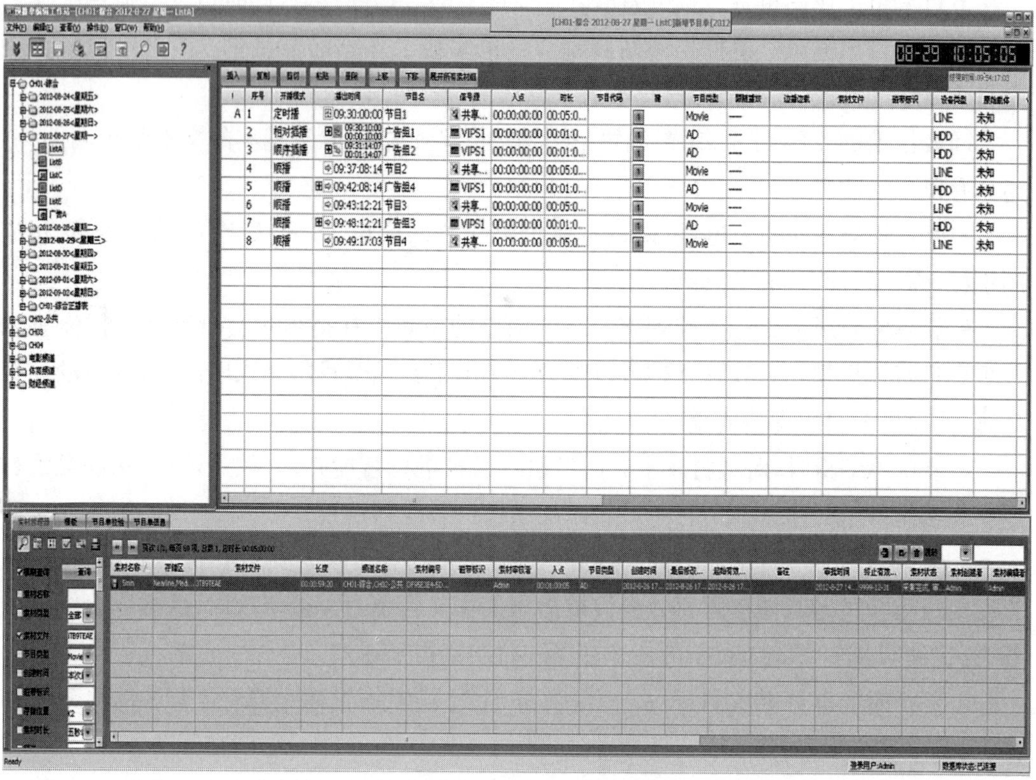

图 9-16　节目单编辑软件界面例

制协议与硬盘播出系统类似，没有什么变化。播出控制工作站的软件功能实际上也没有太多变化，主要功能包括：

• 显示详细的节目单信息，包括节目序号、事件类型、开始时间、节目长度、节目源、节目状态、ID 编号、当前频道、节目的名称、当前时间、播出节目剩余时间、同步情况、与设备的连接情况等。

• 支持定时播出、顺序播出、定时插播、相对插播、顺序插播、手动触发等多种播出方式，支持帧精度切换。

• 根据播出系统设计，支持多级切换，例如主、备播出服务器、应急 VTR、应急线路的切换，以确保安全播出。

下面简要介绍一下为了安全播出在实际中采用的一些措施。

①主备倒换机制

为了实现安全播出，电视台播出系统通常采用主备系统工作模式，即对于其中的关键设备或容易出故障的设备采取镜像配置、一主一备。当主设备出现故障时，可自动切换到备用设备。在播出系统主备控制上，采用 422 倒换器的方式进行播出控制。在主备控制设计中有两种传统的做法：完全主备模式和分离主备模式。

完全主备模式：主机同时控制主备服务器通道，当主机死后，通过 422 倒换器，倒换到备机，由备机同时控制主备视频服务器通道。目前，这种方式应用比较广泛。在这种模式下工作时，为保证播出安全，可以配置为通道级的三级主备机制。如果主机出现问题，切换备机，如果备机也出现问题，切换应急。其缺陷是，如果在发送指令的瞬间软件崩溃、机器宕机或者是因软件的某个意外导致指令发送错误，又由于主备通道控制是一样的，那么就会存在两个通道一起出错的问题。

分离主备模式：主备设备不是通过422倒换器同时接到主备控制机上，而是主设备直接连接主控制机，备用设备直接连接备用控制机。由主机控制主设备，备机控制备用设备。其缺陷是，当主机死机或者备机死机后，其控制的一套设备就不能正常工作了，变成了只有单边输出；如果这个死机是较长时间不能恢复，那么将降低系统整体的可靠性。

目前，还有一种混合式的主备倒换模式。控制视频服务器通道时，使用两个422倒换器，倒换器1是正常设备的倒换开关，切换台和主通道都经过这个倒换器，正常情况下，主控机的信号可以通过。倒换器2仅通过备通道的控制，正常情况下倒换到备机。图9-17为正常情况下的工作状态，主机配置两个通道，但备通道设置为"影子"模式，虽然发送指令，但忽略返回状态，实现"主机控制主，备机控制备"。图9-18为备机出现故障时的工作状态。当备机死机后，手动把备通道倒换到主机，实现主机的完全主备。此时把备通道的"影子"模式去掉，备通道既发指令，也接收返回状态。图9-19为主机出现故障时的工作状态。当主机死机后，备机按正常接管操作接管，此时备机行为类似完全主备的备机。采用这种混合方式，既保留了分离主备的"主备之间分别控制"的优点，又避免了纯粹分离主备在主机或备机死掉后单边播出的缺陷。采用这种主备系统，播出控制软件需要支持四级切换。如果主信号源出现问题，将自动切换备信号源；如果备信号源也出现问题，则自动切换到第三备份信号源；如果第三备份信号源也出现了问题，就自动切换到应急信号源。

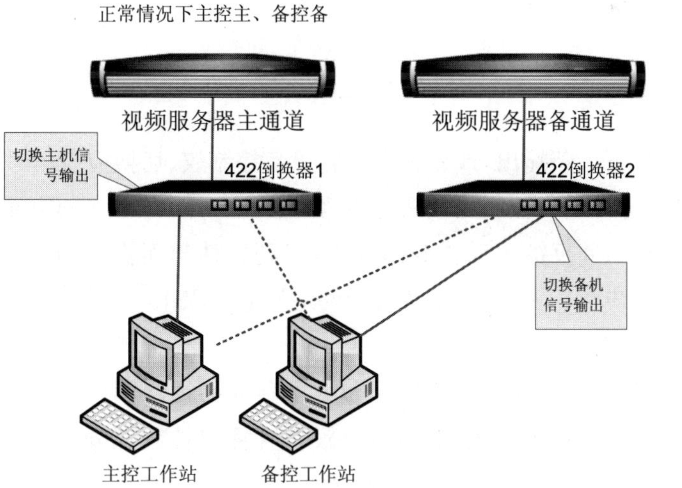

图9-17 正常情况下主控主、备控备示意图

②一键应急

一键应急是在紧急情况下采取的应急措施。当出现紧急情况时，值班人员通过使用

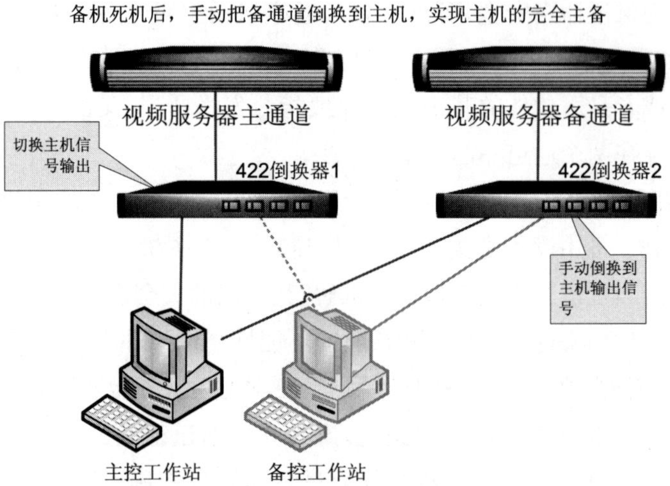

图 9-18 备机故障情况下播控示意图

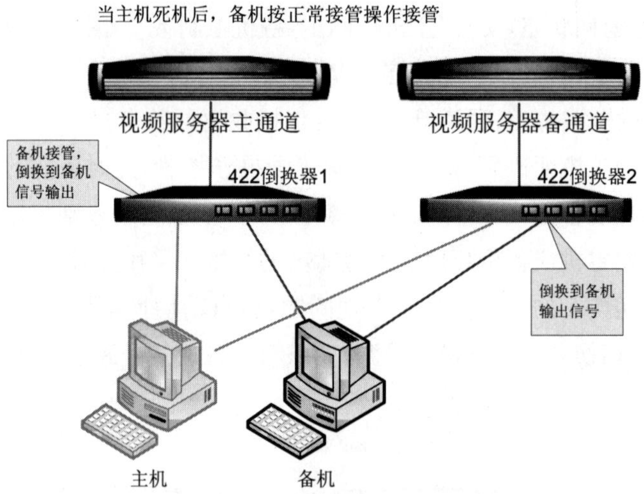

图 9-19 主机故障情况下播控示意图

快切键，直接切换下一条播出，或者采取接管设备控制权、切换应急信号源等措施。

一键应急通过一键式控制面板来完成，如图 9-20 所示。一键式控制面板通过 422 倒换器接收软件指令，并反馈手动指令给软件，做到软件与面板联动。通过一键式控制面板可以发送保持、应急、Take、停播、发单命令，实现对 RS422 开关的手动控制等操作。

（3）视音频切换

前文已提到视音频切换部分实际上包含了前面的视音频系统、同步系统、提示系统和时钟系统，即与硬盘播出系统相比，只是没包含播出控制部分。这部分以传统的视音频设备为主，主要的软件安装在视频服务器中。

视频服务器的主要功能是实现视音频节目的采集与输出，另外还有一些简单快捷的编辑功能。为了便于播出，一般还要求具有延时播出功能。在延时播出业务中，需要视频服务器实现在线插入、剪切、覆盖、静音等多种快速时间线编辑操作，支持一键垫播、一键静音、一键预览等多种功能。

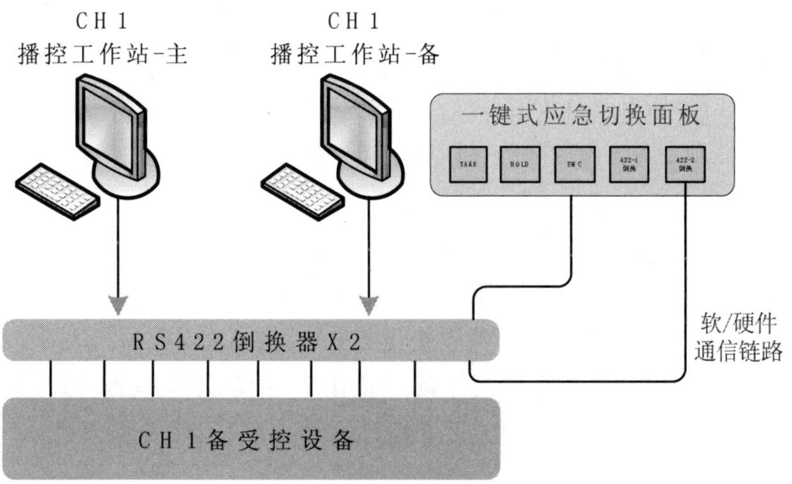

图 9-20　一键应急方式示意图

(4) 基础网络与存储

基础网络与存储部分是节目播出网的基础平台。随着技术的发展,目前 NAS 网的性能基本能满足播出的需要,因此节目播出网一般采用 NAS 网。这部分软件主要是存储设备的分配与管理、数据库管理以及其他基础功能软件等。

①存储管理

在节目播出网中,存储可分为两部分:文件备播中的二级缓存和视频服务器中的本地存储,如图 9-21 所示。

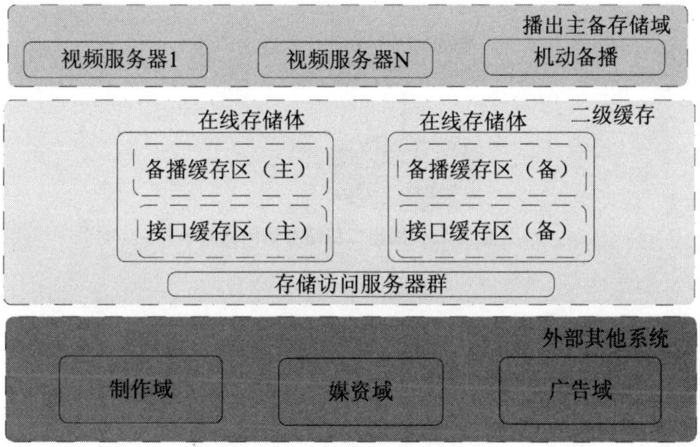

图 9-21　播出网存储区域示意图

在文件备播中的二级缓存又划分为两个存储区域:接口缓存区和备播缓存区。接口缓存区是外部系统节目文件传输至播出系统的过渡区域。所有进入播出系统的节目文件在接口缓存区域等待进行 MD5 校验,校验合格则直接迁入备播缓存之中;校验不合格则通知节目生产系统并删除相关文件。对于标志位审核的节目,需要在接口缓存中暂存并进行自动技审,通过后迁入备播缓存之中。备播缓存区存储符合迁移策略的节目文件，因此备播缓存区定位为合格的待播节目存储区。

为了保障节目安全，通常配备主备镜像存储体。主备缓存具有同步功能，当某一个存储体停止工作后，所有节目数据会写入另一台存储体之中；而当故障的存储修好之后，没有故障的存储则会对之前故障的存储进行同步数据恢复工作，使其最终达到主备存储信息的统一。

图 9-22 为播出系统中对备播二级缓存的访问方式。其中，写入二级缓存的业务有节目生产系统通过 FTP 服务器或者迁移服务器的文件写入、上载工作站的文件写入；读取业务有自动技审和人工复审读取业务、视频服务器或字幕服务器读取业务。从图 9-22 中可以看出，对于所有写入采用双写入方式；对于读取采用冗余读取、负载均衡方式，即根据负载情况，将读取按照客户端分布方式转为应用策略负载均衡读取、带宽分担方式。

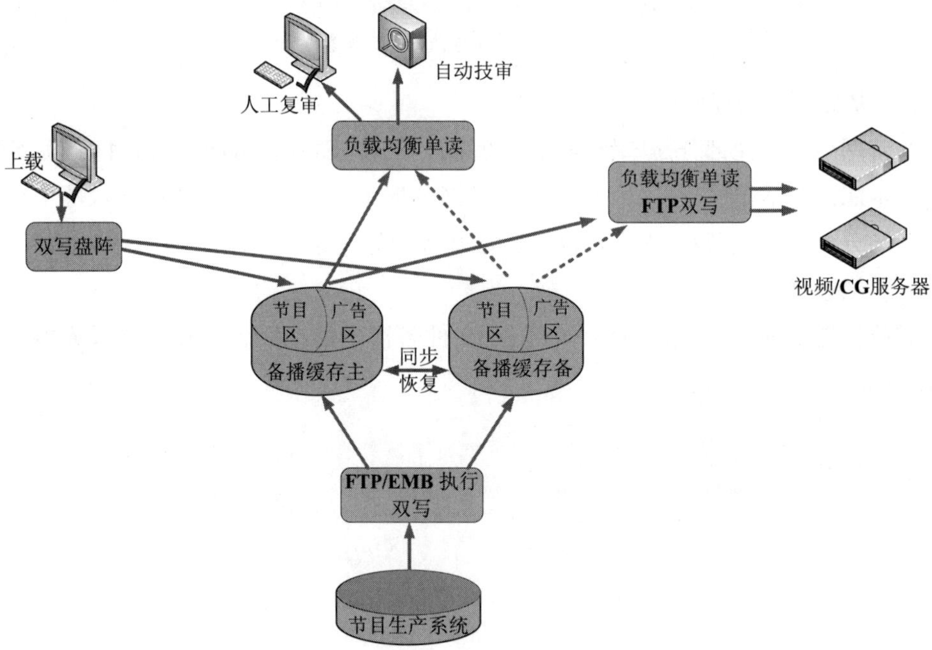

图 9-22 播出二级缓存访问方式

②数据库

数据库服务器是系统运行的心脏，负责除了视音频文件和图片文件以外其他所有元数据文件的存取，包括媒体文件的描述、故事板文件、增强的剪辑决策表 SBF、用户认证信息、用户权限、操作日志等。

为了保证播出安全，数据库需要采用镜像方式。一主一备服务器之间通过连接的心跳线保持同步，保证主服务器出现故障时后备服务器可以在很短的时间内接管工作。在这种方式中，由于与数据库相联系的网络 IP 地址是浮动的，所以切换前后用户可以使用相同的 IP 地址访问数据库，用户感觉不到数据库发生故障。另外，还有一些措施来保证数据库的安全，例如采用 RAID 技术、服务器之间热备集群技术、定期备份等。

③其他基础功能软件

在播出系统中，要求播出设备时间必须准确且同步，因此在播出系统中一般设有主备校时服务器。在每个工作站，安装守时客户端软件，寻找网络上的主备校时服务器。每隔一小段时间，客户端会自动读取校时服务器的时间，为自身校时。

另外，在播出网与节目生产网进行文件传递时仍采用消息服务的模式，工作原理与第 8 章相同，在此不再赘述。

(5) 监控系统

随着 IT 技术在播出系统中的应用，大量播出设备均配置网络接口并支持 SNMP(简单网络管理协议) 协议，从而为设备的自动监测提供了可能。因此，除了通过电视监测设备和监视墙监看视音频质量或播出故障外，目前对于播出网还配备了监控系统。

监控系统对播出系统中使用的设备、软件的工作状态进行统一监测，实时收集各种设备、软件当前的状态信息，集中展示给用户，并将播出系统运行过程中出现的错误通过声音提示、日志记录等方式及时通知给值班人员。

监控系统监测凡是能够提供监测接口的硬件设备，通常包括视频服务器、播出控制工作站、相关应用服务器、防火墙等安全设备、基础网络中交换机设备、视音频矩阵及周边、监看监听设备、传输编码系统、UPS 等。监测软件系统包括播控软件、文件备播内容管理软件、预播程序、文件技审系统等。

监测系统对硬件设备的监测采取两种方式：主动查询方式和被动接收方式。主动查询方式利用 SNMP 协议采取固定间隔时间直接去刷新设备的状态，适用于没有网管服务器的设备，其缺陷在于信息的实时性，尤其是错误的实时性。被动接收方式利用网管服务器将设备实时信息收集并记录在管理信息库(MIB)中，并通过 SNMP 协议通知到采集服务器中，适用于有网管服务器管理的硬件设备。这种被动接收建立在网管服务器对其设备轮询的基础之上，但必须保证网管服务器和监测采集服务器之间的有效通讯。

软件的监测包括两方面的内容，一方面是对软件自身工作状态的监测，另一方面是自有软件报警的监测和输出，即要求能够实现软件的深度监测。对软件工作状态的监测，其主要目的是确认程序在正常运行，这是基本的要求。深度监测实现对软件是否真正无故障运行的监测，是真正意义上的软件监测，对监控的软件有深度耦合。如设计播出软件时预置了监控接口，一方面通知监测系统该频道的播出软件是否正常运行，更重要的是当程序出现报警信息时(如素材缺失、预卷或矩阵切换失败等)，不仅播出程序在其自身的报警窗口中显示报警信息，还通过接口立刻通知监控系统，由监控系统进行语音报警。同样对于内容调度程序，当出现素材拷贝失败或调度策略执行失败时，程序将失败的消息发送到监测服务器。监测服务器立即进行语音报警，以使值班员能够在第一时间发现软件系统出现的故障并及时排除。

9.3.3　节目播出网流程

不同厂商和电视台的节目播出网流程并不相同，为叙述方便，以大洋公司目前常用的节目播出网软件流程为例进行介绍。图 9-23 为大洋播出系统的总体业务流程。

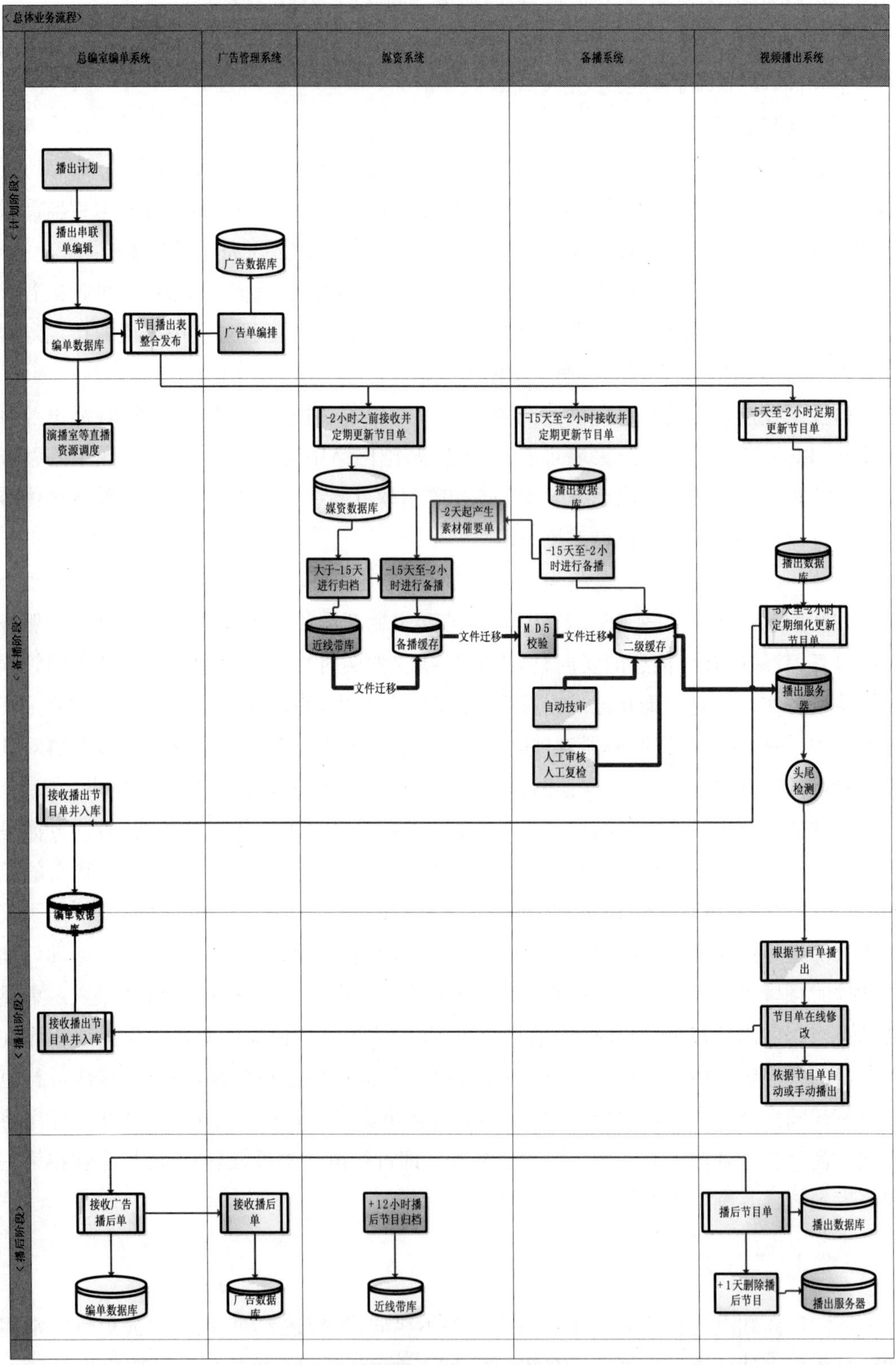

图 9-23　大洋播出系统总体业务流程

如图 9-23 所示，播出流程分为计划阶段、备播阶段、播出阶段和播后阶段。下面进行分别介绍。

1. 计划阶段

计划阶段主要完成节目单和广告单的制作，具体工作包括：

- 总编室根据节目播出计划、直播通知及修改通知等制作节目单。
- 广告部负责广告串联单的制作、修改，并发送到总编室系统。
- 总编室接收广告单后进行合并。
- 总编室向播出系统发送合并后的播出单。

2. 备播阶段

备播阶段是整个播出业务的关键阶段，直接关系到后续播出阶段的安全播出，是播出阶段节目的主要和重要来源。按照图 9-23，该阶段可分为三个子阶段：媒体资产管理系统备播、二级缓存备播和视频服务器备播。

媒体资产管理系统备播：-15 日之前至开播前 2 小时，媒体资产管理系统按照播出节目单从各个前端生产系统进行节目备播，实现了各个生产系统向媒体资产管理系统的迁移流程。

二级缓存备播：-15 日起至开播前 2 小时，播出系统按照播出节目单从媒体资产管理系统进行节目备播。该阶段实现节目文件从媒体资产管理系统备播库迁移到播出二级存储系统的流程，实现了节目文件从外系统到播出系统内部的迁移流程。

视频服务器备播：-5 日起至开播前 2 小时，播出系统开始进行视频服务器的节目准备。该阶段实现了节目文件从二级存储体到视频服务器的迁移流程。

在实际应用中，上述备播时间可以根据需要自行设定。另外，有些电视台并不关心媒体资产管理系统备播阶段，只考虑二级缓存备播和视频服务器备播，对这两个子阶段的具体流程介绍如下。

(1)二级缓存备播

由于二级缓存备播业务是与电视台其他网之间的信息交互，因此仍采用 ESB/EMB 双总线形式。图 9-24 为二级缓存备播业务流程，从图中可以看到，存储在各网络存储体中的视音频等媒体文件通过 EMB 传输，采用 FTP 协议；而一些消息与管理类文件通过 ESB 传递。这种日常的二级缓存备播迁移业务流程为：

- 播出系统与节目生产系统都存有未来 N 天的节目单，节目生产系统依据节目单向备播子系统提交文件。节目生产系统的备播服务器通过接口服务器向备播子系统发出文件备播请求；请求包含该节目的所有元数据信息、MD5 校验码、文件节目 ID、图文文件信息。
- 备播子系统 GMP 服务器判断该文件是否在串联单中，以及是否符合开门时间和关门时间的条件，并向节目生产系统返回消息同意迁移。
- 当同意迁移指令发出后，GMP 服务器生成迁移任务，并通知备播子系统的迁移服

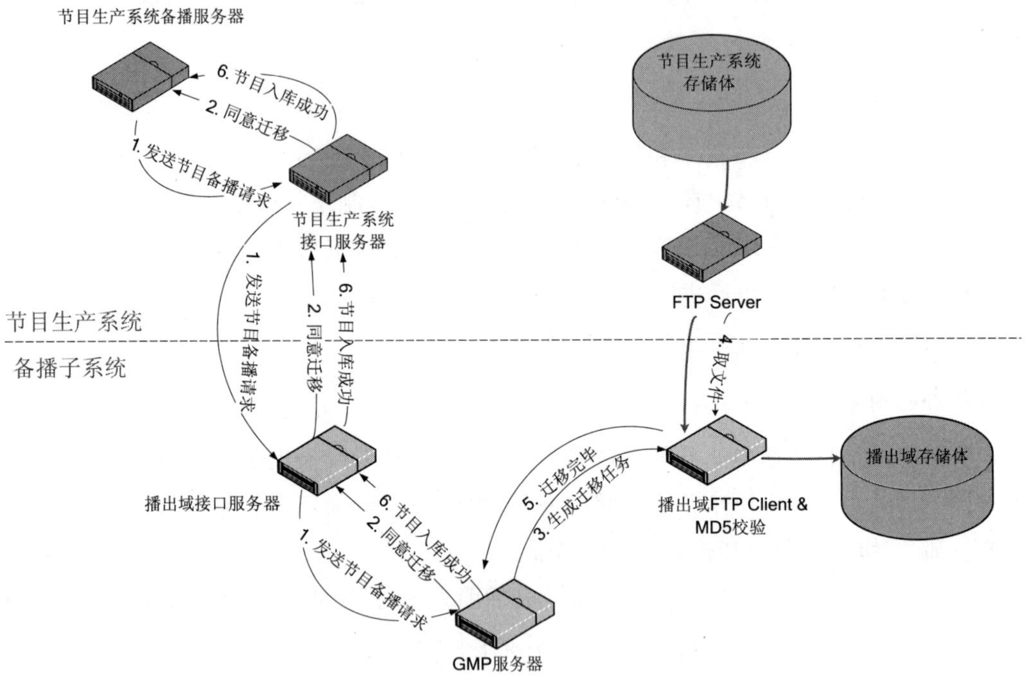

图 9-24　二级缓存备播业务流程示意图

务器(FTP Client)端去读取节目生产系统的文件。

• 备播域 FTP Client 利用节目生产系统 FTP Sever 提供的信息,将文件取出,并写入播出存储体。在迁移的同时,进行 MD5 校验,提高系统效率。

• 文件传输完毕后,由播出域 FTP Client 服务器通知 GMP 服务器,迁移结果。

• 确认无误后 GMP 服务器向节目发送迁移成功的消息。如有误,则发送失败消息,并重新迁移。

• GMP 将迁移完毕的节目写入播出节目信息库,流程结束。

在文件迁移过程中,还伴随了相应的质量保证业务。该业务是一个节目文件从节目生产系统开始向备播子系统迁移开始,直至节目存储于备播缓存的整体保证体系。主要包含以下业务处理:

• 由备播子系统在迁移过程中生成该节目的 MD5 校验码,同时与节目生产系统发送的 MD5 码比对,若相同则认为文件传输无误,如果与 MD5 码比对有误则打回重传。

• 迁移成功的节目文件存储在备播缓存;备播服务器根据节目生产系统所携带的技审标志位对节目进行解析。

• 当技审标志位为“无需技审”时,文件直接进入等待播出状态。

• 当技审标志位为“需要审核”时,有两种方式:一是人工审核,由工作人员进行审核,审核通过后文件迁移入备播缓存,审核未通过则反馈信息给节目生产系统重新提交;二是自动技审+人工复检流程,当进行自动技审时,由系统自动完成,并记录技审结果。审核通过后文件迁移入备播缓存,审核未通过则反馈信息给人工审核工作站,进入人工审核流程。

• 当技审标志位为“可以技审”时，由播出部门决定是否审核：不需要审核的素材直接进入等待播出状态；需要审核的素材，处理流程同上。

• 所有需要审核且通过的节目文件将手动修改技审标志位为“无需审核”，之后迁移至备播缓存待播。

（2）视频服务器备播

视频服务器备播是由文件备播缓存向视频服务器本地存储进行播出文件的迁移与准备，该业务流程如图 9-25 所示，具体流程为：

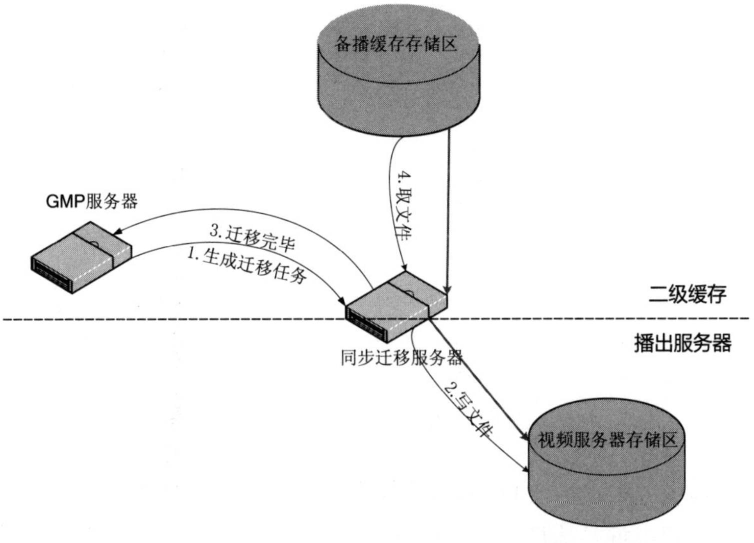

图 9-25　视频服务器备播业务流程示意图

• GMP 服务器查询 M 天内的播控单，将查询到的节目文件生成迁移任务，发布给同步迁移服务器。

• 同步迁移服务器根据迁移任务指令，从备播缓存存储区中读取素材，并写入播出视频服务器存储区。

• 同步迁移服务器完成迁移任务之后，向 GMP 服务器回复迁移完毕的信息。

• 至此，整个备播流程结束。

为保证文件迁移质量，还要在播出视频服务器进行最后的头尾检测，确保文件可播。

3. 播出阶段

播出阶段主要由播出控制工作站和播出节目单编辑工作站配合完成，播出阶段业务流程如图 9-26 所示。从图可见，播出流程比较简单，播控工作站通过自动或手动的调单操作，从数据库中获取准备好的播控单，按照当天播控单进行节目的正常播出。

在播放的过程中，需要实时监测待播节目是否准备就绪，包括播出节目是否存在、播出节目是否成功加载并准备就绪。该部分工作由播出控制工作站完成。有时还需要实时修改播出节目单，这由播出节目单编辑工作站完成，然后再发送到播出控制软件。

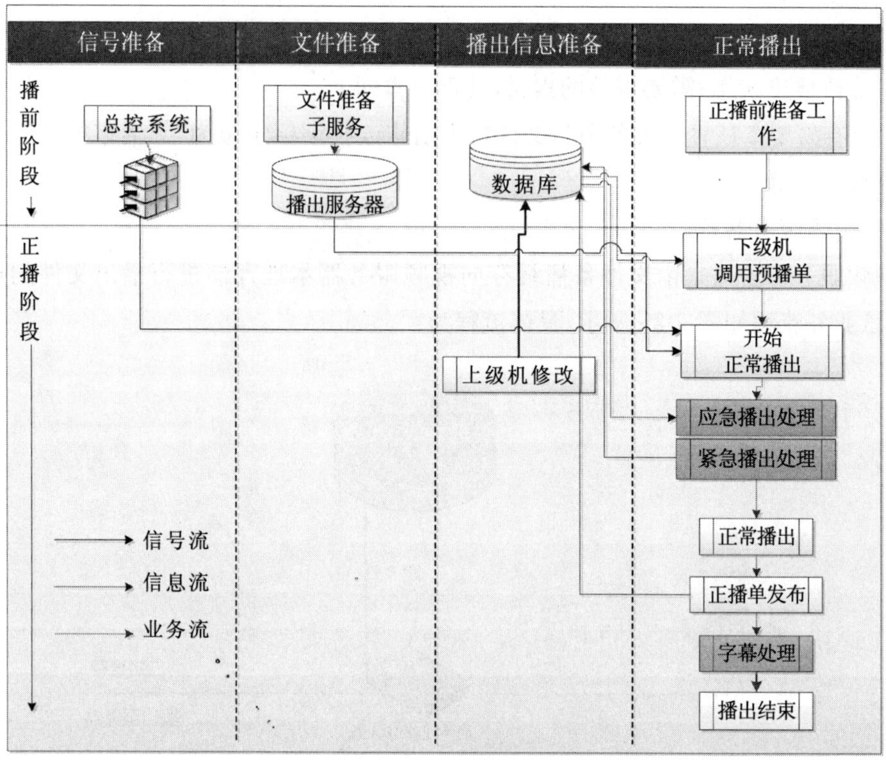

图 9-26 播出阶段业务流程示意图

当然，正常播出流程比较简单，但出现播出故障或其他应急状态时，播出流程就复杂多了，在实际中需要根据具体情况进行设计。

4. 播后阶段

在播出完成后对播出结束的数据进行存储，生成播后单并保存，由播控工作站向播出信息系统发布当天的播后单；播出结束后，按照素材管理策略，删除播出视频服务器本地素材，并取回共享播出介质；最后详细记录节目播出情况以及系统和设备的运行情况及其他待完成的播出事项。

本章习题与思考题

1. 全自动磁带播出系统包括哪些设备？画出一个基本的全自动磁带播出系统。
2. 什么是视频服务器？可分为哪几部分？
3. 硬盘自动播出系统包括哪些设备？画出一个基本的硬盘自动播出系统。
4. 硬盘播出系统网络化主要是指哪部分设备进行网络化？
5. 网络化硬盘播出系统分为哪几种形式？各有什么优缺点？
6. 简述节目播出网的硬件组成。
7. 简述在节目播出网中采用的质量保障方法。
8. 在节目播出系统中，可采用哪几种主备倒换方式？各有什么优缺点？

9. 简述二级缓存节目播出网中二级缓存备播业务流程。

10. 简述节目播出网中视频服务器备播业务流程。

主要参考文献

1. 李李. 上海文广全台文件化备播及播出控制系统设计. 北京：中国传媒大学硕士论文，2013.

2. 李晰、周军超、孙燕. 电视台播出智能监控系统的设计. 广播与电视技术，2013(6).

3. 张雨希. 中央电视台频道包装及资讯播出系统的设计与实施. 北京：中国传媒大学硕士论文，2013.

第 10 章　电视制播网络共享服务系统

电视台的主要工作是节目的制作与播出，除此之外还有相关的节目存储与生产管理。为了便于节目存储，电视台专门构建了媒体资产管理系统，另外为了有效管理外来的节目源，还构建了节目收录网。为了将电视台内各个业务网络紧密联系起来，实现网络化的节目制作、播出、存储以及与各类信息的传递与交换，在全台网中还推出了节目生产管理系统。节目生产管理系统以网络化生产流程为核心，关注整个网络化节目生产体系的控制以及资源组织的合理分配，从网络实现的技术平台来看，采用通用的以太网架构即可。虽然这种网络架构具有通用性，但是各电视台节目生产流程具有一定的差异，因此此书不涉及这部分内容。本章将主要介绍节目收录网和媒体资产管理网的相关内容。

10.1　节目收录网

10.1.1　节目收录网的基本概念

节目收录网指电视台专门用于电视节目接收和记录的网络。它用于外来节目的录制，将外来节目直接录制到中央存储体中，从而减少上载过程，以使素材可以直接被调用。过去电视台的收录业务分别由新闻中心、制作中心、卫星地面站、总编室共同承担，收录设备利用率低，收录的素材无法共享，节目部门作为收录节目的需求人无法及时掌握收录情况。因此，有必要建立一个集中管理调度的收录中心，为全台各业务部门进行节目收录，通过网络将收录的节目及时发布给各业务系统。需要指出的是，有些台的节目收录工作仍然是分散进行的，但与收录网的功能相同。

在传统的收录系统中，控制工作站按时控制卫星接收机选择频道、控制矩阵切换信号，同时向 VTR 等采集设备发送指令，完成采集工作。收录系统网络后，控制工作站的收录计划可以通过收录编单工作站传输过来，同时采集设备以收录服务器为主，收录的节目存储在共享存储体中。另外，收录网需要与其他网络系统进行交互，能够跨平台收集各系统的收录任务，支持收录信号源自动路由，将收录的内容自动分发到其他业务网络中。

基于上述分析可以看到，节目收录网需要实现的基本功能有：

- 能够直接收录 SDI 信号、HD SDI 信号以及 ASI 信号等；收录过程中能够自动生成高低码流双路镜像素材进行存储，并且能够根据收录单的目标源要求，将收录节目以文件方式递交给相关的应用系统。

- 与新闻制作、后期制作、媒体资产管理等网络系统无缝连接，使最终的文件格式必须与应用系统保持一致。
- 可以通过统一调度管理实现定时收录。
- 通过切换矩阵实现上下载端的接入以及矩阵的控制切换，达到遥控方式的多通道、选择性上载和下载的目的。
- 收录控制不但能够实现对收录矩阵的切换控制和对收录工作站的收录控制，还能够根据收录单对卫星接收机进行调频控制。
- 外来卫星信号源能够自由调度任意的收录设备。

10.1.2 节目收录网的体系结构

1. 节目收录网的网络构架

节目收录网可采用 FC-SAN、IP-SAN 或 NAS 的网络架构，具体采用哪种结构要依据网络规模与需求来确定。

节目收录网数据主要包括视音频数据及元数据两大类。元数据主要包括描述信息、控制数据、工程文件信息等。因为收录网传输的视音频数据较多，与其他网之间的元数据等交互多，因此一般将这两类数据分为媒体数据与控制数据。相应的系统可采用视音频数据及元数据分开的网络架构，即经常采用 ESB 与 EMB 双总线架构，将数据信息和控制信息分别传输。

收录网与其他网络的互联可通过 FTP 服务和消息模式实现。各业务系统数据交换可采用 FTP 服务与消息模式进行设计，媒体数据通过 FTP 协议传输，控制数据通过消息模式进行交互。收录网与节目生产管理系统的交互采用 Web Service 同步消息的模式进行。

2. 节目收录网的基本组成

节目收录网的基本组成如图 10-1 所示，可以分为收录编单、收录控制、收录处理、数据交换、基础网络与存储、网管系统、监控管理以及远程回传收录。

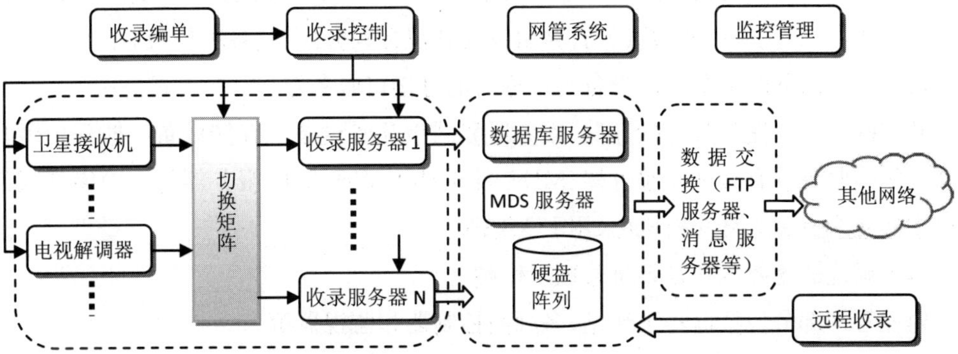

图 10-1　节目收录网的基本组成

• 收录编单：由台内任意业务系统或办公系统工作站进行收录单编辑，收录系统编单审核工作站统一收集、管理各个收录节目单。

• 收录控制：实现对各类信号的自动收录工作，基于各种控制协议，对信号源、信号调度、编码处理、数据存储、数据传输等工作进行控制。

• 收录处理：具体执行信号收录任务，提供稳定、可靠的收录系统。它支持多种输入信号选择，如 HD SDI、SDI、模拟复合、分量、ASI 等信号源，将信号收录为可供非线性编辑系统直接编辑的格式。收录子系统可同时产生供编辑制作用的高码率素材及主要供检索、浏览用的低码率素材，格式可选。它由收录服务器完成，并通过数据交换中心提供给其他业务系统使用。

• 数据交换：将收录的素材以及业务系统信息通过网络和数据交换中心，将高低码率文件传送到相应的生产系统（如新闻制作、后期制作、媒体资产管理系统）的中心存储，将元数据分别发给相应数据库。

• 基础网络与存储：提供网络交换平台与共享存储设备，还包括相关的数据管理与存储管理服务器。

• 网管系统：实现对收录系统的全局管理，可实现收录用户权限管理、任务模板管理、统计信息和基础数据配置等功能，并与全台统一用户认证系统建立接口。

• 监控管理：提供对设备的配置管理、监控等功能，与全台设备管理建立接口。

• 远程回传收录：实现远程回传节目的接收和自动转码。

3. 硬件平台

基于图 10-1，其中对应的硬件设备如下。

收录编单部分的主要硬件是工作站，只要安装了收录单编辑功能的普通工作站均可，关键需要收录系统编单审核工作站，以统一收集、管理各个收录节目单。

收录控制部分的主要硬件是收录控制工作站，与播出控制工作站的工作原理类似，都是在接收了控制指令后通过 RS 422 接口等传输控制协议去控制切换矩阵、收录服务器等。

收录处理部分包括视音频部分和收录工作站（或收录服务器）。视音频部分包括信号源、处理设备和路由设备，其中信号源有卫星接收机、录像机、电视解调器等；处理设备有制式转换器、码流复用器、编码器；路由设备有视音频分配器、各种切换矩阵等。

数据交换部分的主要硬件设备为传输与消息接口服务器。

基础网络与存储部分包括存储、服务器和网络互联设备。存储设备一般采用硬盘存储阵列等。服务器有数据库服务器、MDS 服务器和 Web 应用服务器等。网络互联设备有以太网交换机和光纤交换机（采用 FC-SAN）。

网管系统的主要设备是系统管理工作站。

监控管理部分包括监管工作站、多画面控制器和监视器等。

远程回传收录部分的主要设备是远程回传收录服务器，为了防止病毒，一般需要安装防火墙等。

图 10-2 是一个实际的节目收录网拓扑图，从图中可以清楚地看到节目收录网的硬件设备。

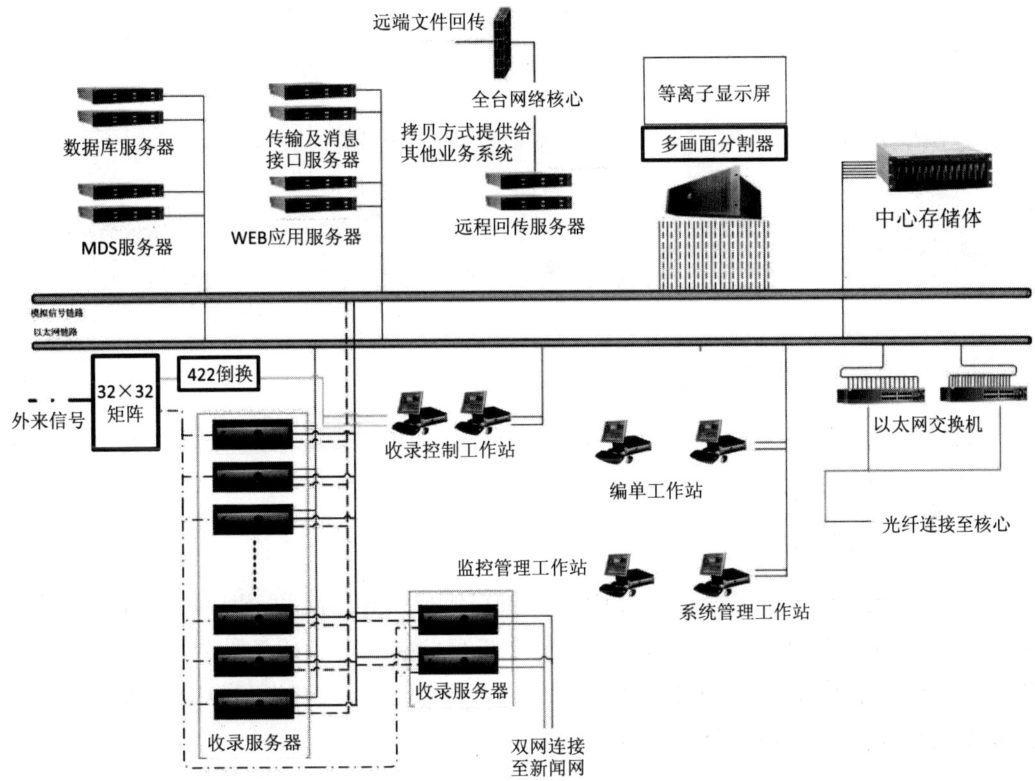

图 10-2　节目收录网拓扑图实例

4. 软件体系构架

与其他网络一样，节目收录网的系统软件也采用三层架构进行设计，即用户层、应用层和数据库服务器。用户层主要指用户界面，要求尽可能简单，使终端用户不需要进行任何培训就能方便地访问信息；第二层是应用服务器，也就是常说的中间件，所有的应用系统、应用逻辑、控制都在这一层，系统的复杂性也主要体现在应用层；数据库服务器存储大量的数据信息和数据逻辑，所有与数据有关的安全、完整性控制、数据的一致性、并发操作等都是在第三层完成。

为了保证系统的可升级性、可扩展性以及硬件平台适应性的最大化，应用软件最好采用全插件开放式构架，独立于硬件。这些插件为逻辑上相对独立的插件，可以进行组合，提供收录网从输入/输出、编解码、特技、编辑、控制以及资源管理在内的所有功能。

在节目收录网中的主要软件如表 10-1 所示。

表 10-1　节目收录网中的主要软件

工作站或服务器名称	部署软件名称
编单工作站	编单管理软件，编单审核软件
信号收录服务器	节目收录软件系统
收录控制工作站	收录任务控制分配软件；矩阵切换控制
监控管理工作站	任务状态监控管理软件；参数配置软件
系统管理工作站	网络管理软件
传输及消息接口服务器	消息接口服务软件；FTP 服务软件等
远程回传服务器	转码软件及专用 FTP 软件
Web 应用服务器	编单管理软件；资源服务模块；综合信息管理系统接口模块；用户管理服务模块

10.1.3　主要模块功能

节目收录网从功能上可以划分为核心存储、服务器、收录业务、系统互联四大主要模块，这些模块的功能如下。

1. 核心存储模块

核心存储模块由中心存储系统和相连的网络组成。其功能为：相连的网络完成视音频数据、元数据、控制信息的传输；中心存储系统存储收录下来的各种视音频文件，对于紧急需要的收录素材如新闻网的素材不存储在收录系统本地存储平台中，直接存储到相应系统的在线存储中，供节目编辑使用。

2. 服务器模块

服务器模块由数据库服务器、MDS 服务器、Web 应用服务器等组成。其功能为存储元数据、收录任务单、管理网络信息。其中，数据库服务器用于非视音频数据管理；MDS 服务器用于 SAN 存储共享管理，如果是 NAS 系统，则需要有类似的存储管理服务器；消息服务器用于发送和接收来自消息中心的消息；传输(FTP)服务器用于与外系统交换视音频数据；Web 应用服务器实现全台网的收录单编排以及与综合信息系统的信息交互。

3. 收录业务模块

收录业务模块由收录申请、任务调度、设备控制、任务执行、收录管理、远程收录等子模块组成，是收录网的核心。其功能有：负责根据需要编写提交收录任务单；根据任务单合成、优化和分配任务；执行收录任务，将卫星信号收录为符合要求的文件格式；配置收录系统基础信息，包括各种参数设置、用户管理、统计管理等功能，并实现与其他系统用户数据的同步。

收录业务模块涉及的硬件较多，包括视音频设备、编单工作站、收录控制工作站、系统管理工作站和收录服务器，这些设备的主要工作如下：

- 视音频设备负责将视音频信号传输到收录工作站。

- 编单工作站负责统一编辑、提交、审核收录任务单。
- 收录控制工作站负责收录任务分配、矩阵调度、控制收录服务器、VTR 等采集单元采集。
- 系统管理工作站进行通用参数设置、设备配置、任务监控、统一用户认证、网络管理等全部的配置管理工作。
- 收录服务器负责卫星信号或各种视音频信号收录，接收收录控制信号的指示后进行收录处理。它要求其支持 HD SDI 信号、SDI 信号、模拟复合信号和模拟分量信号采集；支持高清各帧率及 DV25、DV50、MPEG2-I、MPEG2-IBP、MPEG-4、WMV 等主流编码格式；支持 ASI 信号采集，高码率支持 DV50、MPEG2-I、MPEG2-IBP 格式采集；支持大量素材的快速整理，对采集的素材内容进行编辑、打点，然后按照入出点将素材分隔成不同的素材段。有的收录服务器还可以应用于新闻制作、演播室现场信号的精彩片段制作、现场花絮制作、精彩集锦即时回放、信号回采等现场制播应用场景。

4. 系统互联模块

系统互联模块包括媒体数据交互子模块、消息交互子模块和网络子模块。

媒体数据交互子模块负责将收录完成的素材和元数据迁移/入库到指定系统（如新闻制作系统、制作网或媒体资产管理系统等）的共享存储器中。

消息交互模块负责将元数据从收录系统的数据库迁移到指定系统（如新闻制作系统、制作网、播出网或媒体资产管理系统等）的数据库中。

网络模块负责完成视音频数据、元数据、控制信息的传输。

10.1.4　业务流程

1. 收录主体业务流程

收录主体业务流程如图 10-3 所示。

各业务子系统发出收录请求，先审核，对所有请求进行排序和查重；审核过程中可对串联单进行时间冲突、设备状态等检查，并给出提示和报警；然后，制定收录任务清单。（步骤①、②）

审核后的清单被发送至各个环节，通过控制系统对收录设备进行控制；收录的节目素材存储于网络硬盘中，同时将生成的 XML 元数据信息写入系统的数据库服务器。（步骤③、④、⑤）

收录结束后进行判断，如果收录符合要求，则完成了收录任务，将收录结果通知数据交换中心的消息服务器，将素材推向下一个工作进程；同时将审核信息通知综合节目生产管理系统。（步骤⑥、⑦）

2. 系统接口业务流程

收录系统需要与各制作域子系统以及媒体资产管理系统有较多的交互应用，可以实

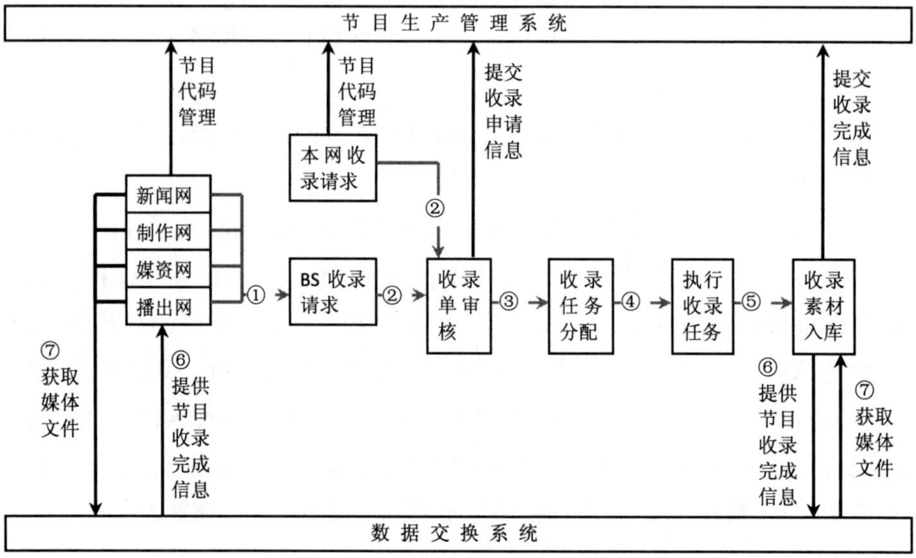

图 10-3 收录主体业务流程

现收录系统到新闻系统、制作系统的素材交互。主要业务接口包括如下：

- 收录系统提供内部编单软件，还提供收录申请软件；各频道栏目或是业务系统的制作人员可以在网上提交收录请求。
- 由于收录系统与所有其他各业务系统之间均属于单向交互模式，因此收录中心一般采用被动模式，收录系统开放 FTP，由其他业务系统通过取的方式获取媒体数据文件。

这种其他网络系统获取收录素材的业务流程可以设计成如图 10-4 所示，简述如下：

（1）业务系统人员通过 B/S 访问收录系统，提交收录申请单。

（2）收录任务进入数据库服务器（收录系统）。

（3）收录系统进行收录申请任务的审核确认并编辑收录单。

（4）根据收录任务，收录控制服务器进行收录任务控制及处理，并将过程信息写入本系统数据库服务器中。

（5）收录系统获取收录任务状态生成通知信息，传送给收录系统的消息处理服务器。

（6）收录任务完成信息通过消息处理服务器（收录系统）传送给业务系统的消息服务服务器（收录任务的申请方）；完成信息的传送包括收录请求的来源、收录素材的目标系统以及 XML 元数据信息等。

（7）（收录任务的申请方）消息处理服务器根据接收到的收录任务完成通知，生成相关的数据迁移任务，写入业务系统的数据库服务器中。

（8）业务系统的数据库服务器将素材迁移任务发送给本系统的迁移服务器。

（9）相关业务系统的传输及消息接口服务器通过连接收录系统的传输及消息接口服务器，将收录系统在线存储体中的相关素材拷贝到本系统的存储体中，完成素材的迁移过程。

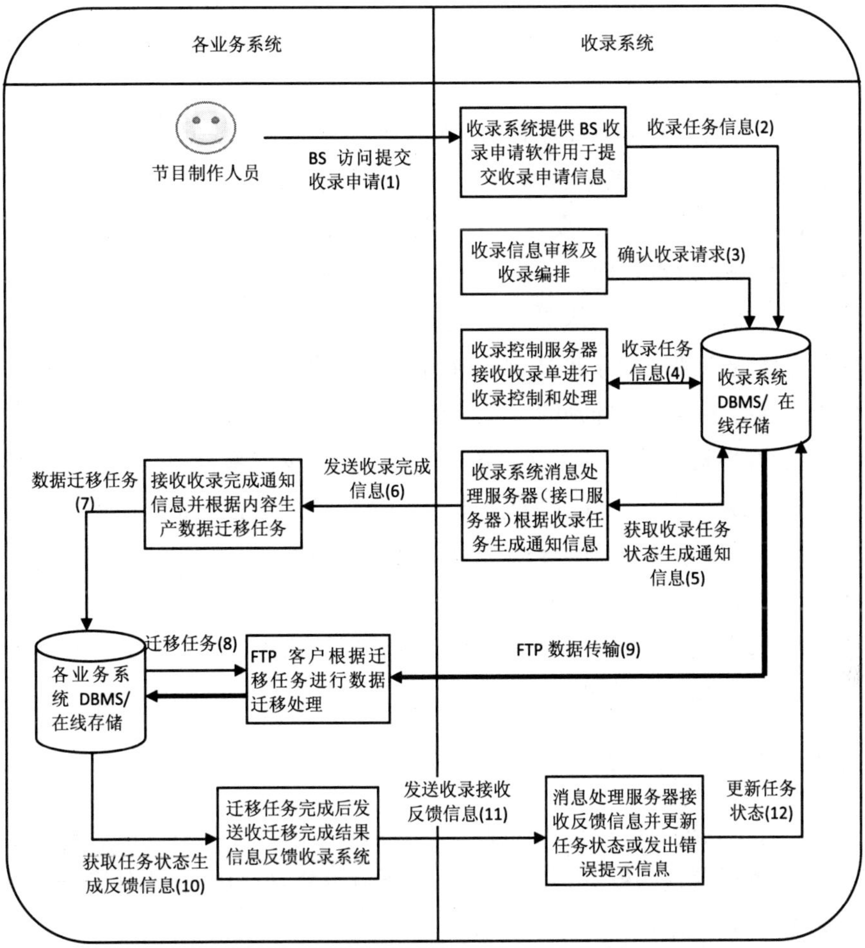

图 10-4　收录系统与其他业务系统交互流程图

(10)素材迁移完成后,发送素材迁移完成的结果信息并反馈给收录系统。

(11)收录系统的消息处理服务器接收反馈信息,然后更新任务状态或发出错误提示信息。

(12)收录系统的消息处理服务器向本系统的数据库服务器发送更新任务状态信息。

对那些需要节目收录素材但没有实际提交节目收录申请的业务系统,收录系统也应该提供素材获取方式。这时其他业务系统可通过检索的方式,查看节目的收录信息。如果有所需的节目素材,也可以通过消息与 FTP 服务进行节目素材的获取,主动从收录系统中获取素材。

10.2　媒体资产管理系统

10.2.1　媒体资产管理系统的基本概念

媒体资产管理(Media Asset Management,简称 MAM,中文简称媒资)是对各类媒体资料数据，如视音频资料、文本文件、图表等进行全面管理的完整解决方案；是对媒体资料的数字化存储、编目管理、检索查询、非线性编辑素材转码、资料发布，并对设备和固定资产等进行全面管理的系统。

媒体资产管理的目的是将现有的影视节目进行数字化或数据化，并采用适当的方式编码，再记录到成熟稳定的媒体上，达到影视节目长期保存和重复利用的目的，以满足影视节目的制作、播出和交换的需要。它不是对媒体数据的简单管理与存储，而是对媒体数据进行分类管理和检索处理后再存储，以方便用户的查询、检索和再利用。

媒体资产管理的对象是媒体资产。媒体资产是以媒体产业产品为形式的知识性的资源。现代媒体资产都以数字形式保存在计算机或网络中，在交互式服务中转化成财富。媒体资产具有多样性、数据量大、占用存储空间大等特征。

具体来说，媒体资产的基本概念由媒体内容和元数据两部分组成。其中媒体内容是包含数字媒体（视频、音频、图片等）的文件，元数据是媒体的描述信息，如作者、制作日期以及视、音频编辑等信息。元数据被定义为关于数据的数据（Data about Data）。元数据是指媒体内容以外的信息，没有单独存在的价值，它是和媒体内容相关的数据。

媒体资产管理系统是对所有媒体资产进行管理的系统，并不专属于电视台，它还可用于数字图书馆、音像资料馆等。

10.2.2 媒体资产管理系统的基本组成

媒体资产管理系统的目标是实现媒体资产的再利用，为了实现这个目标需要先建立媒体资产，存储并管理这些资产，最后由用户消费这些资产。因此，媒体资产管理系统的基本组成如图10-5所示。

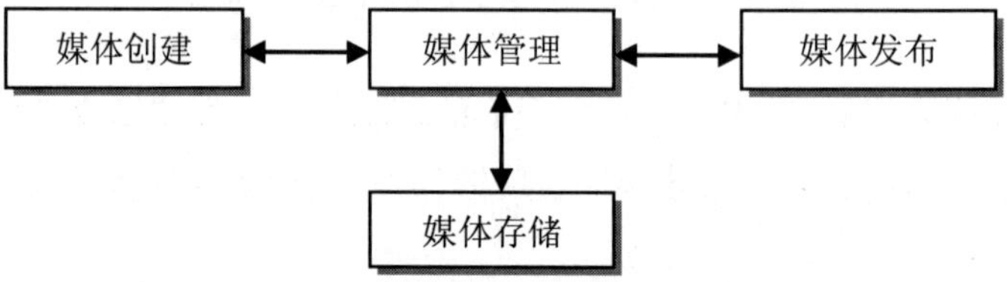

图 10-5 媒体资产管理系统的基本组成

媒体创建包括媒体信息输入和编目标引。媒体数据的产生是媒体资产的来源。电视台媒体资产的来源基于以下几个方面：电视台自主采编、已发布的并有再利用价值的节目或素材；通过卫星采录的有使用价值的素材；通过购买、交换等手段获取的音像资料。在媒体信息输入时必须编目标引，这样采集的数据才有意义。编目是指将媒体资产进行分类，并将其中各个片段加入文字描述，便于检索。

媒体管理包括内容管理和存储管理。内容管理是整个媒体资产管理系统的核心部分，包括素材（媒体信息）的管理和数据（元数据）的管理。媒体数据产生以后需要将其存放起来，并进行有效的管理，这就是存储管理。媒体数据的数据量非常巨大，需要非常大的存储空间，而存储空间是需要经济代价的，如何经济、有效地进行海量数据的存储并能及时地将媒体资产输入/输出是媒体数据存储管理需要解决的问题。

媒体发布包括检索查询和媒体信息输出。想要获取媒体信息首先要检索、查询。检索、查询的方法关系到用户对媒体资产的使用，是媒体资产管理系统建设的重要部分。媒体数据输出是实现媒体数据的再利用，是媒体资产的价值体现。输出实际上就是面向用户的界面，用户通过这个界面查询、浏览及下载所需的媒体素材，并完成身份确认、费用结算等工作。

媒体存储包括半导体存储器、磁带、磁盘(软盘和硬盘)、光盘等，它们在 IT 和消费电子等领域起着重要的作用。

10.2.3 媒体资产管理网的架构

媒体资产管理系统天然的实现手段就是计算机网络技术。根据图 10-5 媒体资产管理系统的基本组成图可见，媒体资产管理系统与前面介绍的非线性编辑网络系统很类似，因此，在非线性编辑网络出现没多久就建设了媒体资产管理网。

与电视台其他业务网相比，媒体资产管理网具有如下特点：

- 媒体数据种类多。媒体资产管理网需要保存电视台所有的媒体数据。通过前文的介绍可知，由于网络功能不同，存储的媒体数据也不同，比如在节目制作网中就有高、低码率素材；在新闻制播网中有大量的文稿信息；节目播出网中输出的是用于播出码率的视音频文件。在媒体资产管理系统中，为了便于编目和用户检索查询，还有更低码率的、用于浏览的视音频文件。

- 媒体数据量大。电视台每天要制作、播出大量的视音频节目，为制作这些节目更需要成倍的素材，再加上过去几十年里电视台已制作、播出的节目，这些媒体数据的总量是非常巨大的。

- 用户数量庞大、工作流程复杂。因为媒体资产管理系统使用对象是全台节目制作和播出人员，因此用户人数很多。另外，媒体资产管理系统网通常需要与全台网中的其他业务网交互，而且媒体资产管理系统网通常被视为从制作到播出的中转站，因此与其他业务网相比，工作流程更加复杂。

- 应用视频转码技术。由于媒体资产管理系统网涉及的视频数据格式种类多，为了方便使用，在媒体资产管理系统网中通常采用视频转码技术，在素材上载时转成存储要求的媒体文件格式，输出时转成发布所需要的格式。

- 存储管理技术要求高。在媒体资产管理系统网中为了存储海量数据，一般采取硬盘、磁带或光盘等多种存储介质，并分别采用在线、近线、离线分级存储方式，因此这就涉及对存储在不同介质、以不同存储方式的媒体数据的管理问题，实际中常常会采取各种存储迁移管理策略来提高媒体资产管理系统网的管理效率。

根据媒体资产管理系统网的功能需求与特点，媒体资产管理网的架构可以分为支撑环境层、数据处理层、系统管理层和应用层，如图 10-6 所示，下面对这四层分别进行介绍。

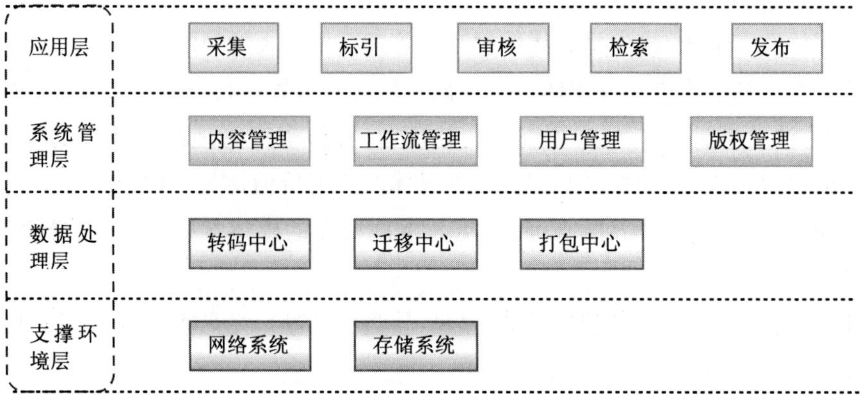

图 10-6 媒体资产管理网架构

1. 支撑环境层

支撑环境层为系统提供支撑环境，也是系统的运行平台，包括网络系统和存储系统两个模块。

整个系统是由多个服务器和多个客户端组成的，系统的运行需要依靠网络。这里的网络系统一方面支持上载(采集)和下载(发布)等任务，另一方面还要支持编目标引、检索、编辑等工作，因此，它必须有足够的带宽和服务器。

在媒体资产管理系统中需要设计一个能方便且经济地保存并能及时访问海量媒体数据的存储系统。仿照计算机系统的内存、硬盘、软盘的数据存储方式，媒体资产管理系统网的存储方式有在线、近线和离线三种方式，由存储管理服务器来完成。

2. 数据处理层

数据处理层用于对媒体资产管理系统网的媒体数据进行集中处理，包括转码中心、迁移中心和打包中心。

转码中心是专门对输入到媒体资产管理系统网的音频、视频、图像、动画等各种不同类型的媒体数据进行转码，以方便用户使用。

迁移中心用于媒体数据在不同存储介质、不同业务网之间的数据迁移。媒体数据存储有多种方式，分别对应媒体数据不同的使用需求。媒体数据需要在不同存储介质之间进行数据迁移，这个迁移是按照事先设计好的策略自动进行的。另外，媒体资产管理系统网还需要与其他网之间进行数据交互，在数据交互过程中也需要迁移中心进行媒体数据迁移。

打包中心用于根据用户需求将故事板打包输出。因为视音频媒体数据在数据库中可以是单一的多媒体格式，也可以是按故事板方式组织的多视频流，如 MXF 格式，在下载或发布输出时常常需要打包成单一的视音频格式文件，因此，在媒体资产管理系统网中专门设置了打包中心，以提高工作效率。

3. 系统管理层

系统管理层涵盖了媒体资产管理系统网的所有系统管理功能，包括内容管理、版权管理、工作流管理和用户管理。

内容管理包括元数据内容及媒体信息内容管理两方面，其目的是便于检索，由数据库完成。

版权管理用于对媒体资产进行版权保护。媒体资产是有价值的，其价值体现在版权上。版权管理可以是基于元数据的，也可使用基于内容的版权保护技术，如媒体数据加密、数字水印等技术。

工作流管理指对运行在网络中的业务活动的流程进行管理。在工作中，每个环节都可以看作一个模块。不同的工作模块进行组合，形成流程化的操作，这个操作序列就可以理解为工作流。在媒体资产管理系统网中，工作流管理指对媒体内容的采集、标引、审查、检索、发布等工作流程进行动态管理。

用户管理指对使用媒体资产管理系统网的用户进行管理。不同的用户应设有不同的访问权限。这个管理策略是根据媒体资产管理系统使用者的要求而定的。

4. 应用层

应用层包括对媒体数据的采集、标引、审核、检索和发布。

采集负责媒体数据的上载录入。这个采集模块包括录像机上载、卫星收录、直播节目录制、网络文件传送等多种方式。

标引指按照编目标准对上载素材进行编目标引。编目标引是对媒体数据的分类管理，编目标引的过程就是元数据录入的过程，为基于元数据的媒体数据检索提供方便。

审核是媒体数据采集确认的必经程序，也是工作流管理中的关键环节。

检索是为了将所需要的媒体数据查找出来。检索分为两种方式，一是基于元数据的检索，另一种是基于媒体内容的检索。基于媒体内容的检索即根据所要检索的媒体内容特征到库存媒体数据中去查找。

发布主要负责媒体数据的下载输出。媒体数据发布的方式有很多，例如文件拷贝、录像机录制、流媒体输出、光盘刻录等。发布的过程就是实现资产价值的过程。

上述三层的用户通常是网管等网络专业人员，只有应用层的用户对象面向大众，即电视台所有编辑记者等工作人员，也就是说利用这一层工作的人员无须知晓专业的网络知识。

从媒体资产管理网的构架可见，其硬件平台与前文介绍的节目制作网类似，都包括交换机、共享存储设备、各类服务器和工作站。网络结构同样可以选择 FC-SAN、IP-SAN 或 NAS。只是为了降低成本，在媒体资产管理系统网中的共享存储设备除了采用硬盘阵列，还会采用磁带库或光盘库作为近线和离线存储设备。当然，对于不同用途的服务器和工作站，其上所安装的软件也并不相同。图 10-7 为大庆电视台媒体资产管理系统网拓扑图，下面以此为例对媒体资产管理系统网的架构进行具体介绍。

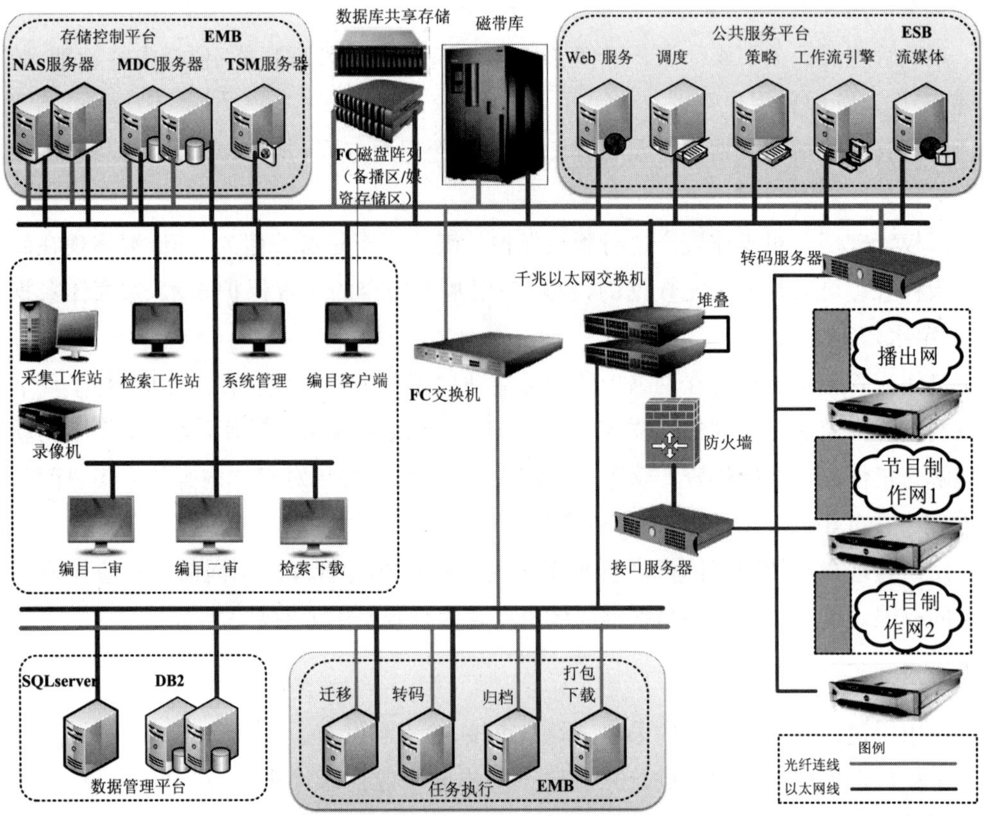

图 10-7 大庆电视台媒体资产管理系统网拓扑图

从图 10-7 可见，大庆电视台媒体资产管理系统网采用的是 ESB、EMB 双总线结构。媒体资产管理系统网内大数据量的视频素材调度访问依靠 FC-SAN 网络传输，例如磁盘迁移和磁带库的归档、磁带检索下载都属于大数据量素材访问。但基于流媒体方式的 WMV 低码流预览素材和 JPEG 关键帧的读取访问，都是共享要求很高、频繁交换的小文件，属于文件级共享访问环境。另外，从新闻网、制作网引入素材和调度备播素材到播控网络这种异构网络之间的通信也仍然依靠千兆交换机级联完成。这两种情况下的存储共享都是基于 CIFS 文件系统的，其网络架构采用 NAS 模式。因此，大庆电视台采用了 FC-SAN、NAS 组合形式的网络结构。

大庆电视台媒体资产管理系统的整个网络结构按照链路物理介质类型可以分为千兆以太网连接和光纤连接两个部分。磁盘阵列、磁带库、MDC 服务器、NAS 服务器和执行器通过光纤连接构成 FC-SAN 架构，其他存储共享都为 NAS 结构，所有服务器都连接到千兆以太网交换机，但磁带库和磁盘阵列只通过以太网进行网络管理。

在支撑环境中，除了上述网络系统外，存储系统采用了 FC 硬盘阵列与磁带库相结合的方式，对应的存储管理服务器分别为 MDC 服务器和 TSM 服务器。TSM（Tivoli Storage Manager 的缩写）服务器安装有磁带库管理软件，它是媒体资产管理系统网与磁带库通信的中间层软件。TSM 服务器负责与磁带库进行基础通信。媒体资产管理系统网相关工作站向 TSM 服务器发送指令，间接控制磁带库机械手抓取磁带、读/写磁带。

图 10-7 中的任务执行部分实际上就是数据处理，包括转码、迁移、归档和打包下载。其中，转码中心将不同类型媒体数据格式的视频、音频根据素材上载要求转成存储要求的媒体文件格式，包括对码率的转换，因为高码流素材不可能用于媒体资产管理系统编目的预览。对于下载系统也可以经过转码模板的配置，设置为所需要的视频格式在下载时转码，转码中心输出时发布成所需的格式。迁移中心负责将异构网络中的素材根据需求从不同的区域进行迁移，同时也负责媒体资产管理系统内部采集区、在线区、近线区、备播区的素材根据策略进行迁移。媒体资产管理系统网素材输入分为两大类，一类是来自非编制作网的新闻、专题类素材，另一类是采集系统生成的素材，这两大类素材都临时存储在各自异构网络磁盘阵列上，需要由迁移执行器迁移到媒体资产管理系统在线区。除此之外，媒体资产管理系统的素材导出也分为两个区域，一个为新闻制作网，一个为播控系统。迁移中心同样要根据来自 Web 服务器的指令去调度素材从媒体资产管理系统区迁移到制作网和备播存储区。归档的任务是调用 TSM 服务器，将高码流视音频素材和低码流预览素材通过 SAN 网络传输给磁带库，或是从磁带库传输回磁盘阵列。打包下载任务是根据需要将素材打包成统一格式输出。

对于系统管理层的功能，主要由数据管理平台完成，其中 DB2 数据库管理媒体内容（内容管理）包括媒体资产管理系统编目数据的管理、统计用户工作量、记录节目单信息、记录存储信息、记录任务信息等。SQLServer 数据库用于记录用户名称、用户组、用户角色管理等用户信息和工作流引擎相关内容，即实现用户管理和工作流管理。由于大庆电视台媒体资产管理系统基本上是属于内部使用，因此没有考虑版权管理。

图 10-7 左边中部是应用层，包括采集、编目（标引）、审查、检索和下载（发布）各个环节。另外，其他业务网络的编辑终端计算机通过防火墙也能够实现跨网段进行媒体资产管理系统相关操作。通常采用 B/S 架构，除了上载站点以外，任何终端都可以执行所有的操作，包括入库、编目、审核、检索、下载、任务管理、工作量统计、节目单编排等。

除了上述五层外，图 10-7 还给出了一个公共服务平台，这个公共服务平台实质上是主干平台的一部分，网络系统通过它实现了以媒体资产管理系统网为中心的全台网。这个公共服务平台提供了媒体资产系统多个模块之间注册、调度、消息通信的功能。平台设备由 Web 服务器、策略服务器、调度服务器、工作流服务器和流媒体发布服务器组成。

其中，Web 服务器的作用是对访问终端计算机发出的请求给予回应，采用 Web Service 技术。Web 服务器通知调度中心进行任务排队；调度服务器根据任务的类型再去通知策略服务器；策略服务器通过读取 XML 格式的文件提供任务策略的模板。这些策略包括以下几类：

- 从非编区和采集区调度素材
- 把编目完成的高码流素材进行归档、上载
- 编目检索的素材从磁带库下载
- 备播准备一周素材的策略

- 删除媒体资产管理系统区已经上载的高码流素材
- 同步磁带库中的存储池，做到 1∶1 的备份

任务策略通过策略服务器反馈给调度服务器，再由调度服务器对执行器（图中任务执行四台机器）进行任务分配。每台执行器都能执行迁移、转码、归档、下载集中任务。在执行器有限的情况下，由调度服务器去分配任务和排队执行。工作流引擎服务器是整个媒体资产管理系统工作管理的枢纽。在工作流引擎服务器上面装有工作流引擎软件，工作流引擎同时与 SQL Server 数据库通信，并且对业务过程进行操作干预，主要负责监控任务状态，包括准备中、执行中、执行结束等状态，还可以对工作流程干预，比如终止工作流。流媒体服务器的作用就是发布低码流的 WMV 素材，使编目和检索环节能够利用低码流快速预览。

如果没有公共服务平台，上述功能将由系统管理层来完成。

10.2.4 媒体资产管理网的关键技术

与其他业务网相比，媒体资产管理网涉及的信息管理与处理技术较多，主要有编目、检索、存储管理、数字版权管理（DRM）与视频转码技术等，下面将分别对这些技术进行介绍。

1. 编目

编目是分析、选择和记录信息资源的形式及内容特征，将描述信息按照一定的规则有序化地组织起来，是对音像资料进行著录标引并组织、制作各种检索目录或检索途径和工具的工作。它是音像资料管理工作中的重要内容，是媒体资产管理系统的基础。编目的质量决定了检索的质量。目前，媒体资产管理系统的编目模块设计都应符合《广播电视音像资料编目规范第 1 部分：电视资料》标准。这是广电总局发布的一个行业标准，主要用于广播电视音像资料的收藏、管理、检索以及资料获取和使用。

在总体上该规范将音像资料元数据分为四个层次，从上到下分别是节目层、片段层、场景层、镜头层。每个层次分别包含相应的著录项目。按照该规范，这四层的定义分别如下：

- 节目：指具有独立主题意义的、已经制作完成的、完整的视音频资料。
- 片段层：指节目或素材中一段连续的视音频，由一个以上相互关联的场景构成。
- 场景层：指节目或素材中背景或场面不变的一段连续的视音频部分，由时间或空间上相关的一个或多个镜头构成。
- 镜头层：即镜头画面。指同一摄像机一次摄录的连续画面。

图 10-8 给出了一个节目与片段层、场景层和镜头层的关系。节目是由片段、场景和镜头几个要件组成的，可以单独由其中一个要件组成，也可以由几个要件组成；片段层包括场景层和镜头层；场景层则由多个镜头构成。节目的著录项目比较丰富，包括题名、主题、描述、创建者、责任者、版权、语种、类型、格式等。

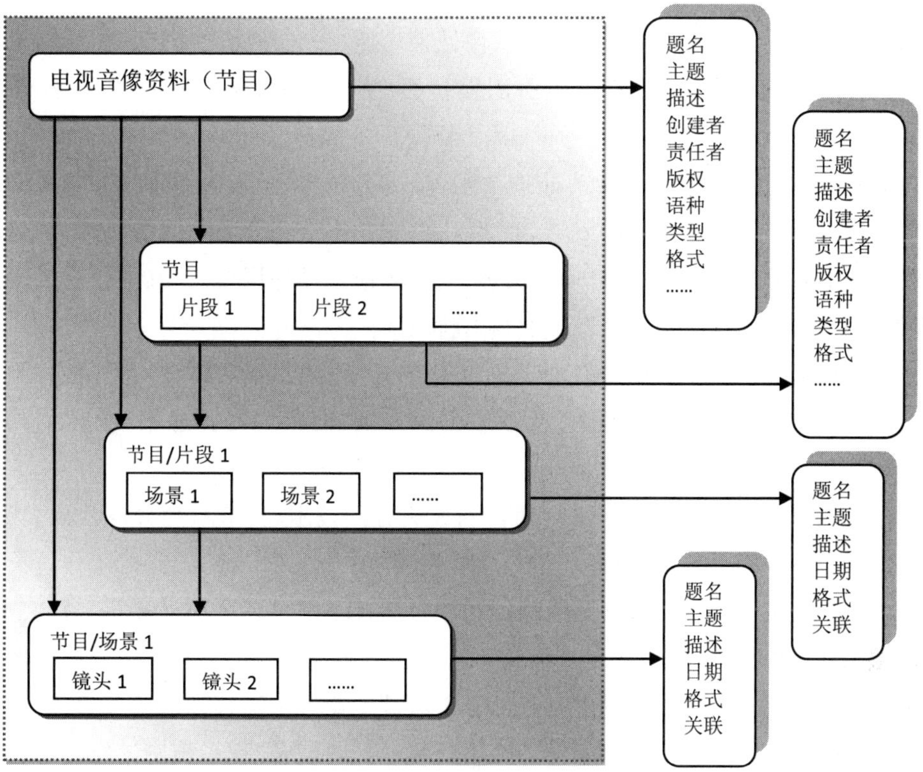

图 10-8　编目规范分层示意图

规范还规定了编目项目需要编著的内容，包括名称、英文名称、解释、使用方式、使用频率和数据类型。其中使用方式定义了该编目项目是否必须被标注，分为必选、可选、有则必选。使用频率定义了该编目项目是否为多值，分为可重复和不可重复，比如，节目的关键词可以有多个，为可重复；而制式则只有一个，为不可重复。

这个编目规范为编目工作提供了一个指导性文件。在实际工作中，各个电视台还根据具体情况制定了相应的编目细则，例如，中央电视台制定了视频节目的编目细则，湖南广播影视集团制定了专题类、娱乐类节目编目细则。

实际的编目工作分为人工编目和自动编目。

人工编目主要是进行文本录入与对自动编目的结果进行审查与调整。为了提高人工编目的效率，除了具备自动编目的功能外，厂商还提供了编目词库、拼写检查、编目模板、片段模板和图像处理等功能。人工编目软件提供了多种常用词库，包括人名、地名、译名和专有名词，方便编目人员查询和使用，减少这类词语的录入错误，提高成功率。人工编目软件对输入的文字内容进行自动检查，对检查出来的拼写错误及错别字提供纠错提示。通过使用各种编目模板，编目人员对系列节目（如电视剧）集中进行元数据的继承和复制，以简化系列节目的编目工作量。对于一些常用的局部编目信息，也可以用编目模板的功能进行快速输入，例如声道信息和字幕语言信息。人工编目软件还会提供不同的切分片断模板，对于新闻、体育、影视不同类型的节目，可指定不同的片断切分模板，使编目人员在片断、场景、镜头切分时可直接套用某个模板，用以减少因为编目熟练程度不同而导致的编目质量差异。在软件中的图像处理功能，如局部放大、图像锐化等，可辅助编目人员看清楚低码率图像内容，免去因编目而产生的高码流回调的次数，提高工作效率。

自动编目主要依靠计算机自动处理技术，辅助分析节目、资料的信息，提高编目效率。随着计算机信息处理技术的发展，自动编目技术发展也很快。目前，常用的自动编目手段有技术元数据自动提取、自动镜头分割、关键帧自动分析、自动继承已有的编目信息、视频字幕识别、计算机辅助语音识别和人脸识别。

技术元数据自动提取主要是自动识别视音频文件的压缩编码方式、宽高比、画面幅度、文件格式、制式、音频采样频率、音频编码位深度、视频编码位速率、音频编码位速率等。

在自动编目中的片段模板需要利用自动镜头分割技术，将节目切分成片段、场景和镜头层。在镜头分割以后，一般还要进行镜头关键帧(Key Frame)的提取工作。关键帧是指能表示镜头重要内容的单一图像帧。这些分割技术都可以利用计算机自动完成，当然也可以手动操作。

由于在媒体资产管理系统网中有一部分是从其他业务网迁移过来的节目，这些节目在前期制作时已进行了一次编目。为了提高效率，媒体资产管理系统网的编目软件通常都设置了自动继承已有编目信息的功能。这项功能关键在于提高制作的成片与文稿、素材的关联度，很好地揭示成片与文稿、素材的内在关系，以减少二次编目的工作量。

对于一些早期的电视节目，如果制作过程中的许多元数据已经流失，就只能通过对节目的播放进行浏览、人工看到字幕等进行著录。因此，有的编目软件增加了视频字幕文字识别提取技术，可将现有视音频素材中的大部分文字识别出来，特别是对电视剧、电影中演职人员的表达、唱词及对白字幕的识别，更是可以大幅节省编目人力成本，提高编目效率。

基于视音频内容的检索一直是检索技术研究的热点。随着检索技术的发展，一些视音频检索技术也被应用到媒体资产管理系统中。目前较为成熟的是语音识别技术和人脸识别技术。检索的基础是编目，所以应用语音和人脸识别技术检索首先要建立标引。在建立语音或人脸识别标引时，利用相关软件对视音频资料进行语音分析或人脸识别处理后，生成语音或人脸索引，存放在索引存储数据库中，以备检索。

2. 检索

媒体资产管理系统主要的目的是应用，对于海量存储的数据检索是必要的。目前，检索的手段可分为两种：一种是基于文本的检索方式；另一种是对视音频内容的检索，被称为基于内容的检索。当前大多数检索系统主要还是以前一种手段为主。

(1)基于文本的检索方式

基于文本的检索方式通常采用检索关键词的方法。按照关键词的字段项目、要素分类检索出所需素材，比如通过节目标题、素材主题、行业类别、编导、摄制人、制作时间等字段进行项目检索；或者根据预先标记好的关键帧进行检索，比如按照预先标记好的片段、场景或镜头中去检索所匹配的画面。

为了改善检索的效果，一般还提供模糊查询和精确查询功能。模糊查询又称智能查询，当输入一个关键词时，搜索引擎不但反馈包括了关键词的资料信息，同时也发来与关键词意义相近的内容。反馈资料的排列，一般是完全符合关键词的在最前边，其次是与关键词意义相近的。如果想精确地检索某一个关键词，则可以使用精确查询功能。精确查询是在文字框中输入关键词，例如输入“中国传媒大学”。

(2)基于内容的检索方式

基于内容的检索方式与厂家提供的软件关系比较大。较常用的是关键帧检索，与关键字检索一样，提供模糊查询和精确查询功能。查询的基础是依据对素材的关键帧编目，通过检索关键帧的编目信息查询到关键帧所在的节目素材。关键帧检索与关键字检索的区别在于，关键字的检索是基于节目素材的编目，而关键帧的检索细化到了对关键帧的编目，是根据画面内容进行的很有针对性的编目。通过关键帧的检索能够更准确地定位节目素材，提高检索的准确性。

另一种基于内容检索较为成熟的技术是语音识别技术，目前有三种使用方式：基于语音识别的文本全文检索、基于语音识别的语素检索、基于语音识别的文本文字与画面时码的自动对齐绑定导航。

基于语音识别的文本全文检索主要将视音频资料中的语音自动识别成文字，在文本的基础上进行全文检索。对于背景声音干净同时比较标准的普通话(例如播音员口播)，可以做到很高的准确度(90％～97％左右)，但它的缺点是对素材要求较苛刻，对普通电视节目和外场采访素材的适应性不强。

基于语音识别的语素检索是将视音频文件中的人声对应单词/词组的可能性及概率全都记录下来，这样即便是识别阶段没有非常准确地识别某些发音，也可在检索阶段查询到匹配度较低的语素，大幅提高资料的检全率。它的缺点同样是对素材要求比较严格，适应性不强。

基于语音识别的文本文字与画面时码的自动对齐绑定导航需要预先给出视音频资料中的对话文本，在此基础上可实现对话文本逐字逐句与画面时码的对齐。这样即可实现在查找到感兴趣的文字时，随时点击对应的时码进行播放浏览，大幅度提高检索效率。

3. 存储管理

在媒体资产管理系统中，由于存储数据量大，为降低成本，通常会采用硬盘、磁带等多种存储介质，进行在线、近线和离线存储。因此，与其他业务网相比，媒体资产管理系统的存储管理更复杂，通常会实现在线盘阵、近线数据流磁带库、离线数据流磁带间的分级存储管理，需要提供存储对象的统一存储管理、对分级存储的数据迁移调度以及数据存储策略管理。

存储管理模块可以分为存储策略和调度执行两个层面。存储策略主要指数据进入存储系统中应该如何调度、如何存储，是存储系统调度执行部分的控制及运行依据。

在应用中，存储策略分为归档策略和迁移策略两个部分。归档策略主要用于描述系统数据对象采用何种方式进行归档存储，其主要属性包括归档方式、归档目标和归档数据类型等。迁移策略主要用于描述系统存储各种媒体类数据对象分别采用何种方式进行分级存储管理，其主要属性包括迁移触发条件(水位线)、迁移目标和数据对象类型等。

调度执行根据迁移任务执行迁移工作。为协调资源，大型媒体资产管理系统要建立统一的资源分配服务。发出迁移任务后，由独立的迁移管理服务器根据任务级别、资源利用情况进行统一调度，包括控制机械手将磁带放入某一空闲磁带机，并通知相应迁移服务器开始对磁带机进行操作。迁移服务器只完成具体数据迁移工作。

在存储管理模块中，工作人员主要关注存储策略，且可以自行设定。例如，某电视台的存储策略如下。

在线存储的数字内容可分为三类码流，相应的删除策略规定为：

- 高码流文件，定于每天 20:00 至第二天 6:00 进行归档操作，归档后立即删除源文件。
- 低码流文件，归档时间与高码流相同，全部在线保存，不设置删除策略。
- 播出码流文件，备播迁移完成后由备播迁移软件直接删除。

对于近线存储的数字内容，利用归档中心的双写功能，每份资料定时归档保存至两盘数据流磁带中。当磁带库存满后，检出一份进行离线存储，一份保持近线存储。

4. 数字版权管理

数字版权管理(Digital Right Management，简称 DRM)是指运用各种加密手段保证数字对象(包括文字、图像、音频、视频等各种形式)在传输和使用过程中的安全，通过授权认证机制，防止非法使用，有效保护和管理数字资源，保障版权所有者及传播者等各方的利益。

根据分析，数字版权管理有以下五个方面的需求：

- 权限控制，包括两方面内容：一方面，具有权限的合法用户能够正常使用数字内容，无权限的用户将被部分或完全禁止对数字内容的访问，比如只可以浏览内容摘要等；另一方面，不同权限对数字内容的访问使用能力也不同。版权保护系统应能区分不同的权限，并根据权限的不同控制用户对数字内容的访问。
- 版权认证，包括两方面内容：第一，所有者鉴别，即验证数字内容的版权归属，确定所有者是谁；第二，所有权验证，即当多个人声称拥有数字内容的版权时，能够验证数字内容的真正作者，为解决版权纠纷提供依据。
- 内容认证，也称内容完整性认证，主要是对数字内容自生成以来是否发生过变化作出判断，这种变化可能是全局的也可能是局部的。这属于版权保护的高级功能。
- 操作跟踪。数字内容在传播和使用时可能会被有意、无意地修改，通过操作跟踪可以确定数字作品所经历的修改，进一步有可能恢复最初的数字内容。这也属于版权保护的高级功能。

- 盗版追踪。它是指确定数字内容盗版的来源，即第一个把受保护的数字内容泄露出去的用户或实体。这个实体可能是数字作品的制作者本身，也可能是销售者、运营商、终端用户。

对于不同的需求，对应的解决技术和方案各不相同。

权限控制的实现方式有很多种，如有第三方参与的身份认证、PMI 权限证书、内容加密、安全容器等。

版权认证的方法有解密权限描述中的版权信息、提取版权水印、媒体桥技术等。如果同时存在两个人的版权信息，则还应根据时间标签和有效期进行进一步判断。

内容认证方法通常采用数字签名技术或信息摘要，在用户私钥的控制下生成数字内容的签名或摘要。当再次计算数字内容的签名并与原签名比较不匹配时，即可发现数字内容被修改了。

操作跟踪简单的实现方法是在封闭的数字内容使用环境中建立修改日志，记录数字内容被修改所采取的操作。这种方式对服务器来说有用，但对用户终端来说却没有意义，因为将涉及个人隐私，且个人也不会报告自己对数字内容的处理。

盗版追踪主要通过数字水印技术来完成。为了实现主动追踪，还应建立网络监控手段，通过追踪代理或网络警察来及时发现存在的盗版。

实际应用中，会根据需要将上述技术进行组合，对数字媒体进行加密封装。数字版权管理的基本组成如图 10-9 所示。

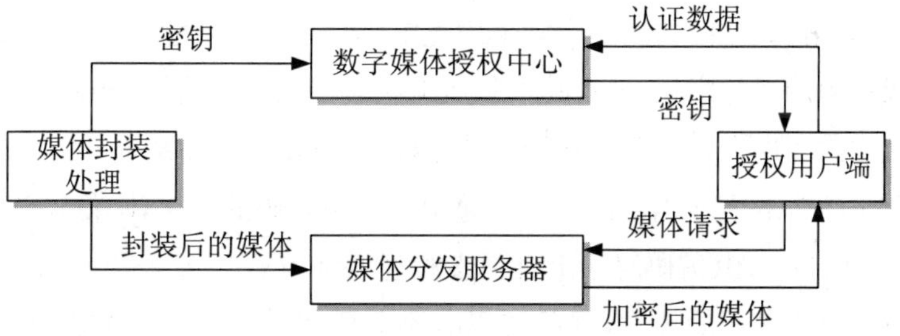

图 10-9　数字版权管理的基本组成

需要进行版权保护的媒体进行封装处理后，输出到媒体分发服务器，同时将对应的密钥传输到数字媒体授权中心；用户发出申请给媒体分发服务器，媒体分发服务器将加密后的媒体传输给用户；同时用户将认证数据发送到媒体授权中心；媒体授权中心通过认证，发送与请求媒体对应的密钥给用户；用户收到密钥后便可进行解密使用了。认证数据的过程可以是获取利益的过程。媒体授权中心实际上包括用户管理与付费管理等。

根据目前广电总局对版权的管理，节目可初步按照版权进行分级。“一级版权节目”：有播放限制，不可作素材，不可开发，主要是本单位购买的节目；“二级版权节目”：无播放限制，可作为素材，不可开发，一般包括大部分栏目和栏目外的特别节目；“三级版权节目"：无播放限制，可作为素材，可开发，包括自制节目或自采素材。

根据版权的获取来源，总体分为自有版权素材/节目和外购/引进节目两类。这两类节目在版权著录、标识、播放、改编、开发等方面各不相同。对于自有版权节目，除自有版权信息外，需要标注片中所用素材的一些关联版权信息，还需要标注该节目二次开发后的一些版权转让和限制信息。对于引进节目来说，通常都有节目购买合同，明确标明对该节目在播放、改编、开发方面的使用许可，因此在版权管理系统中应该给予注明。

版权管理系统主要用于面向开放用户的使用环境。在电视台内，媒体资产管理系统目的是媒体资源的共享，如果增加版权管理会影响使用效率，因此在电视台的媒体资产管理系统网中，版权管理几乎没有应用。

5.视频转码技术

前文已经提到，在媒体资产管理系统网中视频数据格式种类多，在实际应用中需要进行视频转码。视频转码指通过某种手段改变现有视频数据的编码方式。视频转码的方法较多，其主要思想是充分利用待相互转换的压缩编码算法之间的共同特征，尽量减少编解码所带来的图像质量损失，同时达到时间和资源消耗的平衡，大致可以分为以下两类。

(1)不同编码格式之间的视频转码

这是指通过转码方法改变视频数据的编码格式。通常这种数据转码会改变视频数据的现有码流和分辨率。例如，将 MPEG-2、全 I 帧、50Mbps 的视频源数据转换为 25Mbps 码流的 DV 格式数据，用于笔记本移动编辑系统，同时转换成一个 300×200 低分辨率的 MPEG-4 文件，使用 WMV 格式进行封装，用于审看。

实现不同编码格式之间的转码通常采用先解码再编码的方法，即先将 MPEG-2 格式的视频解压缩成单帧的图像序列，再将其重新压缩编码成为 DV 或 MPEG-4 等格式的视频数据。这种转码方式实质上是一个重新编码的过程，算法复杂度和系统开销比较大。

另外一些方法是利用转码格式之间的通用性提高转码的效率，降低运算复杂度。比如 MPEG-2 和 MPEG-4 在其编码算法上有很多相通的地方，在 DCT 变换、运动估计、运动补偿等方面有许多可以共用的地方，因此转码时不需要将其完全解码成独立的图像序列，可利用不同编码方式间的相关性进行转码。具体来说，MPEG-2 视频数据中所有的头信息被解码后都直接送到 MPEG -4 编码器中进行编码，另有少数头信息需要调整，以适应新的编码格式。DCT 系数和 MV 信息被重用，MPEG -4 进行运动补偿时，可直接利用 MPEG -2 解码器解码出的运动矢量，省去了 DCT 变换和运动估计的系统消耗。

(2)相同编码格式之间的视频数据转码

这是指不改变压缩格式，只通过转码手段改变其码流或头文件信息的转码方式。根据其使用目的，它又可分为改变码流和不改变码流两种。例如，将 MPEG-2、全 I 帧、50Mbps 码流的视频数据转码为 MPEG-2、IBBP 帧、8Mbps 码流的视频数据，用于播出；将基于 SONY 视频服务器头文件封装的视频文件，改变其头文件和封装形式，使之可以在 MATROX 板卡的编辑系统上直接编辑使用。

显然，实现相同格式之间的视频数据转码不会采用先解码、再编码的方式，一般会利用编码格式之间的共性进行转码。这种转码方式的复杂度要小于不同编码格式转码的复杂度。

不同的转码算法在实现不同需求的编码转换时，算法复杂度和系统消耗的时间不同。在媒体资产管理系统网中，通常有专门的转码服务器来完成转码工作。

10.2.5　媒体资产管理网的工作流程

媒体资产管理网络主要包括资料获取、存储、管理、检索、发布等环节，各个电视台在应用中会依据本台的具体情况而选择不同的工作流程。因此，在媒体资产管理系统网中设有工作流管理模块，以方便用户使用。即便如此，各台基本的工作流程还是相同的，下面以大洋公司媒体资产管理系统网中主要的三个流程——入库流程、编目流程和出库流程为例进行介绍。

1. 入库流程

媒体资产管理系统网入库流程如图 10-10 所示。从图可见，媒体资产管理系统网的来源有三类，一是其他业务网络的媒体文件，通过互联平台以拷贝的方式输入；二是通过磁带上载的媒体文件；三是直接导入的视音频文件。这些不同来源的素材，在入库时都需要进行技术审核、转码等。

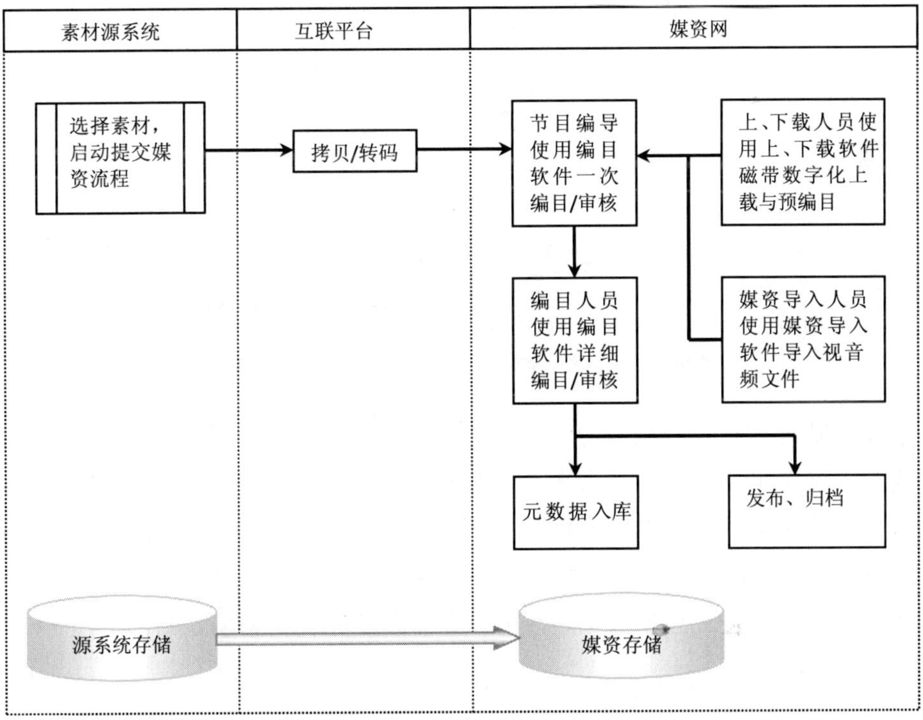

图 10-10　媒体资产管理系统网入库流程

媒体文件进入媒体资产管理系统网后由节目编导进行一次编目和审核，同时由媒体资产管理系统网分级存储软件按照归档策略对文件归档。接着，媒体资产管理系统网的编目人员对历史资料节目素材进行元数据编目，再由编目审核人员对编目元数据进行审核。编目元数据审核若不通过则打回重新编目。编目元数据审核通过后将元数据入库，并发布、归档。

2. 编目流程

由于媒体资产管理系统网素材来源不同，因此编目的流程也不相同。常规介质（磁带、蓝光盘或 P2 卡）上载类素材的入库，其元数据处理全部在媒体资产管理系统完成。元数据主要依靠人工编目录入，其流程如图 10-11 所示。对于不需要详细编目的素材，编目流程比较简单；对于需要详细编目的素材，编目流程则相对复杂一些。

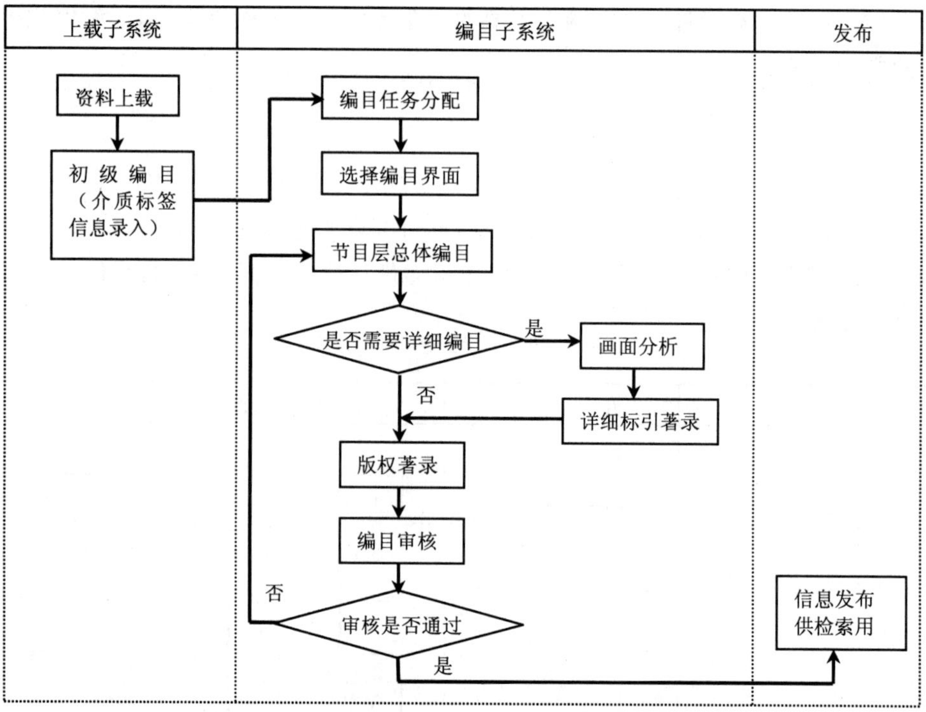

图 10-11　媒体资产管理系统网上载类素材的编目入库流程

制作域提交入库的素材和成片，其元数据在制作域大部分都已经完成了一次编目，特别是对于成片，可以从制作域带来大量元数据信息。媒体资产管理系统网通过对这些元数据信息的继承和处理，结合自动化编目处理，可使得成片的编目正确性和效率大大提高，并增强资料的内部联系，有利于后续对资料的再利用。具体流程比图 10-11 所示的上载类素材要复杂一些，但实际上多数工作由机器完成，因此效率较高。

3. 出库流程

出库流程如图 10-12 所示，具体流程为：

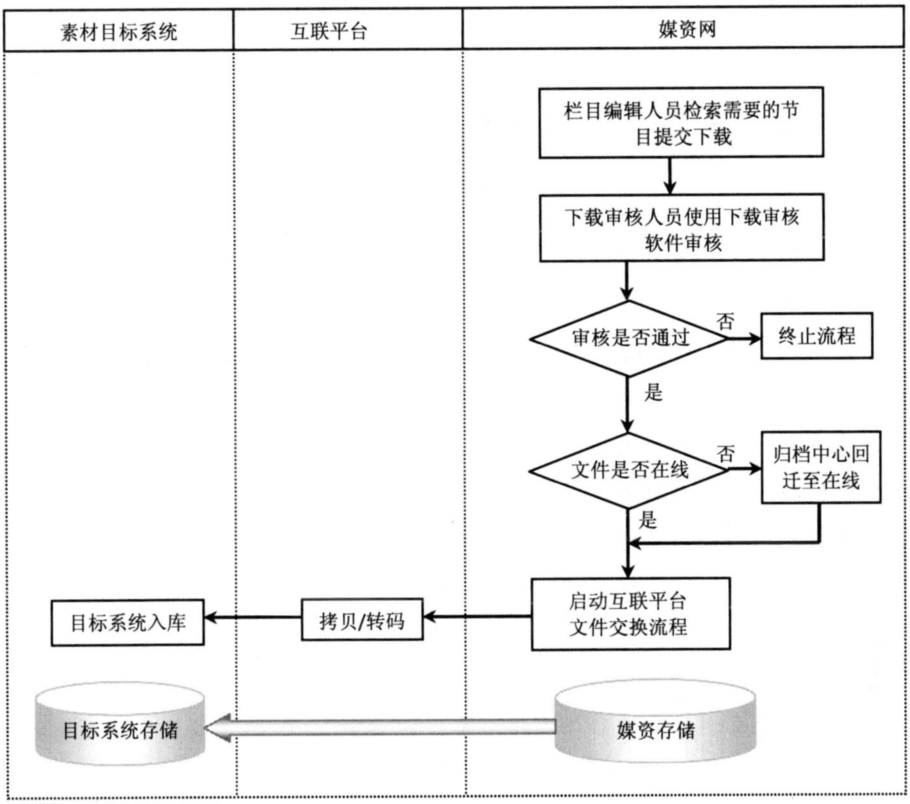

图 10-12　媒体资产管理系统网出库流程

(1)栏目编辑人员浏览低码率视频,确认所需媒体文件后向媒体资产管理系统网提交下载申请。

(2)下载审核人员使用下载审核软件进行权限审核。

(3)下载审核如果没有通过,则直接终止;如果通过,媒体资产管理系统网则判断文件是否在线存储,若在线存储中没有要下载的媒体文件,则由归档中心进行节目回迁。

(4)检测到在线存储内有待下载的媒体文件后,迁移任务提交至互联平台。

(5)互联平台对文件进行转码并迁移到目标系统的存储设备中。

本章习题与思考题

1. 什么是节目收录网?
2. 简述节目收录网的基本组成以及每部分使用的硬件设备。
3. 简述节目收录网的基本功能。
4. 简述收录主体业务的工作流程。
5. 什么是媒体资产? 分为哪两部分?
6. 什么是媒体资产管理? 媒体资产管理的目的是什么?
7. 简述媒体资产管理系统的基本组成。
8. 简述媒体资产网络的特点。

9.《广播电视音像资料编目规范》中将音像资料元数据分为四个层次，解释这四个层次。

10. 简述现有的基于内容的检索方式。

11. 简述视频转码的基本原理。

主要参考文献

1. 北京中科大洋科技发展股份有限公司. 电视台全台网建设收录网集成项目技术方案书(2006). 2006.

2. 中华人民共和国广播电影电视行业标准——广播电视音像资料编目规范第 1 部分：电视资料. 国家广播电影电视总局，2004.

3. 北京中科大洋科技发展股份有限公司. 南方广播影视传媒集团媒体资产管理系统一期建设项目技术方案建议书. 2010.

4. 索贝数码科技股份有限公司. 湖南广播影视集团专题类节目编目细则. 2009.

5. 索贝数码科技股份有限公司. 湖南广播影视集团娱乐类节目编目细则. 2008.

6. 刘嘉：大庆电视台媒体资产系统的建设及应用研究. 北京：中国传媒大学硕士论文，2011.

7. 北京中科大洋科技发展股份有限公司. 河南电视台制播业务云系统项目技术方案书. 2012.

图书在版编目(CIP)数据

数字电视网络制播技术/杨盈昀,王彩虹编著.-- 北京:中国传媒大学出版社,2016.10（2021.8重印）

（广播电视工程专业“十二五”规划教材）

ISBN 978-7-5657-1592-1

Ⅰ.①数… Ⅱ.①杨… Ⅲ.①数字电视—有线电视网
Ⅳ.①TN943.6

中国版本图书馆 CIP 数据核字（2016）第 013628 号

（广播电视工程专业“十二五”规划教材）

数字电视网络制播技术

SHUZI DIANSHI WANGLUO ZHIBO JISHU

编　　著 杨盈昀　王彩虹
责任编辑 李　明
装帧设计指导 吴学夫　杨　蕾　郭开鹤　吴　颖
设计总监 杨　蕾
装帧设计 刘　鑫　杨瑜静
责任印制 李志鹏

出版发行 中国传媒大学出版社
社　址 北京市朝阳区定福庄东街1号　**邮　编** 100024
电　话 86—10—65450528　65450532　**传　真** 65779405
网　址 http://cucp.cuc.edu.cn
经　销 全国新华书店

印　刷 唐山玺诚印务有限公司
开　本 787mm×1092mm　1/16
印　张 17.5
字　数 360千字
版　次 2016年10月第1版
印　次 2021年8月第2次印刷

书　号 ISBN 978-7-5657-1592-1/T·1592　**定　价** 55.00元

致力专业核心教材建设　提升学科与学校影响力

中国传媒大学出版社陆续推出

我校 15 个专业“十二五”规划教材约 160 种

播音与主持艺术专业（10 种）
广播电视编导专业（电视编辑方向）（11 种）
广播电视编导专业（文艺编导方向）（10 种）
广播电视新闻专业（11 种）
广播电视工程专业（3 种）
广告学专业（12 种）
摄影专业（11 种）
录音艺术专业（12 种）
动画专业（10 种）
数字媒体艺术专业（12 种）
数字游戏设计专业（10 种）
网络与新媒体专业（12 种）
网络工程专业（11 种）
信息安全专业（10 种）
文化产业管理专业（10 种）

本书更多相关资源可从中国传媒大学出版社网站下载
网址：http://cucp.cuc.edu.cn
责任编辑：李　明　　　意见反馈及投稿邮箱：limingcucp@163.com
联系电话：010-65779406